21 世纪先进制造技术丛书

镍基高温合金微铣削加工理论及应用技术

卢晓红　马建伟　魏兆成　著

科学出版社

北　京

内 容 简 介

本书从系统角度,遵循基础理论与工艺技术相结合的技术路线,分析镍基高温合金微小结构/零件微铣削加工与传统切削加工的差异性,从微铣加工机理、物理建模与仿真、微铣刀磨损与破损、微铣过程稳定性、表面完整性预测与评价及微铣加工工艺等方面进行系统的理论与技术探讨,为实现镍基高温合金微小结构/零件高质高效微铣削加工提供理论与技术支撑。

本书可作为机械制造及其自动化专业的高年级本科生和研究生的学习用书,也可作为航空航天、能源装备等制造领域从事难加工材料微小结构/零件研制、微铣刀研发及工艺规划等科技工作者的参考书。

图书在版编目(CIP)数据

镍基高温合金微铣削加工理论及应用技术 / 卢晓红,马建伟,魏兆成著. —北京:科学出版社,2023.4

(21世纪先进制造技术丛书)

ISBN 978-7-03-074992-5

Ⅰ. ①镍… Ⅱ. ①卢… ②马… ③魏… Ⅲ. ①镍基合金-高速切削-研究 Ⅳ. ①TG146.1 ②TG506.1

中国国家版本馆CIP数据核字(2023)第038228号

责任编辑:陈 婕 李 策 / 责任校对:王 瑞
责任印制:吴兆东 / 封面设计:蓝正设计

科 学 出 版 社 出版
北京东黄城根北街16号
邮政编码:100717
http://www.sciencep.com

北京中石油彩色印刷有限责任公司 印刷
科学出版社发行 各地新华书店经销

*

2023年4月第 一 版 开本:720×1000 1/16
2023年4月第一次印刷 印张:23 3/4
字数:457 000

定价:168.00元
(如有印装质量问题,我社负责调换)

"21 世纪先进制造技术丛书"编委会

主　编　熊有伦(华中科技大学)

编　委　(按姓氏笔画排序)

丁　汉(华中科技大学)　　　　　　　张宪民(华南理工大学)

王　煜(香港中文大学)　　　　　　　周仲荣(西南交通大学)

王田苗(北京航空航天大学)　　　　　赵淳生(南京航空航天大学)

王立鼎(大连理工大学)　　　　　　　查建中(北京交通大学)

王国彪(国家自然科学基金委员会)　　柳百成(清华大学)

王越超(中国科学院理化技术研究所)　钟志华(同济大学)

冯　刚(香港城市大学)　　　　　　　顾佩华(汕头大学)

冯培恩(浙江大学)　　　　　　　　　徐滨士(陆军装甲兵学院)

任露泉(吉林大学)　　　　　　　　　黄　田(天津大学)

刘洪海(朴次茅斯大学)　　　　　　　黄　真(燕山大学)

江平宇(西安交通大学)　　　　　　　黄　强(北京理工大学)

孙立宁(哈尔滨工业大学)　　　　　　管晓宏(西安交通大学)

李泽湘(香港科技大学)　　　　　　　雒建斌(清华大学)

李涤尘(西安交通大学)　　　　　　　谭　民(中国科学院自动化研究所)

李涵雄(香港城市大学/中南大学)　　　谭建荣(浙江大学)

宋玉泉(吉林大学)　　　　　　　　　熊蔡华(华中科技大学)

张玉茹(北京航空航天大学)　　　　　翟婉明(西南交通大学)

"21 世纪先进制造技术丛书"序

21 世纪,先进制造技术呈现出精微化、数字化、信息化、智能化和网络化的显著特点,同时也代表了技术科学综合交叉融合的发展趋势。高技术领域如光电子、纳电子、机器视觉、控制理论、生物医学、航空航天等学科的发展,为先进制造技术提供了更多更好的新理论、新方法和新技术,出现了微纳制造、生物制造和电子制造等先进制造新领域。随着制造学科与信息科学、生命科学、材料科学、管理科学、纳米科技的交叉融合,产生了仿生机械学、纳米摩擦学、制造信息学、制造管理学等新兴交叉科学。21 世纪地球资源和环境面临空前的严峻挑战,要求制造技术比以往任何时候都更重视环境保护、节能减排、循环制造和可持续发展,激发了产品的安全性和绿色度、产品的可拆卸性和再利用、机电装备的再制造等基础研究的开展。

"21 世纪先进制造技术丛书"旨在展示先进制造领域的最新研究成果,促进多学科多领域的交叉融合,推动国际间的学术交流与合作,提升制造学科的学术水平。我们相信,有广大先进制造领域的专家、学者的积极参与和大力支持,以及编委们的共同努力,本丛书将为发展制造科学,推广先进制造技术,增强企业创新能力做出应有的贡献。

先进机器人和先进制造技术一样是多学科交叉融合的产物,在制造业中的应用范围很广,从喷漆、焊接到装配、抛光和修理,成为重要的先进制造装备。机器人操作是将机器人本体及其作业任务整合为一体的学科,已成为智能机器人和智能制造研究的焦点之一,并在机械装配、多指抓取、协调操作和工件夹持等方面取得显著进展，因此，本系列丛书也包含先进机器人的有关著作。

　　最后，我们衷心地感谢所有关心本丛书并为丛书出版尽力的专家们，感谢科学出版社及有关学术机构的大力支持和资助，感谢广大读者对丛书的厚爱。

华中科技大学

2008 年 4 月

前　言

随着航空航天、能源动力、生物医学等领域技术的发展，为满足特殊需求，涌现出许多难加工材料微小结构/零件。镍基高温合金 Inconel 718 具有组织稳定、耐高温氧化、抗热疲劳等优良特性，成为高温环境下高强度微小结构/零件的首选材料。但 Inconel 718 合金为典型难加工材料，且此类微小结构/零件结构复杂、精度要求高，致使加工难度大。微铣削技术作为一种加工微小结构/零件的新兴技术，具有加工材料范围广、适宜加工微小结构、加工精度高等突出优点，为实现难加工材料微小结构/零件的加工提供了一种有效途径，但面向镍基高温合金微小结构/零件，在微铣加工机理、加工面形创成、微铣刀磨损等方面仍存在诸多问题，且传统金属切削理论与方法无法直接适用。本书从系统角度，遵循基础理论与工艺技术相结合的技术路线，分析镍基高温合金微小结构/零件微铣削加工与传统切削加工的差异性，从微铣加工机理、物理建模与仿真、微铣刀磨损与破损、微铣过程稳定性、表面完整性预测与评价及微铣加工工艺等方面进行系统的理论与技术探讨，为实现镍基高温合金微小结构/零件高质高效微铣削加工提供理论与技术支撑。

本书是作者十多年来从事镍基高温合金 Inconel 718 微铣削加工研究工作取得的新理论、新技术、新工艺和新应用等成果的总结。相关研究工作得到了国家自然科学基金面上项目"介观尺度薄壁特征微铣加工理论与技术研究"（51875080）、国家自然科学基金青年科学基金项目"镍基高温合金微小结构/零件微铣削加工关键技术研究"（51305061）、辽宁省自然科学基金面上项目"微流控芯片热压模具微铣削加工理论与技术研究"（2019-MS-038）及大连理工大学交叉探索科研项目"微铣削热力耦合作用及其对表面完整性的影响研究"（DUT17JC22）等的资助和支持，在此表示衷心的感谢。

在撰写本书的过程中，作者参考了所指导的研究生李光俊、武文毅、王凤晨、路彦君、王华、胡晓晨、王福瑞、张海幸、刘圣前等的研究成果，得到了研究生栾贻函、滕乐、丛晨、侯鹏荣、孙旭东、乔金辉、周宇、孟祥悦、马冲、隋国川、洛家庆、顾瀚、孙卓、徐凯、杨帮华、张炜松、李享纯及曾繁茂等的大力帮助，在此特向他们表示感谢。同时，书中引用了部分国内外镍基高温合金材料及微铣削加工技术领域的相关研究成果，也向这些作者表达诚挚的谢意。

全书共 10 章，第 1～3 章、第 6 章由卢晓红撰写；第 4 章、第 5 章和第 9 章由马建伟撰写；第 7 章、第 8 章和第 10 章由魏兆成撰写。最终由卢晓红统稿和定稿。

　　期望本书的出版能够推动镍基高温合金微小零件/结构的微铣削研究、应用及发展。由于作者水平有限，书中难免存在不足之处，恳请读者批评指正。

作　者
2022 年 8 月于大连

目　　录

第1章 绪 论

1.1 镍基高温合金组成、性质及应用

镍基高温合金是以镍为基体(镍含量一般大于50%),加入大量的强化元素W、Mo、Ti、Al、Nb和Co等构成的合金。镍基高温合金在高温条件下具有优良的热稳定性、抗疲劳强度、抗高温强度、抗腐蚀性能、抗辐射性能、抗氧化性能等[1],广泛应用于航空航天、核工业、汽车工业、石油化工和生物医学等领域[2]。

镍基高温合金主要分类方法如表1-1所示[3,4]。

表 1-1 镍基高温合金主要分类方法

分类方法	镍基高温合金种类
制造方式	变形高温合金(如GH36、GH49、GH141等)、粉末冶金高温合金(如IN 100、Rene 95、MERL 76、Rene 88DT等)、铸造高温合金(如K1、K2等)
强化方式	固溶强化高温合金(如GH3030、GH3039、GH3044、GH3128、Inconel 625等)、氧化物弥散强化高温合金(如MA 756、MA 6700等)、沉淀强化高温合金(如GH4145、Inconel 718等)
材料用途	板材合金、棒材合金、盘材合金

在众多镍基高温合金材料中,沉淀强化高温合金通常采用固溶强化、沉淀强化和晶界强化等方式进行强化,因此其具备优良的高温性能,可用于制作高温下承受较高应力的零部件。沉淀强化高温合金中的Inconel 718合金具有良好的高温组织稳定性、抗氧化性能、抗腐蚀性能、焊接性能、抗疲劳强度和抗蠕变性能,并且在低温下也能保持优异的冲击韧性、塑性和强度,已成为当前应用最广泛的高温合金(占世界高温合金总产量的40%~50%[5])。

Inconel 718合金的化学组成成分如表1-2所示。镍的质量分数通常高达50%~55%,可以提高Inconel 718合金的冶金稳定性、热稳定性、可焊性和抗腐蚀性;铁、铬、钴等元素在奥氏体中起固溶强化的作用;钛、铌等沉淀强化元素抑制 γ'' 相转变为 δ 相;锰、硅、铬、钛等元素可以提高Inconel 718合金的抗氧化性能和抗腐蚀性能;硼是晶界强化的重要元素,可以提高Inconel 718合金的长期蠕变性。表1-3给出了Inconel 718合金的物理性能参数[6]。

表 1-2 Inconel 718 合金的化学组成成分

元素	Ni	Cr	Nb	Mo	Co	Ti	C	Si	Mn	B	Fe
质量分数/%	51.75	17	5.15	2.93	0.09	1.07	0.042	0.21	0.03	0.006	余

表 1-3　Inconel 718 合金的物理性能参数

参数	密度 $\rho/(\text{kg/m}^3)$	弹性模量 E/MPa	泊松比 υ	屈服强度 $\sigma_{0.2}/\text{MPa}$	抗拉强度 σ_s/MPa	拉伸率 $\sigma_5/\%$	收缩率 $\psi/\%$	冲击韧性 $a_k/(\text{J/cm}^2)$
数值	8280	185000	0.33	1260	1430	24	40	40

镍基高温合金 Inconel 718 在航空发动机上的应用已经长达半个世纪。自从 Inconel 718 合金被美国的 INCO Huntington Alloys 公司(现为 Special Metals 公司)发明并应用于涡轮零部件后,它以优良的综合性能迅速被各大涡轮发动机制造商接受并应用,在发动机减重、简化结构和降低成本方面起到了重要作用,成为航空发动机历史上应用最广泛的镍基高温合金材料。

20 世纪 60 年代,镍基高温合金 Inconel 718 最先在美国通用电气公司(简称 GE 公司)和普拉特·惠特尼集团公司(简称 P&W 公司)生产的军用飞机发动机系列上得到大规模的应用,如 GE 公司生产的 TF39、LM2500 发动机系列中的压气机叶片、轮盘,P&W 公司生产的 J58、TF30、F100 发动机系列中的机匣等关键零部件。20 世纪 70 年代,镍基高温合金 Inconel 718 开始大规模被应用到民用飞机发动机上。在 GE 公司生产的 CF6 发动机上,Inconel 718 合金的质量占比达到 34%[7](图 1-1)。在 P&W 公司生产的 PW4000 发动机上,镍基高温合金质量占比为 39%(图 1-2(a)),其中,57%为 Inconel 718 合金[8](图 1-2(b))。2000 年 GE 公司所需锻件金属材料质量占比如图 1-3 所示,其中 Inconel 718 合金质量占比达到 55%[7]。1995~2000 年,GE 公司所有发动机产品系列的关键旋转类零部件材料中,Inconel 718 合金质量占比一直高居 60%以上,并且逐年增加,2001 年达到近 70%。至 2011 年,Inconel 718 合金(国内牌号 GH4169)在发动机中的用量已由几个、十几个零件号增加到二百多个零件号[9]。现代航空发动机的很多零部件,如涡轮盘、

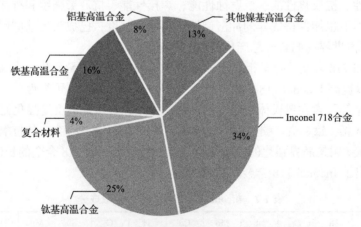

图 1-1　Inconel 718 合金在 CF6 发动机上的材料质量占比

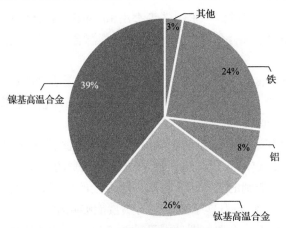

(a) 不同金属材料质量占比

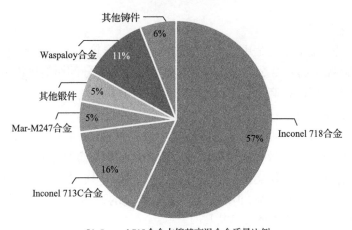

(b) Inconel 718合金占镍基高温合金质量比例

图 1-2　PW4000 发动机中材料质量占比

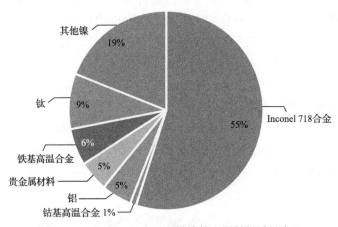

图 1-3　2000 年 GE 公司所需锻件金属材料质量占比

叶片、机匣、轴、定子、支撑件、紧固件等都由 Inconel 718 合金制成。Pulidindi
和 Prakash 发现，Inconel 718 合金占 2019 年的镍基高温合金市场的份额超过 54%，
相当于 40 多亿美元[10]。

镍基高温合金 Inconel 718 是典型的难加工材料，主要表现在切削力大、切削
温度高、刀具磨损严重、加工硬化严重、加工效率及加工质量难以提高等方面。

1) 切削力大

镍基高温合金中有许多高熔点的金属元素，构成组织结构致密的奥氏体固
溶体，塑性好，有很稳定的原子结构，使原子脱离原来的平衡位置需要较大的
能量，因此加工时刀具遇到的阻力大。镍基高温合金的切削力是普通钢材的 3～
5 倍[9]。通常情况下，工件与刀具摩擦产生的热量能够减小低熔点金属所需的切
削力，但在切削镍基高温合金时，即使温度达到 750℃，切削力也不会有明显的
变化[10]。

2) 切削温度高

镍基高温合金加工过程中，切削区域的塑性变形较大，摩擦加剧，切削热大
量积聚，加之镍基高温合金材料本身导热性较差，大部分的切削热集中在切削区，
导致切削区平均温度很高，变形区温度出现骤升现象。

3) 刀具磨损严重

镍基高温合金对多种金属表现出高亲和力。在加工过程中，刀具、切屑与工
件之间易产生黏附，导致扩散磨损严重。若镍基高温合金黏附在刀具表面，则刀
具的前刀面容易产生涂层剥落，严重时甚至产生缺口[11]。虽然选择合适的涂层和
切削参数可以延长刀具寿命，但加工镍基高温合金的刀具寿命仍然比加工不锈钢、
铜、铁等材料的刀具寿命短得多[12]。

4) 加工硬化严重

当切削一般金属时，加工硬化会被温度升高所引起的软化现象削弱，但是镍
基高温合金软化温度较高，软化速度较慢，在允许的切削温度范围内，其软化程
度远小于硬化程度。在较高的切削温度下，常有合金中的强化相从固溶液中析出，
这也会进一步提高材料的表面强度和硬度。切削加工后，镍基高温合金的硬度可
以达到原来硬度的 2～5 倍[13-15]。

5) 加工效率及加工质量难以提高

在镍基高温合金切削加工过程中，切削力过大，切削温度过高，刀具磨损严
重，导致切削速度、进给量和切削深度①难以加大，限制了加工效率、工件加工精
度及表面完整性的提高。

―――――――――

① 切削深度包含轴向切削深度和径向切削深度，书中将轴向切削深度简称轴向切深，将径向切削深度简称径
向切深。

1.2　镍基高温合金切削性能

国内外专家学者围绕镍基高温合金的切削力、切削热（温度）、切削稳定性、刀具磨损、表面完整性等方面进行了大量研究。对于镍基高温合金切削力，王园伟[16]研究了镍基高温合金 Inconel 718 高速铣削加工过程中的切削力，分析了铣削用量对切削力的影响，并建立了切削力的经验模型；杨振朝等[17]发现车削镍基高温合金 Inconel 718 时，切削力随前角的增大而减小，随后角的增大而变化不大，随刀尖圆弧半径的增大而增大，说明前角和刀尖圆弧半径对切削力的影响显著；Liu 等[18]研究了镍基高温合金 Inconel 718 车削加工过程，发现影响主切削力最主要的因素是切削深度，其次是进给量，再次是切削速度。对于切削温度，杨辉等[19]应用 DEFORM-3D 对镍基高温合金切削加工进行了仿真研究，仿真结果表明，切削温度随切削速度的增加而显著增大；刘均伟[20]围绕高速铣削镍基高温合金 Inconel 718 时切削热在切削刀具和工件上的分配进行了深入研究，研究发现，温度最高的地方在前刀面和切屑的摩擦位置，并且随着转速和进给量的增加，切屑带走的热量增加，但刀具与工件的温度没有明显增加。对于切削稳定性，Hoe 等[21]对镍基高温合金 Inconel 718 铣削过程中的动态响应进行了时域和频域分析，结果表明，在较低的切削速度下，变螺旋线和变螺距的铣刀能够有效抑制颤振。对于刀具磨损，Bushlya 等[22]研究了用涂层和未涂层聚晶立方氮化硼刀具高速切削镍基高温合金 Inconel 718 时的切削力、刀具寿命、刀具磨损和表面完整性，发现当切削速度超过 300m/min 时，有无涂层对刀具磨损的影响不大；Zheng 等[23]揭示了加工镍基高温合金 Inconel 718 时的陶瓷刀具磨损机理，结果表明，车削过程中陶瓷刀具的主要磨损机制为剥落、微裂纹、磨粒磨损和黏着磨损，铣削过程中刀具的主要失效机制为微裂纹、剥落和黏着磨损。

围绕镍基高温合金切削加工表面完整性，专家学者也进行了深入探索。Cai 等[24]通过镍基高温合金 Inconel 718 铣削试验发现，由于镍基高温合金 Inconel 718 对应变率较为敏感，在高速铣削时应变率较大，随着切削速度的增大，加工硬化逐渐严重，显微硬度增大。Balbaa 等[25]采用光滑粒子流体动力学（smoothed particle hydrodynamics，SPH）方法进行了激光辅助车削和传统车削镍基高温合金 Inconel 718 仿真研究，结果表明，激光辅助车削表面为残余压应力，而传统车削表面为残余拉应力。Hua 等[26]研究了切削速度、进给速度和刀尖半径对镍基高温合金 Inconel 718 加工表面粗糙度、显微硬度和加工硬化情况的影响，研究结果表明，进给速度和刀尖半径对加工表面粗糙度的影响显著，切削速度对加工表面粗糙度的影响较小；随着切削速度和进给速度的提高，加工硬度增大，当采用较大的刀尖半径时，加工硬度会降低。Shen 等[27]使用有限元法，研究了切削刃的微观几何形状对镍基高温合金 Inconel 718 正交切削加工表面残余应力的影响，研究结果表明，使用较大切削刃半径的刀具或在切削刃上倒角，会增大残余拉应力和残余压应力。Feng 等[28]提出了一种预测激光辅助端铣镍基高温合金 Inconel 718 表面粗糙度的方法，研究表明，进给量对表面粗糙度影响显著，轴向切深对表面粗糙度影响很小。

镍基高温合金传统切削加工理论和技术研究已趋于成熟，相关研究思路和方法为镍基高温合金微铣削加工研究提供了理论和技术参考。

1.3　介观尺度镍基高温合金微小结构/零件加工

随着科学技术的进步，航空航天、能源动力、生物医学等领域都出现了介观尺度微小结构/零件。介观尺度微小结构/零件尺寸一般为几毫米，几何特征尺寸只有几十至几百微米[27]。此类微小结构/零件精度要求高，具有三维(3D)几何结构形状，如台阶面、深孔、薄壁等，其中部分零件不仅要求能承受较高的工作温度，还要求具备较高的强度和耐腐蚀性能，如超微型涡轮发动机叶片(图 1-4(a))、微型火箭发动机喷嘴(图 1-4(b))和微流控芯片金属热压模具(图 1-4(c))等。

(a) 超微型涡轮发动机叶片　　　　(b) 微型火箭发动机喷嘴　　　(c) 微流控芯片金属热压模具

图 1-4　耐高温微小零部件

目前，可用于加工镍基高温合金微小结构/零件的方法有微细电火花加工、微细电解加工以及微细激光加工等。微细电火花加工具有无切削力、不产生毛刺、可以加工三维结构等优点，但存在电极易损耗、加工稳定性不易控制等缺点；微细电解加工不会产生由切削力所引起的残余应力及变形，不会产生飞边与毛刺，也不会产生微细电火花加工时出现的凹坑和再凝固层，但微细电解加工不易达到较高的加工精度和加工稳定性，小批量生产成本高，电解产物需要妥善处理，否则会污染环境；微细激光加工精度高，无机械作用力，加工变形小，易于保证较高的加工精度，可加工材料范围广，对难加工材料的加工效果良好，加工速度快，生产效率高，但需要使用高性能激光器，成本较高，且加工后存在变质层。以上方法可有效实现镍基高温合金微小结构/零件二维(2D)或简单三维结构加工，但对于具有复杂微细三维形貌结构的镍基高温合金微小结构/零件的高效、高精度、低成本加工，尚不能很好实现。

基于微小型机床的微铣削加工技术是加工微小零件和高精密零件的一种新兴加工技术，具有加工材料范围广、能实现三维曲面铣削[29]、加工精度高、能耗小、设备投资少、效率高等突出优点，可以加工出精度高达 5μm、硬度大于 45HRC 的零件，表面粗糙度可达 0.2μm 或更小，零件厚度小至 0.5μm[30]。该技术主要应用于需要极小的高精密零件的特殊行业，如生物-医疗装备、光学、微电子、微小塑料制品的微型模具以及微小金属零件的加工等。综上所述，微铣削加工技术是实现具有复杂微细三维形貌结构镍基高温合金微小结构/零件高效、高精度加工的潜在有效技术手段。

1.4 微铣削加工技术研究进展

1.4.1 微铣削力模型

对于传统切削，随着材料去除量的减小，切削力及切削能量减小。但在微铣削加工时，切削进给量减小至微米量级，切削力出现异常增大的现象，这种介观尺度效应已经得到很多试验证实[31]。在微铣削加工中，由于存在介观尺度效应，其切削机理有别于传统铣削。

微铣削力直接影响工件的加工精度和表面质量，以及刀具的磨损、破损情况和耐用度等。建立准确、有效的微铣削力模型是揭示微铣削机理的基础。传统铣削力模型已经不适用于微铣削力的预测。国内外专家学者围绕微铣削力进行了深入探索。Park 等[32]研究了铝合金 Al7075 微铣削力模型，以最小切削厚度为界，分别建立了以耕犁效应和剪切效应为主导的力模型。Kang 等[33]、Lee 等[34]、Bissacco 等[35]将切削刃刃口圆弧、切屑流向等因素纳入微铣削力模型的影响因素中。Zaman 等[36]对切削刃在切削过程中的轨迹展开了研究，阐述了微铣削力和切削层面积之间的关系，并建立了微铣削力模型。Zhang 等[37]和 Zhou 等[38]综合考虑切削刃钝圆半径、实际切削刃轨迹、刀刃径向跳动和刀具偏差、切入和切出角等因素，建立了微铣削力解析模型。Vogler 等[39]证明了多相材料微结构会造成微铣削力的波动。Lu 等[40]考虑刀具磨损的影响，改进了微铣削力模型。Niu 等[41]建立了改进的金属基复合材料微铣削力模型。

综上所述，专家学者目前针对铝合金、铜以及钢等材料建立的微铣削力模型为镍基高温合金微铣削力模型研究提供了有益的参考。

1.4.2 微铣削温度

目前，探究微铣削温度的方法可分为试验法、解析法和仿真法。对于试验法，

Wissmiller 等[42]利用热像仪测量微铣削 6061-T6 铝合金和 1018 钢的切削温度，研究了切削过程中最大温度梯度出现的区域。Bagavathiappan 等[43]利用热像仪在线监测微铣削 Al6061 铝合金和 4340 钢两种材料时微铣刀的温度变化，分析了切削用量与微铣刀温度之间的关系，发现对微铣刀温度影响最大的因素是主轴转速；通过 K 型热电偶测量了工件温度,建立了微铣刀温度和工件温度的关联关系模型。Lu 等[44]采用响应曲面法进行了微铣削试验，研究了主轴转速、每齿进给量和轴向切深对切削温度的影响规律，并建立了微铣削温度经验模型。对于解析法，Lu 等[45]以傅里叶定律为出发点，推导出了有限长线热源单位时间内造成空间中某一点的温升，然后将微铣削切削区域看成移动的有限长线热源，最后计算得到切削温度。

更多学者采用有限元法开展微铣削温度研究。Özel 等[46]利用 DEFORM-2D 建立了微铣削 Ti6Al4V 的二维有限元过程仿真模型，输出了切削区域温度分布云图。Yang 等[47]利用 DEFORM-3D 建立了微铣削 Al2024-T6 铝合金的三维仿真模型,并研究了刀尖圆弧与微铣削温度场的关系。Baharudin 等[48]建立了钛合金 Ti6Al4V 微铣削加工有限元模型，并根据切削层厚度预测了微铣刀的温度场分布。Peng 等[49]基于工件温度场分布仿真研究，揭示了主轴转速和进给速度对工件温度场的影响规律。Mamedov 等[50]通过微铣削过程仿真研究，实现了切削区温度的预测。许松[51]基于 ABAQUS 建立了工件温度场模型。宁文波等[52]利用有限元法研究了不同切削参数组合下的切削热和温度场。

工件材料、研究方法、仿真过程设置不同，会导致现有研究得到的微铣削温度变化规律也不同，但现有基于试验、理论推导和有限元仿真研究的微铣削温度变化规律及温度分布的方法可为探究镜基高温合金微铣削温度提供参考。

1.4.3　微铣削加工稳定性

微铣削颤振稳定性研究主要考虑再生效应的影响，基于微铣削系统动力学方程，根据微铣削系统的模态参数及微铣削力模型，预测微铣削系统不同切削参数下的加工状态。

微铣刀很小，很难通过试验方法直接获取刀具的模态参数。Mascardelli 等[53]根据子结构耦合法，将微铣刀分为两部分(刀柄部分和刀尖部分)，刀柄部分利用锤击法获取频率响应函数(frequency response function，FRF)(简称频响函数)，刀尖部分利用有限元法获取频响函数，将两部分耦合得到完整的微铣刀刀尖频响函数。Filiz 等[54]考虑切削刃的具体几何结构，应用 Timoshenko 梁理论求解刀具的频响函数。Tajalli 等[55]根据应变梯度 Timoshenko 梁理论和扩展哈密顿原理，建立了旋转刀具动态模型，利用动态刚度方法得到了刀具模态参数。

剪切效应和耕犁效应的更替给微铣削过程带来了难以忽略的过程阻尼变化，导致微铣削过程呈非线性。Afazov 等[56]在考虑剪切效应、耕犁效应、切削刃口圆弧半径及刀具径向跳动的基础上，研究了切削力、切削速度和切削厚度的非线性关系。Singh 等[57]建立了不同主轴转速范围的切削力系数分段函数，提高了不同转速下的切削力预测精度，进而提高了稳定性预测精度。Lu 等[58]考虑再生效应、最小切削厚度和已加工表面弹性回复的影响，建立了微铣削颤振稳定性模型，并得到了稳定性叶瓣图。Zhang 等[59]将过程阻尼引起的工艺非线性以及由刀具跳动、刀具轨迹和切屑形成的过程间歇性引入切削力模型中，基于该模型求解得到了稳定性叶瓣图。

微铣削稳定性预测模型的求解方法是微铣削颤振稳定性分析的难点。Mascardelli 等[53]和 Tajalli 等[55]利用零阶频率法，求解得到仅考虑剪切效应的稳定性预测结果，并绘制出了稳定性叶瓣图。Afazov 等[60]研究表明，在较小的刃口圆弧半径、较高的预热工件温度和较大的正前角的情况下，稳定极限更高。Song 等[61]利用半离散法绘制出了稳定性叶瓣图。Wang 等[62]推导了稳定微铣削过程中确定临界转速和渐进主轴转速的公式。

目前，将有限元法、梁理论、锤击试验和子结构耦合法相结合是求解微铣削系统刀尖频响函数的常用办法。但现有刀尖频响函数求取大多基于机床静止假设，而在实际加工过程中，由于微铣刀尺寸微小，为保证微铣削加工效率，主轴转速高达每分钟几万转甚至十几万转。机床(主轴)静止时和实际加工时的动力学特性是不同的，主轴高速旋转会引起主轴离心力和陀螺效应(轴承)，使微铣削系统的动力学特性发生变化。因此，亟待深入探索微铣削加工稳定性预测方法。

1.4.4　微铣削加工刀具磨损和破损

由于微铣刀直径小、主轴转速高且铣削过程不连续，切削时受冲击载荷及振动的影响较大，微铣刀极易发生磨损和破损，进而影响产品尺寸精度和表面质量[63]。微铣刀磨损成为制约微铣削加工质量提升的重要因素。

1)微铣刀磨损

目前，微铣刀磨损的研究方法主要包括试验法和有限元法。一些专家学者基于试验法研究了微铣刀磨损机理及刀具磨损状态监测。Gao 等[64]进行了单晶铝微铣削试验，试验发现微铣刀主要失效形式为刀尖和后刀面磨损。Yang 等[65]研究了微铣削 Al7075 铝合金和 C45 钢时的刀具磨损，提出了一种基于磨损面积的刀具磨损测量方法。Wu 等[66]研究了微铣削硬质合金时刀具磨损的特点和机理，发现微铣刀磨损主要集中在刀尖处，主要包括磨粒磨损和黏着磨损等。Jahan 等[67]对聚碳酸酯玻璃微槽铣的刀具磨损机理进行了试验研究，结果表明，刀具磨损以黏着磨损为主，其次是刀尖破损。Gonçalves 等[68]通过铣削不锈钢试验揭示了主轴转速对微铣刀磨损的影响。

微铣刀磨损状态监测一直是领域内的难题。当前的刀具磨损状态监测方法主要有直接法和间接法。直接法就是通过高速相机结合数字图像处理技术得到刀具真实的磨损状态，精度较高。但是，刀具磨损图像质量受冷却液和切屑的影响，难以实现微铣刀磨损高精度在线监测。切削力、振动、电流和功率等信号对判别刀具磨损状态至关重要[69]。间接法是对采集到的传感信号进行时域、频域和时频域分析，并提取出与刀具磨损相关的一个或多个特征参量，最后通过机器学习算法对刀具磨损特征进行分类，实现刀具磨损状态的在线监测。间接法不需要采集刀具磨损图像，易于实现，且不影响实际加工过程。但由于微铣削过程中，切削深度和进给速度较小，微铣削力引起的振动、声音以及其他传感信号微弱，噪声的影响相对较大，难以提取有效的刀具磨损特征。Zhu 等[70,71]提出了基于噪声鲁棒性的连续隐马尔可夫模型和一种稀疏表示方法对微铣刀磨损状态进行监测，并通过微铣削铜、铁试验对模型的有效性进行了验证。Li 等[72]提出了一种改进的隐马尔可夫模型，用于描述不同切削条件下微铣刀磨损状态。该模型同时考虑了切削时间和切削条件，更接近实际加工过程。Jemielniak 等[73]、Hung 等[74]通过声发射检验法对微铣刀磨损状态进行了监测。Prakash 等[75]使用声发射传感器在线监测了微铣刀磨损情况，并利用扫描电子显微镜(scanning electron microscope，SEM)测量了刀具磨损，对声发射传感器的监测结果进行了验证。Hsieh 等[76]基于主轴振动信号实现了刀具磨损状况监测。Malekian 等[77]提出了一种基于多传感器信号的微铣刀磨损监测方法，并采用人工智能方法预测了刀具磨损状态。

目前，有限元法在微铣刀磨损研究方面的应用日益广泛。Thepsonthi 等[78]基于有限元法研究了微铣削钛合金时 CBN(立方氮化硼)涂层对刀具磨损的影响规律，发现有涂层的微铣刀性能更优越。Thepsonthi 等[79]建立了微铣削过程三维仿真模型，研究了槽铣与侧铣情况下刀具刃口圆弧半径对刀具磨损的影响规律。Teng 等[80]建立了考虑刀具变形的有限元模型，并用于预测刀具磨损，试验发现未涂覆 AlTiN 的微铣刀容易发生磨粒磨损和黏着磨损。Lu 等[81]基于 DEFORM 软件实现了微铣刀后刀面磨损的预测。Zheng 等[82]利用 ABAQUS 软件建立了振动辅助微铣削过程有限元仿真模型，研究发现，辅助振动能有效降低微铣削刀具磨损。

已有的研究成果证明，微铣刀磨损与常规铣刀磨损存在差异，如微铣刀磨损集中在刀尖部位、扩散磨损不显著等。但目前尚没有公认的微铣刀磨钝标准(有研究者提出以微铣刀的最大磨损长度和磨损宽度达到一定数值为磨钝标准)。现有关于铜、铝等材料的微铣刀磨损机理及状态监测方面的研究，为镍基高温合金微铣削刀具磨损研究提供了参考。

2) 微铣刀破损

微铣刀直径较小，刚度较弱，因此极易发生破损，甚至断刀。由于微铣刀尺寸小，主轴高速旋转，其破损很难发现。微铣刀破损不仅会严重影响微小零件的加工质量，还会导致切削力发生较大波动，对主轴甚至机床性能都产生很大的影响，因此亟待围绕微铣刀早期破损进行研究。

Zhou 等[83]研究发现刀具的破损与刀具应力状态及分布有很大关系。Wang 等[84]通过试验研究发现硬质合金发生断裂时，塑性变形非常小，可以将硬质合金视为脆性材料，使用拉应力准则对其破损失效进行判断。上述研究表明，可以通过刀具所受的拉应力和极限应力对比来预测刀具状态。

一些学者采用试验法、有限元法和解析法进行了微铣刀破损研究。Tansel 等[85]进行了微铣削铝、石墨电极和低碳钢试验，观察刀具断裂失效的扫描电子显微镜图像，将微铣刀破损失效形式分为三大类：①切屑堵塞导致刀具折断；②应力过大导致刀具折断；③刀具疲劳断裂。本书主要研究直槽微铣削过程中刀具早期破损，失效形式主要为第二类。Uhlmann 等[86]和 Oliaei 等[87]通过有限元法分析了螺旋刃微铣刀的应力分布，试验表明，应力集中点为螺旋刃与锥台结合处，此处为微铣刀破损危险处。Mamedov 等[88]建立了考虑切削力、切削厚度和刀具几何形状的刀具变形解析模型，成功预测了刀具变形。

综上所述，微铣刀早期破损主要是由所受的弯曲拉应力超过了极限应力而导致的折断破裂。但目前无论是基于仿真分析方法的微铣刀破损研究，还是基于解析建模方法的微铣刀破损研究，均是将切削力加载方式简化为集中载荷加载，与微铣削实际情况差距很大。本书基于所建立的微铣削力模型，在微铣刀螺旋切削刃上进行线性分布载荷加载，通过对比切削力在刀具上引起的弯曲拉应力和刀具的极限应力，实现微铣刀早期破损预测。

1.4.5　微铣削加工表面完整性

表面完整性是零件在加工或处理之后所具有的表面纹理和表层状态，其评价指标有残余应力、加工硬化、表面粗糙度以及微观组织等。

1) 微铣削加工残余应力

表面残余应力不仅影响工件的尺寸精度、疲劳强度和耐腐蚀性，还影响工件的可靠性、稳定性和寿命。

目前，微铣削加工残余应力的研究方法主要包括有限元法、试验法和解析法。朱黛茹[89]通过 DEFORM 软件对微铣削 3J21 弹性合金薄膜的过程进行了三维动态仿真，得到了加工表面的残余应力，并通过试验证实了有限元仿真结果的有效性。卢晓红等[90]基于 ABAQUS 软件进行了镍基高温合金 Inconel 718 微铣削加工过程三维仿真模拟研究，并阐述了每齿进给量对表面残余应力的影响规律。周军[91]研究了不同切削深度对铝合金加工表面残余应力的影响规律。Peng 等[92]构建了考虑刃口钝圆半径、材料强化效应和初始条件的微铣削残余应力预测模型，并通过试验验证了所建立的残余应力预测模型的有效性。Mamedov 等[50]采用仿真和试验相结合的方法研究了微铣削钛合金时温度对残余应力的影响。Zeng 等[93]建立了考虑刀具旋转和间断切削特点的残余应力解析模型，揭示了微铣削加工残余应力的变化规律，研究了进给速度和径向切深对残余应力的影响。董琼[94]对微铣削模具钢的残余应力进行了解析建模和有限元建模，分析了刃口圆弧半径、刀具前角、每齿进给量及主轴转速对残余应力的影响规律。

2) 微铣削加工硬化

目前，微切削领域加工硬化研究刚刚起步。魏永强等[99]采用硬质合金刀具，通过单因素试验对铝合金微切削过程进行了研究，发现亚表面显微硬度变化规律与传统切削加工相同，表面层金属被强化，硬度显著提高。张涛[96]分析了第一变形区和第三变形区对已加工表面的挤压硬化作用及对加工表面显微硬度的影响。Lu 等[97,98]建立了镍基高温合金微铣削加工表面硬度计算模型，并通过试验验证了表面硬度计算模型的有效性；利用 DEFORM-3D 软件建立了三维微铣槽过程仿真模型，先输出槽底面的应变，然后通过所建立的镍基高温合金 Inconel 718 应变-硬度关系获得了槽底面显微硬度分布。

3) 微铣削加工表面形貌

零件表面形貌是由于加工过程中工件与刀具相对运动，切削刃最终在工件表面上残留的痕迹。表面形貌能够从微观层面反映零件表面信息。目前，已有一些专家学者对微铣削加工表面形貌进行了探索。周磊[99]在切削力模型基础上，引入了颤振、刀具磨损、积屑瘤等构建微纳米动态切削系统集成模型，仿真模拟了微纳米切削三维形貌的成形过程。李成锋[100]基于刀具实际切削轨迹及刀具柔性变形量，提出了微铣刀周铣加工表面形貌集成模型。Ding 等[101]提出了考虑切削过程动态响应的微铣削形貌预测方法，预测的刀具切削轨迹及表面形貌变化趋势与试验结果基本一致，表面粗糙度预测相对误差在 17%以内。Peng 等[102]提出了考虑刀具振动的微铣削表面形貌仿真算法。Kouravand 等[103]基于考虑最小切削厚度的刀具次摆线运动轨迹获得了微铣削不锈钢表面形貌仿真模型，并通过试验对模型的有效性进行了验证。Chen 等[104]建立了考虑最小切削厚度和刀具跳动的微端铣加工表面生成模型，研究了刀具径向跳动、最小切削厚度及刀具几何参数对表面形貌的影响规律。Lu 等[105]基于微铣削加工瞬时切削厚度、微铣削力模型以及微铣削动力学特性，结合微铣加工理论切削轨迹，获得了微铣加工实际切削轨迹；基于刃形复映原理，建立了镍基高温合金 Inconel 718 微铣削加工表面形貌仿真模型，并通过试验对模型的准确性进行了验证。

国内外专家学者围绕微铣削加工表面完整性的研究成果是本书研究的基础。在微铣削加工过程中，刀具与工件之间的相对运动、已加工表面弹性回复、几何参数和切削参数的共同影响，导致微铣削加工表面完整性预测困难。因此，亟待阐明微铣削加工表面形貌形成机理及残余应力的生成机理，需要深入研究残余应力及加工硬化的预测，为实现高质微铣削加工提供理论依据。

1.5　镍基高温合金微铣削加工面临的挑战

当前国内外学者在微铣削加工机理、加工稳定性、刀具磨损与破损以及表面完整性等方面取得了阶段性的研究进展，但现有研究大多沿袭传统铣削机理研究思路，对微铣削的力、热、稳定性、表面完整性等的研究有待进一步完善。目前，镍基高温合金 Inconel 718 微铣削加工存在以下挑战。

(1)准确的微铣削力模型和切削温度模型是揭示微铣削加工机理的基础。现有的微铣削力模型通常考虑尺度效应，而忽略切削温度的影响。微铣削加工时，切削区受力热耦合影响，因此需要考虑力和温度的综合作用，建立准确的微铣削力及微铣削温度模型，进而探究微铣削加工机理。与常规切削相比，微铣削切削层尺寸非常小，微铣刀上存在的侧刃与端刃之间的刀尖圆弧以及前刀面与后刀面的刃口钝圆对加工表面的形成和切削过程影响较大，缺乏综合考虑刀尖圆弧、刃口钝圆对热力耦合状态的影响研究。

(2)目前已经证实微铣刀磨损与常规铣刀磨损存在差异，如磨损的主要区域在刀尖部位、扩散磨损不显著等。现有微铣刀磨损研究大多关注于刀具磨钝后的状态，而从新刀具到磨钝过程中，刀具磨损状态是如何变化的研究很少，并且微铣刀磨损还没有统一的评价标准。现有刀具破损研究大多将切削力及加载方式进行简化处理。因此，亟待准确获取切削力在微铣刀螺旋刃上分布加载的情况下刀具的弯曲应力，与微铣刀极限应力进行对比，实现微铣刀早期破损的准确预测。

(3)与常规铣削相比，微铣削不是简单的尺寸缩减，而是呈现出尺度效应，即随着瞬时切削厚度的减小，切削能量异常增大，屈服剪切应力约为传统切削的两倍。尺度效应影响切削过程材料的应力-应变、切削力及切削温度。传统切削理论已经不能很好地解释微切削过程。因此，亟待基于应变梯度塑性理论，并考虑刀具刃口钝圆半径及其对实际前角的影响，建立考虑尺度效应的微铣削过程模型。

(4)在微铣削加工过程中，剪切效应和耕犁效应的更替叠加导致微铣削过程呈非线性。由于微铣刀直径较小，为提供足够的切削速度，主轴转速应足够高，高主轴转速会产生离心力和陀螺效应，因此微铣削稳定性分析比常规铣削更为复杂，镍基高温合金材料因其具有高塑性、存在大量硬质点等特性，加剧了微铣削过程振动的不稳定性。为了实现微铣削稳定加工，需要进行颤振的有效预测，而颤振稳定性叶瓣图的获取以准确的微铣刀刀尖频响函数为基础。目前，求取刀尖响频函数时大多基于机床静止假设，但在微铣削加工过程中，主轴转速高达每分钟几万转甚至十几万转，不可避免地产生主轴离心力和陀螺效应，进而改变微铣削系统的动力学特性。因此，亟待深入探索考虑主轴高速旋转引起的离心力和陀螺效应的微铣刀刀尖频响函数，为微铣削过程的颤振抑制、加工参数优化、加工质量和加工效率的提高奠定基础。

(5)在微铣削加工过程中，加工变形、瞬时切削厚度和切削力的变化、弹性回复及振动等因素的影响，导致微铣削加工表面完整性预测困难。因此，亟待对微铣削加工表面形貌的形成机理、残余应力的生成机理、残余应力及加工硬化情况的预测等进行系统、深入的研究，进而为揭示微铣削加工过程成形机理、选择工艺参数、控制成形质量提供依据。

参 考 文 献

[1] 中国金属学会高温材料分会. 中国高温合金手册[M]. 北京: 中国标准出版社, 2012.

[2] Vivek A, Singh K S, Garg R K. Parametric modeling and optimization for wire electrical discharge machining of Inconel 718 using response surface methodology[J]. The International Journal of Advanced Manufacturing Technology, 2015, 79 (1-4): 31-47.

[3] 唐中杰, 郭铁明, 付迎, 等. 镍基高温合金的研究现状与发展前景[J]. 金属世界, 2014, (1): 36-40.

[4] 姚进军, 高联科, 邓斌. 镍基高温合金的技术进展[J]. 新材料产业, 2015, (12): 43-46.

[5] 刘永长, 郭倩颖, 李冲, 等. Inconel 718 高温合金中析出相演变研究进展[J]. 金属学报, 2016, 52 (10): 1259-1266.

[6] Hao Z P, Li J N, Fan Y H, et al. Study on constitutive model and deformation mechanism in high speed cutting Inconel 718[J]. Archives of Civil and Mechanical Engineering, 2019, 19 (2): 439-452.

[7] Schafrik R E, Ward D D, Groh J R. Application of alloy 718 in GE aircraft engines: Past, present and next five years[C]. Proceedings of the International Symposium on Superalloys and Various Derivatives, 2001: 1-11.

[8] Paulonis D F, Schirra J J. Alloy 718 at Pratt & Whitney: Historical perspective and future challenges[C]. Proceedings of the International Symposium on Superalloys and Various Derivatives, 2001: 13-23.

[9] 杜金辉, 邓群, 曲敬龙, 等. 我国航空发动机用 GH4169 合金现状与发展[C]. 第八届 (2011) 中国钢铁年会, 2011: 4340-4344.

[10] Andrea D B, Newman S T, Jawahir I S, et al. Future research directions in the machining of Inconel 718[J]. Journal of Materials Processing Technology, 2021, 297 (10): 117260.

[11] Ezugwu E O. Key improvements in the machining of difficult-to-cut aerospace superalloys[J]. International Journal of Machine Tools and Manufacture, 2005, 45 (12-13): 1353-1367.

[12] Lacalle L, Perez J, Llorente J I, et al. Advanced cutting conditions for the milling of aeronautical alloys[J]. Journal of Materials Processing Technology, 2000, 100 (1): 1-11.

[13] Ezugwu E O, Wang Z M, Machado A R. The machinability of nickel-based alloys: A review[J].

Journal of Materials Processing Technology, 1998, 86(1-3): 1-16.

[14] 武文毅. 镍基高温合金 Inconel 718 微铣削刀具磨损研究[D]. 大连: 大连理工大学, 2014.

[15] 韩荣第, 金远强. 航空用特殊材料加工技术[M]. 哈尔滨: 哈尔滨工业大学出版社, 2007.

[16] 王园伟. Inconel 718 高速铣削工艺参数优化[D]. 济南: 山东大学, 2011.

[17] 杨振朝, 姜飞龙, 李楠, 等. Inconel 718 车削过程中刀具涂层材料和几何参数对切削力的影响研究[J]. 航空精密制造技术, 2017, 53(1): 11-15.

[18] Liu L, Wu M Y, Li L B, et al. FEM simulation and experiment of high-pressure cooling effect on cutting force and machined surface quality during turning Inconel 718[J]. Integrated Ferroelectrics, 2020, 206(1): 160-172.

[19] 杨辉, 刘文涛. 镍基高温合金切削热力学仿真[J]. 机械制造与自动化, 2017, 46(5): 70-72.

[20] 刘均伟. 镍基高温合金 Inconel 718 高速切削试验研究[D]. 济南: 山东大学, 2018.

[21] Hoe C H, Reddy M M, Lee V C C, et al. Chatter behavior in the milling process of Inconel 718: Effects of tool edge radius[C]. International Conference on Aeronautical, Aerospace and Mechanical Engineering, 2018: 02006.

[22] Bushlya V, Zhou J, Ståhl J E. Effect of cutting conditions on machinability of superalloy Inconel 718 during high speed turning with coated and uncoated PCBN tools[J]. Procedia CIRP, 2012, 3(1): 370-375.

[23] Zheng G M, Zhao J, Cheng X, et al. Self-sharpening failure characteristic of a Si_3N_4 ceramic tool in high speed cutting of Inconel 718[J]. Key Engineering Materials, 2016, 693: 1135-1142.

[24] Cai X J, Qin S, An Q L, et al. Experimental investigation on surface integrity of end milling nickel-based alloy-Inconel 718[J]. Machining Science and Technology, 2014, 18(1): 31-46.

[25] Balbaa M A, Nasr M N A. Prediction of residual stresses after laser-assisted machining of Inconel 718 using SPH[C]. The 15th CIRP Conference on Modelling of Machining Operations, 2015: 19-23.

[26] Hua Y, Liu Z Q. Effects of cutting parameters and tool nose radius on surface roughness and work hardening during dry turning Inconel 718[J]. International Journal of Advanced Manufacturing Technology, 2018, 96(5-8): 2421-2430.

[27] Shen Q, Liu Z Q, Hua Y, et al. Effects of cutting edge microgeometry on residual stress in orthogonal cutting of Inconel 718 by FEM[J]. Materials, 2018, 11(6): 1015.

[28] Feng Y X, Hung T P, Lu Y T, et al. Surface roughness modeling in laser-assisted end milling of Inconel 718[J]. Machining Science and Technology, 2019, 23(4): 650-668.

[29] 陈明君, 陈妮, 何宁, 等. 微铣削加工机理研究新进展[J]. 机械工程学报, 2014, 50(5): 161-172.

[30] Liu Y, Li P F, Liu K, et al. Micro milling of copper thin wall structure[J]. International Journal of Advanced Manufacturing Technology, 2017, 90(1-4): 405-412.

[31] 李红涛, 来新民, 李成锋, 等. 介观尺度微型铣床开发及性能试验[J]. 机械工程学报, 2006, 42(11): 162-167.

[32] Park S S, Malekian M. Mechanistic modeling and accurate measurement of micro end milling forces[J]. CIRP Annals—Manufacturing Technology, 2009, 58(1): 49-52.

[33] Kang I S, Kim J S, Kim J H, et al. A mechanistic model of cutting force in the micro end milling process[J]. Journal of Materials Processing Technology, 2007, 187-188: 250-255.

[34] Lee H U, Cho D W, Ehmann K F. A mechanistic model of cutting forces in micro-end-milling with cutting-condition-independent cutting force coefficients[J]. Journal of Manufacturing Science and Engineering, 2008, 130(3): 0311021-0311029.

[35] Bissacco G, Hansen H N, Slunsky J. Modelling the cutting edge radius size effect for force prediction in micro milling[J]. CIRP Annals—Manufacturing Technology, 2008, 57(1): 113-116.

[36] Zaman M T, Kumar A S, Rahman M, et al. A three-dimensional analytical cutting force model for micro end milling operation[J]. International Journal of Machine Tools and Manufacture, 2006, 46(3-4): 353-366.

[37] Zhang X W, Ehmann K F, Yu T B, et al. Analytical modeling and experimental validation of micro end-milling cutting forces considering edge radius and material strengthening effects[J]. International Journal of Machine Tools and Manufacture, 2015, 97: 29-41.

[38] Zhou L, Peng F Y, Yan R, et al. Cutting forces in micro-end-milling processes[J]. International Journal of Machine Tools and Manufacture, 2016, 107: 21-40.

[39] Vogler M P, Kapoor S G, DeVor R E. On the modeling and analysis of machining performance in micro-endmilling, part II: Cutting force prediction[J]. Journal of Manufacturing Science and Engineering, 2004, 126(4): 695-705.

[40] Lu X H, Wang F R, Jia Z Y, et al. A modified analytical cutting force prediction model under the tool flank wear effect in micro-milling nickel-based superalloy[J]. International Journal of Advanced Manufacturing Technology, 2017, 91(9-12): 3709-3716.

[41] Niu Z C, Cheng K. Improved dynamic cutting force modelling in micro milling of metal matrix composites part I: Theoretical model and simulations[J]. Proceedings of the Institution of Mechanical Engineers, Part C: Journal of Mechanical Engineering Science, 2020, 234(9): 1733-1745.

[42] Wissmiller D L, Pfefferkorn F E. Micro end mill tool temperature measurement and prediction[J]. Journal of Manufacturing Processes, 2009, 11(1): 45-53.

[43] Bagavathiappan S, Lahiri B B, Suresh S, et al. Online monitoring of cutting tool temperature during micro-end milling using infrared thermography[J]. Insight: Non-Destructive Testing and Condition Monitoring, 2015, 57(1): 9-17.

[44] Lu X H, Wang H, Jia Z Y, et al. Effects of cutting parameters on temperature and temperature prediction in micro-milling of Inconel 718[J]. International Journal of Nanomanufacturing, 2018,

14 (4): 377-386.

[45] Lu X H, Wang H, Jia Z Y, et al. Coupled thermal and mechanical analyses of micro-milling Inconel 718[J]. Proceedings of the Institution of Mechanical Engineers, Part B: Journal of Engineering Manufacture, 2019, 233 (4): 1112-1126.

[46] Özel T, Thepsonthi T, Ulutan D, et al. Experiments and finite element simulations on micro-milling of Ti6Al4V alloy with uncoated and CBN coated micro-tools[J]. CIRP Annals—Manufacturing Technology, 2011, 60 (1): 85-88.

[47] Yang K, Liang Y C, Zheng K N, et al. Tool edge radius effect on cutting temperature in micro-end-milling process[J]. International Journal of Advanced Manufacturing Technology, 2011, 52 (9-12): 905-912.

[48] Baharudin B T H T, Ng K P, Sulaiman S, et al. Temperature distribution of micro milling process due to uncut chip thickness[J]. Advanced Materials Research, 2014, 939: 214-221.

[49] Peng Z X, Li J, Yan P, et al. Experimental and simulation research on micro-milling temperature and cutting deformation of heat-resistance stainless steel[J]. International Journal of Advanced Manufacturing Technology, 2018, 95 (5-8): 2495-2508.

[50] Mamedov A, Lazoglu I. Thermal analysis of micro milling titanium alloy Ti6Al4V[J]. Journal of Materials Processing Technology, 2016, 229: 659-667.

[51] 许松. 微铣削加工的切削热仿真研究[D]. 太原: 太原理工大学, 2018.

[52] 宁文波, 章周伟, 陈伟栋, 等. 微细铣削温度场的建模与仿真[J]. 机械工程师, 2019, (4): 11-13.

[53] Mascardelli B A, Park S S, Freiheit T. Substructure coupling of microend mills to aid in the suppression of chatter[J]. Journal of Manufacturing Science and Engineering, 2008, 130 (1): 0110101-0110112.

[54] Filiz S, Ozdoganlar O B. Microendmill dynamics including the actual fluted geometry and setup errors—Part I : Model development and numerical solution[J]. Journal of Manufacturing Science and Engineering, 2008, 130 (3): 03111901-03111910.

[55] Tajalli S A, Movahhedy M R, Akbari J. Chatter instability analysis of spinning micro-end mill with process damping effect via semi-discretization approach[J]. Acta Mechanica, 2014, 225 (3): 715-734.

[56] Afazov S M, Ratchev S M, Segal J, et al. Chatter modelling in micro-milling by considering process nonlinearities[J]. International Journal of Machine Tools and Manufacture, 2012, 56: 28-38.

[57] Singh K, Kartik V, Singh R K. Modeling of dynamic instability via segmented cutting coefficients and chatter onset detection in high-speed micromilling of Ti6Al4V[J]. Journal of Manufacturing Science and Engineering, 2016, 139 (5): 051005.

[58] Lu X H, Jia Z Y, Wang H, et al. Stability analysis for micro-milling nickel-based superalloy process[J]. International Journal of Advanced Manufacturing Technology, 2016, 86(9-12): 2503-2515.

[59] Zhang X, Yu T B, Wang W S. Chatter stability of micro end milling by considering process nonlinearities and process damping[J]. International Journal of Advanced Manufacturing Technology, 2016, 87(9-12): 2785-2796.

[60] Afazov S M, Zdebski D, Ratchev S M, et al. Effects of micro-milling conditions on the cutting forces and process stability[J]. Journal of Materials Processing Technology, 2013, 213(5): 671-684.

[61] Song Q H, Liu Z Q, Shi Z Y. Chatter stability for micro-milling processes with flat end mill[J]. International Journal of Advanced Manufacturing Technology, 2014, 71(5-8): 1159-1174.

[62] Wang J J, Uhlmann E, Oberschmidt D, et al. Critical depth of cut and asymptotic spindle speed for chatter in micro milling with process damping[J]. CIRP Annals, 2016, 65(1): 113-116.

[63] 王二化, 刘颉. 基于主成分分析和BP神经网络的微铣刀磨损在线监测[J]. 组合机床与自动化加工技术, 2021, (1): 114-117.

[64] Gao Q, Li W M, Chen X Y. Surface quality and tool wear in micro-milling of single-crystal aluminum[J]. Proceedings of the Institution of Mechanical Engineers, Part C: Journal of Mechanical Engineering Science, 2019, 233(16): 5597-5609.

[65] Yang Y S, Liu Y, Liu K. Experimental investigation on tool wear and measurement method in micro milling with carbide tools[J]. International Journal of Mechatronics and Manufacturing Systems, 2018, 11(1): 2-16.

[66] Wu X, Li L, He N, et al. Study on the tool wear and its effect of PCD tool in micro milling of tungsten carbide[J]. International Journal of Refractory Metals and Hard Materials, 2018, 77: 61-67.

[67] Jahan M P, Ma J F, Hanson C, et al. Tool wear and resulting surface finish during micro slot milling of polycarbonates using uncoated and coated carbide tools[J]. Proceedings of the Institution of Mechanical Engineers, Part B: Journal of Engineering Manufacture, 2020, 234(1-2): 52-65.

[68] Gonçalves A D S, Da Silva M B, Jackson M J. Tungsten carbide micro-tool wear when micro milling UNS S32205 duplex stainless steel[J]. Wear, 2018, 414-415: 109-117.

[69] 蔡伟, 李迎. 微铣削刀具磨损研究现状[J]. 制造技术与机床, 2012, (1): 37-41.

[70] Zhu K P, Wong Y S, Hong G S. Multi-category micro-milling tool wear monitoring with continuous hidden Markov models[J]. Mechanical Systems and Signal Processing, 2009, 23(2): 547-560.

[71] Zhu K P, Vogel-Heuser B. Sparse representation and its applications in micro-milling condition

monitoring: Noise separation and tool condition monitoring[J]. International Journal of Advanced Manufacturing Technology, 2014, 70(1-4): 185-199.

[72] Li W J, Liu T S. Time varying and condition adaptive hidden Markov model for tool wear state estimation and remaining useful life prediction in micro-milling[J]. Mechanical Systems and Signal Processing, 2019, 131: 689-702.

[73] Jemielniak K, Arrazola P J. Application of AE and cutting force signals in tool condition monitoring in micro-milling[J]. CIRP Journal of Manufacturing Science and Technology, 2008, 1(2): 97-102.

[74] Hung C W, Lu M C. Model development for tool wear effect on AE signal generation in micromilling[J]. International Journal of Advanced Manufacturing Technology, 2013, 66(9-12): 1845-1858.

[75] Prakash M, Kanthababu M. In-process tool condition monitoring using acoustic emission sensor in microendmilling[J]. Machining Science and Technology: An International Journal, 2013, 17(2): 209-227.

[76] Hsieh W H, Lu M C, Chiou S J. Application of backpropagation neural network for spindle vibration-based tool wear monitoring in micro-milling[J]. International Journal of Advanced Manufacturing Technology, 2012, 61(1-4): 53-61.

[77] Malekian M, Park S S, Jun M. Tool wear monitoring of micro-milling operations[J]. Journal of Materials Processing Technology, 2009, 209(10): 4903-4914.

[78] Thepsonthi T, Özel T. Experimental and finite element simulation-based investigations on micro-milling Ti6Al4V titanium alloy: Effects of CBN coating on tool wear[J]. Journal of Materials Processing Technology, 2013, 213(4): 532-542.

[79] Thepsonthi T, Özel T. 3-D finite element process simulation of micro-end milling Ti6Al4V titanium alloy: Experimental validations on chip flow and tool wear[J]. Journal of Materials Processing Technology, 2015, 221: 128-145.

[80] Teng X Y, Huo D H, Shyha I, et al. An experimental study on tool wear behaviour in micro milling of nano Mg/Ti metal matrix composites[J]. International Journal of Advanced Manufacturing Technology, 2018, 96(5-8): 2127-2140.

[81] Lu X H, Wang F R, Jia Z Y, et al. The flank wear prediction in micro-milling Inconel 718[J]. Industrial Lubrication and Tribology, 2018, 70(8): 1374-1380.

[82] Zheng L, Chen W Q, Huo D H. Investigation on the tool wear suppression mechanism in non-resonant vibration-assisted micro milling[J]. Micromachines, 2020, 11(4): 380.

[83] Zhou J M, Andersson M, Stahl J E. Cutting tool fracture prediction and strength evaluation by stress identification, part I: Stress model[J]. International Journal of Machine Tools and Manufacture, 1997, 37(12): 1691-1714.

[84] Wang J S, Gong Y D, Abba G, et al. Chip formation analysis in micro-milling operation[J]. International Journal of Advanced Manufacturing Technology, 2009, 45(5-6): 430-447.

[85] Tansel I, Rodriguez O, Trujillo M, et al. Micro-end-milling—Ⅰ. Wear and breakage[J]. International Journal of Machine Tools and Manufacture, 1998, 38(12): 1419-1436.

[86] Uhlmann E, Schauer K. Dynamic load and strain analysis for the optimization of micro end mills[J]. CIRP Annals-Manufacturing Technology, 2005, 54(1): 75-78.

[87] Oliaei S N B, Karpat Y. Influence of tool wear on machining forces and tool deflections during micro milling[J]. International Journal of Advanced Manufacturing Technology, 2016, 84(9-12): 1963-1980.

[88] Mamedov A, Layegh K S, Ismail L. Instantaneous tool deflection model for micro milling[J]. International Journal of Advanced Manufacturing Technology, 2015, 79(5-8): 769-777.

[89] 朱黛茹. 微细铣削表面粗糙度和残余应力的研究[D]. 哈尔滨: 哈尔滨工业大学, 2007.

[90] 卢晓红, 王福瑞, 路彦君, 等. Inconel 718 微铣削加工表面残余应力有限元仿真[J]. 东北大学学报(自然科学版), 2017, 38(2): 254-259.

[91] 周军. 铝合金 7050-T7451 微切削加工机理及表面完整性研究[D]. 济南: 山东大学, 2010.

[92] Peng F Y, Dong Q, Yan R, et al. Analytical modeling and experimental validation of residual stress in micro-end-milling[J]. International Journal of Advanced Manufacturing Technology, 2016, 87(9-12): 3411-3424.

[93] Zeng H H, Yan R, Peng F Y, et al. An investigation of residual stresses in micro-end-milling considering sequential cuts effect[J]. International Journal of Advanced Manufacturing Technology, 2017, 91(9-12): 3619-3634.

[94] 董琼. 微细铣削残余应力建模与试验研究[D]. 武汉: 华中科技大学, 2016.

[95] 魏永强, 周军. 微切削加工 Al7050-T7451 过程力学性能及表面完整性研究[J]. 制造技术与机床, 2010, 12: 107-112.

[96] 张涛. 微切削加工单位切削力及表面加工质量的尺寸效应研究[D]. 济南: 山东大学, 2013.

[97] Lu X H, Jia Z Y, Lu Y J, et al. Predicting the surface hardness of micro-milled nickel-base superalloy Inconel 718[J]. International Journal of Advanced Manufacturing Technology, 2017, 93(1-4): 1283-1292.

[98] Lu X H, Jia Z Y, Yang K, et al. Analytical model of work hardening and simulation of the distribution of hardening in micro-milled nickel-based superalloy[J]. International Journal of Advanced Manufacturing Technology, 2018, 97(9-12): 3915-3923.

[99] 周磊. 微纳米动态切削系统建模及表面形貌的预测分析研究[D]. 哈尔滨: 哈尔滨工业大学, 2009.

[100] 李成锋. 介观尺度铣削力与表面形貌建模及工艺优化研究[D]. 上海: 上海交通大学, 2008.

[101] Ding H, Chen S J, Cheng K. Dynamic surface generation modeling of two-dimensional vibration-assisted micro-end-milling[J]. International Journal of Advanced Manufacturing Technology, 2011, 53 (9-12): 1075-1079.

[102] Peng F Y, Wu J, Fang Z L, et al. Modeling and controlling of surface micro-topography feature in micro-ball-end milling[J]. International Journal of Advanced Manufacturing Technology, 2013, 67 (9-12): 2657-2670.

[103] Kouravand S, Imani B M. Developing a surface roughness model for end-milling of micro-channel[J]. Machining Science and Technology, 2014, 18 (2): 299-321.

[104] Chen W Q, Huo D H, Teng X Y, et al. Surface generation modelling for micro end milling considering the minimum chip thickness and tool runout[C]. The 16th CIRP Conference on Modelling of Machining Operations, 2017: 364-369.

[105] Lu X H, Hu X C, Jia Z Y, et al. Model for the prediction of 3D surface topography and surface roughness in micro-milling Inconel 718[J]. International Journal of Advanced Manufacturing Technology, 2018, 94 (5-8): 2043-2056.

第2章　镍基高温合金Inconel 718微铣削力解析建模

2.1　引　言

微细切削过程特有的尺度效应、最小切削厚度、弹性回复效应等因素的影响，使得传统切削力模型已经不适用于微铣削力的预测。镍基高温合金 Inconel 718 是典型的难加工材料，其微铣削力建模复杂且具有挑战性。

刀柄制造误差、刀具安装误差以及主轴径向跳动等的耦合作用，使得主轴带动铣刀旋转过程中，刀齿相对于主轴轴心线产生一个径向位置偏差，即刀齿齿尖径向跳动[1]。刀齿齿尖径向跳动的存在会导致实际加工尺寸发生变化，从而降低加工精度。瞬时未变形切削厚度计算模型[2](简称瞬时切削厚度模型)是建立切削力模型的基础，微细切削过程受最小切削厚度的影响，切屑是非连续产生的，因此传统切削厚度计算模型[3]已无法描述介观尺度铣削过程。

目前有学者采用柔度耦合方法，结合试验和理论推导来获取微铣削过程刀齿齿尖的动态响应函数[4,5]。基于刀尖次摆线运动轨迹，考虑主轴径向跳动及工件已加工表面材料弹性回复等因素，建立微细切削过程中的瞬时切削厚度[6]计算模型。

本章借鉴传统铣削过程中切削力建模研究方法[7]，考虑微铣削过程中的刃口圆弧半径、最小切削厚度、弹性回复现象及材料微观变形尺度效应等因素的影响，建立镍基高温合金微铣削过程三维动态切削力预测模型，开展镍基高温合金微铣削试验研究，并建立镍基高温合金微铣削力经验模型。

2.2　微铣刀刀齿齿尖径向跳动

2.2.1　微铣刀刀齿齿尖径向跳动试验

如图 2-1 所示，微型数控铣床的尺寸为 194mm×194mm×400mm；X、Y、Z 轴的工作行程均为 50mm×50mm×102mm；X、Y、Z 向进给平台均采用伺服电机驱动精密滚珠丝杠，并配备直线光栅尺，绝对定位精度为 1μm，重复定位精度为 0.2μm；系统采用精密高速电主轴，最高转速可达 140000r/min，径向跳动距离小于 2μm。

微铣削加工试验使用的刀具为日本日进工具株式会社生产的超微粒子超硬合金涂层两刃平头立铣刀，有效刃长约为 500μm，理论直径 D_t 为 600μm，采用扫描电子显微镜测量微铣刀实际直径 D 为 591.4μm，切削刃刃口圆弧半径 r_e 为 2.02μm，切削刃后角 α_0 约为 5°，如图 2-2 所示。

(a) 微型数控铣床系统图　　　　　　　　　(b) 微型数控铣床组件

图 2-1　微型数控铣床

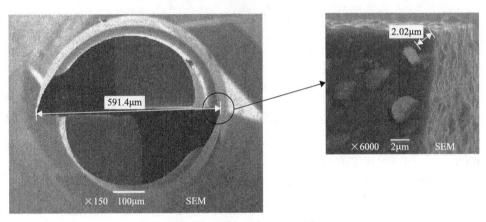

图 2-2　微铣刀端面 SEM 图

试验所用的工件材料为镍基高温合金 Inconel 718，其化学组成成分如表 1-2 所示，其物理性能参数如表 1-3 所示。

定义刀具悬伸量 L 为装夹刀具时刀具露出夹头部分的长度，如图 2-3 所示。在微铣削过程中，刀齿齿尖径向跳动是多种因素相互耦合作用的结果，从直观上理解，刀具悬伸量的变化会影响刀具的刚度，主轴转速的变化会影响其径向跳动量的大小，同时还会影响机床振动等。因此，通过开展铣微孔试验，研究微铣削过程中刀具悬伸量 L 和主轴转速 n 对刀齿齿尖径向跳动的影响规律。

由于刀齿齿尖径向跳动的存在，铣刀在旋转过程中，铣刀刀尖轨迹是一个近似圆弧的形状，通过钻孔后测量孔边缘的最大直径，即可得到铣刀在旋转过程中由刀齿齿尖径向跳动而引起的最大圆弧轨迹。假设微铣刀实际直径为 D，铣孔测

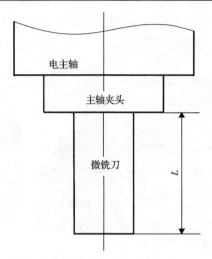

图 2-3　刀具悬伸量 L 示意图

量直径为 D_m，则刀齿齿尖径向跳动量 R_t 为

$$R_t = \frac{D_m - D_t}{2} \tag{2-1}$$

选取刀具悬伸量和主轴转速作为试验因素，研究各因素水平组合对刀齿齿尖径向跳动量的影响规律。共 36 组试验，每组试验钻 5 个微孔，选取试验测量结果的平均值作为该转速下的刀齿齿尖径向跳动量。试验过程中，铣孔轴向深度为 100μm，轴向进给速度为 0.01mm/s。

不同试验参数下的刀齿齿尖径向跳动量 R_t 测量结果如表 2-1 所示。下面分析刀具悬伸量 L 和主轴转速 n 对刀齿齿尖径向跳动量 R_t 的影响。

表 2-1　不同试验参数下的刀齿齿尖径向跳动量 R_t 测量结果　（单位：μm）

主轴转速 n/(r/min)	R_t 的测量结果					
	L =12mm	L =14mm	L =16mm	L =18mm	L =20mm	L =22mm
39680	8.97	9.55	9.55	10.58	12.3	13.0
49600	9.43	10.23	10.73	11.08	13.51	13.12
59520	9.88	11.6	11.53	12.42	14.35	14.7
69440	10.35	12.42	13.57	13.0	15.4	15.4
79370	11.02	13.68	13.68	13.84	16.1	16.1
92040	11.6	14.7	14.35	15.05	16.33	17.8

1）刀具悬伸量对刀齿齿尖径向跳动量的影响

依据表 2-1 中的试验测量结果，绘制刀齿齿尖径向跳动量随刀具悬伸量的变化曲线，如图 2-4 所示。

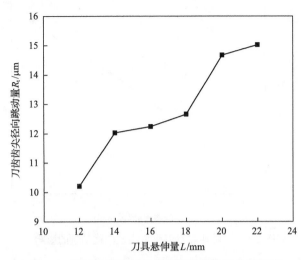

图 2-4　刀具悬伸量对刀齿齿尖径向跳动量的影响

由图 2-4 可知，刀齿齿尖径向跳动量随刀具悬伸量的增加呈现逐渐增大的趋势。刀具悬伸量的增加会降低刀具的刚度，使刀具受力后变形量增大；此外，刀具悬伸量对主轴径向跳动、刀具安装误差以及刀具制造误差具有放大作用，放大作用随着刀具悬伸量的增加而增大，因此随着刀具悬伸量的增加，刀齿齿尖径向跳动量会有增大的趋势。

当刀具悬伸量 L 为 12～14mm 和 18～22mm 时，刀齿齿尖径向跳动量受刀具悬伸量的影响较大，切削过程不平稳；当刀具悬伸量 L 为 14～18mm 时，刀齿齿尖径向跳动量受刀具悬伸量的影响相对较小，切削过程相对平稳。在实际微铣削加工过程中，刀具悬伸量应优先选取此参数段，刀具在平稳状态下切削可以减小刀具磨损，延长刀具寿命。

2）主轴转速对刀齿齿尖径向跳动量的影响

依据表 2-1 中的试验测量结果，绘制刀齿齿尖径向跳动量随主轴转速的变化曲线，如图 2-5 所示。

由图 2-5 可知，刀齿齿尖径向跳动量随主轴转速的增加呈现近似线性增大的趋势。受主轴制造水平的影响，主轴转速增加有可能会使主轴径向跳动量增大，从而使刀齿齿尖径向跳动量增大；此外，微小型铣床的整体刚度较低，主轴转速的增加会使机床振动增大，从而导致刀尖相对于工件表面的径向跳动量增大。在实际微铣削加工过程中，在保证生产效率和刀具寿命的前提下，应优先选择较低的主轴转速，可以减小刀齿齿尖径向跳动量，使切削过程更加平稳。

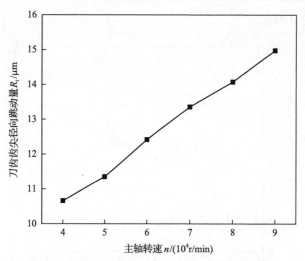

图 2-5　主轴转速对刀齿齿尖径向跳动量的影响

2.2.2　微铣刀刀齿齿尖径向跳动预测模型

对于给定的机床、刀具及工件材料，刀齿齿尖径向跳动预测模型可用于预测试验参数范围内的刀齿齿尖径向跳动量。刀齿齿尖径向跳动预测模型是建立切削力预测模型的基础。采用指数公式拟合试验数据，建立刀齿齿尖径向跳动预测模型：

$$R_t = C_R L^a n^b \tag{2-2}$$

式中，R_t 为刀齿齿尖径向跳动量，mm；C_R 为修正系数；L 为刀具悬伸量，mm；n 为主轴转速，r/min；a、b 分别为刀具悬伸量和主轴转速对刀齿齿尖径向跳动量的影响指数系数。

式(2-2)为非线性方程，为确定其系数，需要对等号左右两侧取对数使其变换成线性方程，如式(2-3)所示。基于表 2-1 中的试验测量数据，采用线性回归最小二乘估计法确定式(2-3)的系数，最终求解的刀齿齿尖径向跳动预测模型如式(2-4)所示：

$$\lg R_t = \lg C_R + a \lg L + b \lg n \tag{2-3}$$

$$R_t = 10^{-4.6477} L^{0.6080} n^{0.4182} \tag{2-4}$$

采用 F 检验法对回归方程进行显著性检验，得到方差分析表如表 2-2 所示，α 为给定的显著性水平。

表 2-2　回归模型方差分析表

方差来源	平方和	自由度	均方	F	$F_{0.01}$
回归	171.13	2	85.565	241.98	5.32
残差	11.67	33	0.3536	—	—
总和	182.80	35	—	—	—

查阅 F 检验表，对于给定的显著性水平 $\alpha = 0.01$，分子自由度 $m = 2$，分母自由度 $n = 33$，F 检验标准值 $F_{0.01}(2,33) = 5.32$，而统计量计算值 $F = 241.98$ 远大于前者，因此回归得到的刀齿齿尖径向跳动预测模型是高度显著的，且回归方程的相对拟合误差小于 0.0926。

回归方程高度显著，仅说明其在试验点处与试验结果拟合得好，不能保证回归方程的计算值在整个参数区域内与测量值拟合得好。为了验证建立的刀齿齿尖径向跳动预测模型的有效性和准确性，设计 15 组试验对参数范围内的 15 个点进行回归方程的拟合度检验，测量值与回归方程理论计算值对比结果如表 2-3 所示。

表 2-3　拟合度检验点刀齿齿尖径向跳动量 R_t 试验测量值与回归模型计算值（单位：μm）

主轴转速 $n/(\text{r/min})$	悬伸量 L=13mm		悬伸量 L=17mm		悬伸量 L=21mm	
	测量值	计算值	测量值	计算值	测量值	计算值
39680	9.14	8.97	10.26	10.56	12.55	12.00
59520	10.72	10.63	12.43	12.51	14.42	14.22
79370	12.15	11.98	13.81	14.11	16.09	16.04

基于试验结果，采用 F 检验法对回归方程进行拟合度检验，检验结果如表 2-4 所示。

表 2-4　回归方程拟合度检验

方差来源	平方和	自由度	均方	F	$F_{0.01}$
失拟	26.46	25	1.058	0.222	5.27
误差	38.13	8	4.766	—	—
总和	221.46	44	—	—	—

由表 2-4 中的分析结果可得 $F_{0.01}(25,8) = 5.27 > 0.222$，因此刀齿齿尖径向跳动回归模型计算值与测量值拟合较好。

所建立的刀齿齿尖径向跳动预测模型适用的试验参数范围为：$12\text{mm} \leqslant L \leqslant 22\text{mm}$；$39680\text{r/min} \leqslant n \leqslant 92040\text{r/min}$。

2.3　微铣削过程切削厚度模型

2.3.1　微铣刀刀齿齿尖运动轨迹建模

切削刃轨迹受刀具半径、主轴转速、刀齿齿尖径向跳动量以及进给率等的影响。图 2-6 为微铣刀刀齿齿尖次摆线运动轨迹示意图。图中，X 为进给方向，Y 为垂直于进给方向的方向，定义铣刀齿位角为在垂直于刀具轴线的截面内齿尖与铣刀轴线之间的连线和垂直于进给方向之间的夹角，以顺时针为正，以逆时针为负。实线为第 $(k–1)$ 刀齿齿尖切削轨迹，点划线为第 k 刀齿齿尖切削轨迹，虚线为铣刀端面轴心线运动轨迹。微铣刀第 k 齿齿尖随时间变量 t 的运动轨迹可表示为

$$\begin{cases} x(t,k) = v_f t + R\sin\left(\omega t - \dfrac{2\pi k}{K}\right) + R_t\sin(\omega t + \varphi_0) \\ y(t,k) = R\cos\left(\omega t - \dfrac{2\pi k}{K}\right) + R_t\cos(\omega t + \varphi_0) \end{cases} \tag{2-5}$$

式中，v_f 为进给速度，mm/s；t 为时间，s；R 为微铣刀半径，mm；ω 为主轴角速度，rad/s；k 为刀齿编号，$k=0,1,\cdots,K–1$；K 为铣刀总齿数，试验使用两刃平头立铣刀，即 $K=2$；R_t 为刀齿齿尖径向跳动量，mm；φ_0 为刀尖径向跳动初始角，rad。

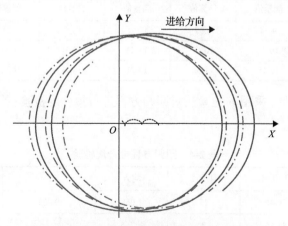

图 2-6　微铣刀刀齿齿尖次摆线运动轨迹示意图

2.3.2　微铣削加工中的单齿切削现象

依据传统切削理论，两个切削刃的切削轨迹之间包络的月牙形区域，即代表当前与工件接触的刀刃在此次刀齿进给过程中各个时刻的切削厚度，如图 2-7 所示。图中，t_c 表示第 k 刀齿齿位角为 θ 时的瞬时切削厚度，齿位角等于 90°对应的

瞬时切削厚度为每齿进给量；点 D 表示 t' 时刻第 $k-1$ 齿切削刃在齿位角 θ' 处对应的切削轨迹点；点 E 表示第 k 齿切削刃在 t 时刻通过点 D 时对应的切削刃轨迹点，相应的齿位角为 θ；C'、C 分别表示 t'、t 时刻刀具中心位置点。

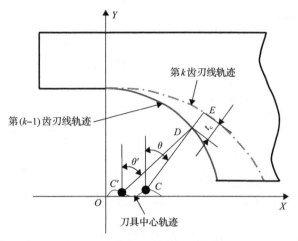

图 2-7　瞬时切削厚度示意图

常规尺度铣削加工过程中，刀齿齿尖径向跳动量相对于每齿进给量很小。为了简化切削过程的研究分析，通常忽略刀齿齿尖径向跳动的影响，认为在给定切削条件下的每齿进给量为常数。微铣削加工过程中，稳态铣削的每齿进给量通常为 0.1～1μm，而刀齿齿尖径向跳动量可达 1～10μm，刀齿齿尖径向跳动在量值上超过了每齿进给量。当刀齿齿尖径向跳动量满足一定条件时，会使得前一刀齿切除工件材料后，后一刀齿在进给方向上切向工件的过程中，受刀齿齿尖径向跳动的影响而落后于前一刀齿在进给方向上的切削轨迹，即在整个切削过程中，后一刀齿没有真正切除进给方向上的工件材料，此切削现象称为单齿切削现象。

受刀齿齿尖径向跳动的影响，单齿切削现象在微铣削过程中经常出现。图 2-8 为单齿切削轨迹仿真示意图。

图 2-8 的切削条件为：主轴转速 39680r/min，进给率 0.2mm/s，铣刀直径 591.4μm，刀齿齿尖径向跳动量 11.7μm，跳动初始角 π/3。图中，实线和点划线分别代表铣刀在旋转过程中第 1 刀齿和第 2 刀齿的齿尖运动轨迹，奇数序号代表第 1 刀齿切向工件的次序，偶数序号代表第 2 刀齿切向工件的次序。由图可以看出，在一个切削周期内，两齿切削轨迹不是交替出现的，第 2 刀齿的切削轨迹总是落后于第 1 刀齿的切削轨迹，即出现了单齿切削现象。

由传统切削理论可知，在传统铣削条件下，刀齿齿位角为 π/2 时所对应的瞬时切削厚度为每齿进给量，即

$$f_z = \frac{v_f}{nK} \tag{2-6}$$

式中，f_z 为每齿进给量，mm；n 为主轴转速，r/min。

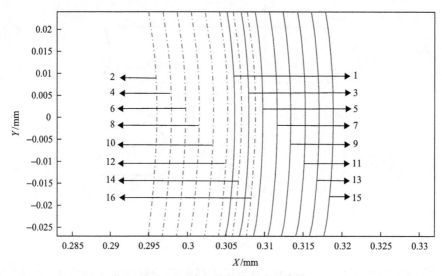

图 2-8　单齿切削轨迹仿真示意图

　　由单齿切削轨迹仿真示意图可以看出，瞬时切削厚度在刀齿齿位角为 $\pi/2$ 时的数值与传统尺度切削理论中的每齿进给量有所不同。微铣削过程中发生单齿切削现象时，只有一个刀齿切除工件材料，因此切除工件材料的刀齿在齿位角为 $\pi/2$ 时，其瞬时切削厚度 t_c 等于传统意义的每齿进给量 f_z 的 K 倍，即

$$t_c = K f_z = \frac{v_f}{n} \tag{2-7}$$

　　对于 K 齿铣刀的铣削过程，由几何关系可判别微铣削过程中是否出现单齿切削现象，其判别式为

$$\begin{aligned}
\xi(v_f, n, K, R_t, \varphi_0) &= \frac{v_f}{nK} + R_t \left[\cos\left(\frac{2\pi}{K} + \varphi_0 \right) - \cos\varphi_0 \right] \\
&= f_z + R_t \left[\cos\left(\frac{2\pi}{K} + \varphi_0 \right) - \cos\varphi_0 \right]
\end{aligned} \tag{2-8}$$

当切削参数满足 $\xi(v_f, n, K, R_t, \varphi_0) < 0$ 时，会出现单齿切削现象；而当切削参数满足 $\xi(v_f, n, K, R_t, \varphi_0) \geqslant 0$ 时，为多齿交替切削。

　　在微铣削过程中，刀齿齿尖径向跳动量通常大于每齿进给量，此时是否发生单齿切削取决于每齿进给量 f_z、铣刀总齿数 K、刀齿齿尖径向跳动量 R_t 以及刀尖

径向跳动初始角 φ_0 之间的相互关系。

微铣削加工通常采用两刃微铣刀，因此判别式(2-8)可简化为

$$\xi(v_f,n,K,R_t,\varphi_0) = f_z - 2R_t \cos\varphi_0 \tag{2-9}$$

当 $\xi(v_f,n,K,R_t,\varphi_0) < 0$，即 $R_t \geq f_z / (2\cos\varphi_0)$ 时，发生单齿切削现象，否则两齿交替切削。由刀齿齿尖径向跳动试验测量结果可知，刀齿齿尖径向跳动量大于 9μm，初始角约为 60°，但微铣削过程中的每齿进给量小于 1μm，会出现单齿切削现象。

由式(2-9)可知，当刀尖径向跳动初始角 φ_0 接近 $\pi/2$ 时，无论每齿进给量取何值，都不会发生单齿切削现象，但是在实际铣削过程中，刀齿齿尖径向跳动初始角是一个随机值，很难将其控制在某一取值范围内，因此单齿切削现象很难避免。

微铣削加工中，单齿切削现象的存在导致切削力峰值出现大小交替的现象，因此可以通过测量切削力峰值来判别是否发生单齿切削现象。在 2.4 节建立镍基高温合金微铣削力模型，通过对比微铣削力模型预测结果与试验测量结果，间接证明微铣削过程中存在单齿切削现象。

2.3.3　切削厚度模型类型

1. 瞬时切削厚度模型

由瞬时切削厚度示意图(图 2-7)可知，t 时刻第 k 齿切削刃对应的名义瞬时切削厚度 t_c 为线段 DE 的距离。依据图 2-7 中的几何关系，t 时刻第 k 齿切削刃对应的名义瞬时切削厚度 t_c 可表示为

$$t_c = R + f_C \sin\left(\omega t - \frac{2k\pi}{K} + \omega_0\right) - \sqrt{R^2 - f_C^2 \cos^2\left(\omega t - \frac{2k\pi}{K} + \omega_0\right)} \tag{2-10}$$

式中，f_C 为第 k–1 齿和第 k 齿切削刃轨迹刀具中心之间的距离，

$$f_C = \sqrt{(x_C - x_{C'})^2 + (y_C - y_{C'})^2} \tag{2-11}$$

$$\omega_0 = \arctan\left(\frac{y_C - y_{C'}}{x_C - x_{C'}}\right) \tag{2-12}$$

$$\begin{cases} x_{C'} = v_f t' + R_t \sin(\omega t' + \varphi_0) \\ y_{C'} = R_t \cos(\omega t' + \varphi_0) \end{cases} \tag{2-13}$$

$$\begin{cases} x_C = v_f t + R_t \sin(\omega t + \varphi_0) \\ y_C = R_t \cos(\omega t + \varphi_0) \end{cases} \tag{2-14}$$

瞬时切削厚度计算模型式(2-10)为非线性方程,含有两个时间点未知量,采用数值求解方法逐步求解。由图 2-7 可知,计算名义瞬时切削厚度的关键在于保证 C、D、E 三点共线,即推导出切削刃到达 D 点的时刻 t',该时刻的准确性直接影响瞬时切削厚度模型的求解精度。微铣削过程中存在单齿切削现象,在求解瞬时切削厚度时,应先判别是否发生单齿切削现象。由单齿切削现象判定条件式(2-8)可知:

(1)当切削参数满足 $\xi(v_f, n, K, R_t, \varphi_0) < 0$ 时,出现单齿切削现象,点 D 落在同一刀齿切削刃的上一个周期切削轨迹上,t' 采用式(2-15)计算:

$$F(t') = R\tan\left(\omega t - \frac{2\pi k}{K}\right)\cos\left(\omega t' - \frac{2\pi k}{K}\right) + R_t\tan\left(\omega t - \frac{2\pi k}{K}\right)\cos(\omega t' + \varphi_0)$$
$$- R_t\tan\left(\omega t - \frac{2\pi k}{K}\right)\cos(\omega t + \varphi_0) - v_f t' + v_f t - R\sin\left(\omega t' - \frac{2\pi k}{K}\right) \quad (2\text{-}15)$$
$$- R_t\sin(\omega t' + \varphi_0) + R_t\sin(\omega t + \varphi_0) = 0$$

(2)当切削参数满足 $\xi(v_f, n, K, R_t, \varphi_0) \geqslant 0$ 时,两齿交替切削,点 D 落在上一切削刃的上一个周期切削轨迹上,t' 采用式(2-16)计算:

$$F(t') = R\tan\left(\omega t - \frac{2\pi k}{K}\right)\cos\left[\omega t' - \frac{2\pi(k-1)}{K}\right] + R_t\tan\left(\omega t - \frac{2\pi k}{K}\right)\cos(\omega t' + \varphi_0)$$
$$- R_t\tan\left(\omega t - \frac{2\pi k}{K}\right)\cos(\omega t + \varphi_0) - v_f t' + v_f t - R\sin\left[\omega t' - \frac{2\pi(k-1)}{K}\right] \quad (2\text{-}16)$$
$$- R_t\sin(\omega t' + \varphi_0) + R_t\sin(\omega t + \varphi_0) = 0$$

采用 Newton-Raphson(牛顿-拉弗森)迭代算法求解非线性方程(2-15)和式(2-16),给定初始迭代值

$$t_i' = t - \frac{2\pi}{\omega K} \quad (2\text{-}17)$$

则有

$$t_{i+1}' = t_i' - \frac{F(t_i')}{F'(t_i')} \quad (2\text{-}18)$$

式中,$F'(t')$ 为非线性方程(2-15)和式(2-16)的导函数。求解出 t' 后,逐步代入,最后由式(2-10)可求出名义瞬时切削厚度。

微铣削过程中,发生单齿切削现象时的瞬时切削厚度仿真图如图 2-9 所示。图 2-9 的切削仿真条件为:两刃平头立铣刀,铣刀直径 591.4μm;主轴转速 39680r/min;刀齿齿尖径向跳动量 11.7μm,跳动初始角 π/3;进给率 0.2mm/s。由单齿切削现象判别式(2-8)可知,在此切削条件下会发生单齿切削现象。由图可以

看出，第 1 刀齿实际切削厚度约为第 2 刀齿空切切削厚度的 2 倍。

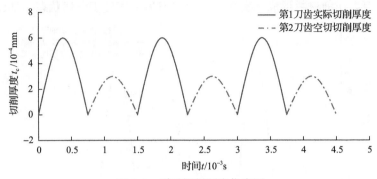

图 2-9　瞬时切削厚度仿真图

2. 瞬时累积切削厚度模型

微铣削过程中，切削厚度和切削刃刃口圆弧半径通常在同一个尺度量级，受刀具几何参数及工件材料特性的影响，存在一个产生切屑的临界切削厚度，即最小切削厚度。当实际切削厚度大于最小切削厚度时，切削区工件材料发生剪切滑移变形，沿切削刃前刀面流出，形成切屑；当实际切削厚度小于最小切削厚度时，切削区工件材料经切削刃刃口熨压发生变形，沿切削刃后刀面流出，形成已加工表面。因此，当实际切削厚度小于最小切削厚度时，工件材料不会发生剪切效应，而会出现切削厚度累积现象；当累积的瞬时切削厚度大于最小切削厚度时，切削区工件材料将发生剪切滑移变形，沿切削刃前刀面流出，形成切屑。因此，t 时刻第 k 齿实际瞬时累积切削厚度可表示为

$$\left\{ \begin{array}{ll} t_c(t,k) = t_c\left(t - \dfrac{2\pi}{\omega K}, k-1\right) + t_c(t,k), & t_c\left(t - \dfrac{2\pi}{\omega K}, k-1\right) < t_{cmin} \end{array} \right. \tag{2-19}$$

$$\left\{ \begin{array}{ll} t_c(t,k) = t_c(t,k), & t_c\left(t - \dfrac{2\pi}{\omega K}, k-1\right) \geqslant t_{cmin} \end{array} \right. \tag{2-20}$$

以最小切削厚度为分界点，微铣削过程中实际瞬时累积切削厚度模型仿真图如图 2-10 和图 2-11 所示。

图 2-10 为每齿进给量小于最小切削厚度时的瞬时切削厚度仿真图。切削时，每齿进给量为 0.2μm，其他切削条件与图 2-9 中切削条件相同。在此切削条件下发生单齿切削现象，参与切削工件材料的刀齿实际每齿进给量约为 0.4μm，此进给量小于 3.5 节微铣削加工试验得出的最小切削厚度(约为 0.7μm)。由图可知，在第一个切削周期内，第 1 刀齿仅发生切削厚度累积，而没有产生切屑，第 2 刀齿由于受刀齿齿尖径向跳动的影响，未能切向工件材料，仅从工件表面滑过；在第二个切削周期内，当第 1 刀齿瞬时累积切削厚度超过最小切削厚度 0.7μm 时，才

有切屑产生，而第 2 刀齿仍未能切向工件材料，即在此切削条件下，两个切削周期内第 1 刀齿切削材料形成一次切屑，第 2 刀齿一直处于空切状态，如此往复。

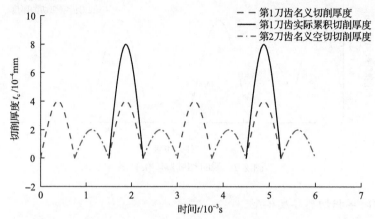

图 2-10　每齿进给量小于最小切削厚度时的瞬时切削厚度仿真图

图 2-11 为每齿进给量大于最小切削厚度时的瞬时切削厚度仿真图。切削时，每齿进给量为 0.4μm，其他切削条件与图 2-10 中相同。由图可以看出，在此切削条件下发生单齿切削现象，在一个切削周期内，第 1 刀齿参与切削工件材料，而第 2 刀齿由于受刀齿齿尖径向跳动的影响，未能切向工件材料，仅从工件表面滑过。因此，在一个切削周期内，第 1 刀齿切向工件材料，切削厚度大于最小切削厚度，产生切屑，第 2 刀齿始终处于空切状态，如此往复。

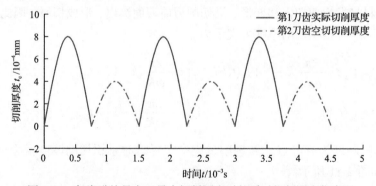

图 2-11　每齿进给量大于最小切削厚度时的瞬时切削厚度仿真图

2.4　镍基高温合金微铣削力模型

本节以 2.3 节建立的切削厚度模型为基础，以最小切削厚度为分界点，将微铣削过程划分为以耕犁效应为主导的弹塑性变形阶段和以剪切效应为主导的切屑形成阶段，分别建立三维微铣削力模型。

2.4.1　微铣削过程分析

微切削过程中，加工特征尺度的急剧减小使得在分析传统切削过程中所做的很多假设不再成立。在分析微切削过程时，必须考虑切削刃刃口圆弧半径、最小切削厚度以及已加工表面弹性回复的影响。

1）切削刃刃口圆弧半径的影响

与传统切削不同，微切削过程中参与切削的刀具的前刀面面积减小，材料去除主要靠切削刃附近区域承担；此外，受微铣刀具制造工艺水平的限制，刃口圆弧半径不能随加工尺度减小。分析传统切削过程时的切削刃绝对锋利的假设在微切削过程不再成立[8]。微切削圆弧刃口切削模型如图 2-12 所示，微切削过程分析必须考虑刃口圆弧半径的影响。图中，δ 为弹性回复量，r_e 为刀具刃口圆弧半径，t_c 为切削厚度，v_c 为切削速度，γ_0 为刀具前角，γ_e 为刀具负前角，α_0 为刀具后角。

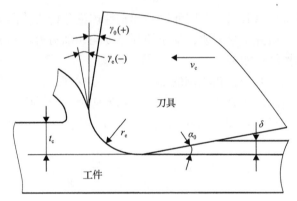

图 2-12　微切削圆弧刃口切削模型

微切削过程中，切削厚度和刃口圆弧半径尺寸接近，受刃口圆弧半径的影响会产生负前角切削效应。负前角阻碍切屑沿前刀面流出，改变切屑与前刀面之间的摩擦特性，增大后刀面与工件间的耕犁效应。切削厚度越小，负前角切削效应越明显，对切削过程的影响就越大。另外，刃口圆弧半径也是影响最小切削厚度的因素之一。

2）最小切削厚度的影响

在传统切削过程中，切削刃被认为是绝对锋利的，刀具可以完全切除工件表面材料。而在微铣削加工过程中，切削厚度和刃口圆弧半径通常在同一个尺度量级，甚至更小，因此在建立微铣削力模型时不能忽略刃口圆弧半径的影响。刃口圆弧阻碍了切屑流动，导致微切削过程中并非每个刀齿切过工件表面都能形成切屑。受刀具几何参数及工件材料特性的影响，存在一个产生连续切屑的临界切削厚度，即最小切削厚度[9,10]。最小切削厚度是微切削过程中形成切屑的临界值。

如图 2-13 所示，当实际切削厚度小于最小切削厚度时，刀具后刀面与工件表面之间发生弹性变形而不形成切屑；当实际切削厚度接近最小切削厚度时，切削层将同时发生弹性变形和塑性变形，出现切削厚度累积现象；当实际切削厚度大于最小切削厚度时，切削刃施加在工件上的力达到或超过工件的屈服极限，切削层将发生塑性变形，以切屑形式被切除。

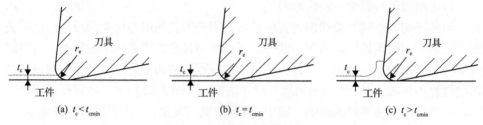

图 2-13　最小切削厚度的影响

国内外学者采用试验法、有限元法和弹塑性理论分析法获得了微切削过程中的最小切削厚度。研究结果表明，最小切削厚度与切削刃刃口圆弧半径及刀具和工件材料间的摩擦特性相关。

吴继华等[11]引入基于位错机制的细观力学应变梯度理论，假定最小切削厚度为切削过程中材料内部应力达到延性断裂的临界应力时所对应的切削厚度，并认为切削厚度为零时的进给量为最小切削厚度，推导出最小切削厚度计算公式为

$$t_{cmin} = r_e \left\{ 1 - \cos\left[\frac{180l}{2\pi r_e (\sigma_{fracture} / \sigma_{JC})^2} \right] \right\} \tag{2-21}$$

其中，

$$l = \frac{2T_f^2 \alpha^2 G^2 b}{\sigma_{JC}^2} \tag{2-22}$$

$$\sigma_{fracture} = \frac{2(1-\upsilon)K_c^2}{\pi Gb} \tag{2-23}$$

式中，l 为材料内禀特征长度；$\sigma_{fracture}$ 为由断裂力学推导出材料发生延性断裂时的流动应力；σ_{JC} 为不含应变梯度的流动应力；K_c 为应力强度因子；υ 为材料的泊松比。

最小切削厚度计算公式(式(2-21))不仅可以反映切削刃刃口圆弧半径对最小切削厚度的影响，还可以基于细观力学应变梯度理论引入材料内禀特征长度表征材料介观尺度变形所表现出的尺度效应。本节采用式(2-21)求解微铣削过程中的最小切削厚度。

3) 已加工表面弹性回复的影响

受刃口圆弧半径的影响，切削工件过程中，在切削刃圆弧上会有一个材料临界点，此临界点以上的材料通过塑性变形形成切屑，临界点以下未被切除的材料经刃口熨压，在极大的压力下绕过刃口圆弧后沿后刀面流出，然后以弹性变形的形式回复至接近原始高度的位置，此效应在切削厚度较小时极为明显，且此效应比切削效应更为显著，并在已加工表面形成加工变质层，即耕犁效应。在常规尺度切削过程中，切削力较大，耕犁效应并不显著，在研究和讨论时常忽略耕犁力的影响。然而，在微切削过程中，切削厚度的急剧减小，使得耕犁效应对切削力影响显著，在切削厚度较小时，耕犁效应甚至起主导作用，因此在微切削过程中必须考虑已加工表面弹性回复引起的耕犁效应。

石文天[12]假定切削厚度为 R_0 的圆柱体区域，在该区域，当内压力等于屈服应力时，可近似按弹塑性问题进行考虑；并假设切削刃在半径为 r 的弹塑性边界的包络线形成加工变质层，弹性回复量 δ 为塑性区域和弹性区域内半径方向的弹性应力分布之和，弹性回复量 δ 的计算公式为

$$\delta = \frac{3\sigma_s}{4E} r_e \left[2\exp\left(\frac{H}{\sigma_s} - \frac{1}{2} \right) - 1 \right] \tag{2-24}$$

由式 (2-24) 可以看出，弹性回复量 δ 由刃口圆弧半径 r_e、工件抗拉强度 σ_s 与弹性模量 E 之比、硬度 H 与抗拉强度 σ_s 之比三个因素决定，与刃口圆弧半径 r_e 呈明显的线性关系。

在微铣削过程中，切削厚度的减小使得已加工表面弹性回复的影响变得更加显著。本节以最小切削厚度 t_{cmin} 为分界点分别计算弹性回复量，当切削厚度大于最小切削厚度时，假设已加工表面的弹性回复量为最大值，采用式 (2-24) 计算弹性回复量；当切削厚度小于等于最小切削厚度时，假设已加工表面发生完全弹性回复，弹性回复量近似等于瞬时切削厚度 t_c，求解公式如下：

$$\begin{cases} \delta = \dfrac{3\sigma_s}{4E} r_e \left[2\exp\left(\dfrac{H}{\sigma_s} - \dfrac{1}{2} \right) - 1 \right], & t_c > t_{cmin} \\ \delta = t_c, & t_c \leqslant t_{cmin} \end{cases} \tag{2-25}$$

2.4.2　微铣削力建模基础

在微铣削过程中，受铣刀切削刃螺旋升角的影响，作用在切削刃上的瞬时切削力沿切削刃是连续变化的，因此不能直接将整条螺旋刃简化为直角车刀进行分析。将铣刀参与切削部分的切削刃沿铣刀轴向划分成 N 个高度为 $\mathrm{d}z$ 的微元，对于

每个微单元可以忽略螺旋升角的影响，将其简化为直角车刀，建立刃口微元正交切削模型，并分析切削过程中每个微元所受切削力的大小，将所有微元所受切削力累加求和即可得到整条切削刃所受切削力，将所有切削刃所受切削力累加求和，即可得到微铣削过程中刀具所受切削力。

1）微铣刀刃线几何模型

选用两刃平头立铣刀，切削刃螺旋升角为 30°，建立三维微铣削力模型。研究的微铣削力模型建立在两个坐标系上，如图 2-14 所示。图中，F_r、F_c、F_a 分别为径向切削力、切向切削力和轴向切削力。

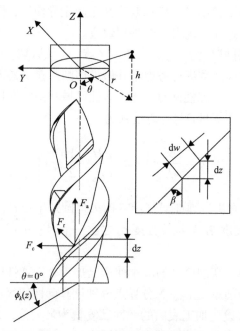

图 2-14　微铣削力模型坐标系

直角坐标系 $OXYZ$ 为固定在工件上的静态坐标系，柱坐标系 $O\theta rh$ 为固定在微铣刀上随铣刀旋转的坐标系。Z 轴和 h 轴重合，且原点重合。定义铣刀齿位角 $\theta(t,k,z)$ 为 t 时刻第 k 条切削刃在轴向位置 z 处齿尖和铣刀轴心线连线在 OXY 平面上的投影与 Y 轴正向之间的夹角，顺时针为正，逆时针为负。假设第一条切削刃初始齿位角为零，则第 k 条切削刃线端部齿位角为

$$\theta(t,k) = 2\pi nt - \frac{2\pi k}{K} \tag{2-26}$$

受螺旋升角的影响，螺旋刃上每一点的齿位角根据刀具旋转方向不同，相对于铣刀端面刃线处的齿位角有一个超前角或滞后角 $\phi_k(z)$，如图 2-14 所示，此角

度是该点 Z 坐标的函数，即

$$\phi_k(z) = \frac{z \tan \beta}{R} \tag{2-27}$$

建模过程中，刀具旋转方向为顺时针，以第 1 条刃线底端初始位置为参考，则第 k 条刃线上高度为 z 处微元在 t 时刻的位置角，即刃线微元齿位角的表达式为

$$\theta(t,k,z) = 2\pi n t + \frac{2\pi k}{K} - \frac{z \tan \beta}{R} \tag{2-28}$$

根据 2.3 节建立的第 k 刀齿齿尖运动轨迹，图 2-14 所示的坐标系中第 k 条刃线方程为

$$\begin{cases} x(t,k) = ft + R \sin\left[\theta(t,k,z)\right] + R_t \sin(\omega t + \varphi_0) \\ y(t,k) = R \cos\left[\theta(t,k,z)\right] + R_t \cos(\omega t + \varphi_0) \\ z(t,k) = \dfrac{R \cdot \theta(t,k,z)}{\tan \beta} \end{cases} \tag{2-29}$$

此刃线方程考虑了刀齿齿尖径向跳动的影响。

受切削刃螺旋升角 β 的影响，沿轴向离散后的每个微元实际参与切削的宽度并不是 dz，而是一个斜角切削宽度，如图 2-14 所示，模型中定义的切削宽度 dw 为

$$dw = \frac{dz}{\cos \beta} = \frac{R \cdot d\theta}{\sin \beta} \tag{2-30}$$

2) 微铣削过程刃线切入/切出角

微铣刀切削刃螺旋升角的存在，使得同一条刃线不同轴向高度微元切削刃切入和切出材料的角度不同，即相对于铣刀端面切削刃处有一个超前角或滞后角 $\phi_k(z)$。因此，在建立微细切削力预测模型前，需要分析切削刃不同时刻的切入角和切出角。

采用两齿平头铣刀，开展槽铣削试验，同一时刻只有一条切削刃参与切削，定义切入角和切出角以 Y 轴正向为起点，顺时针为正，逆时针为负，如图 2-15 所示。图 2-15(a) 为沿铣刀轴向俯视图；图 2-15(b) 为沿铣刀圆周方向展开示意图，横坐标为沿铣刀外圆周长展开的圆周角度数，纵坐标为铣刀轴线方向。

图 2-15 所示的微细槽铣削过程，铣刀顺时针方向旋转，轴向切深为 a_p 的微元切削刃相对于底端微元切削刃的滞后角 ϕ_{ap} 为

$$\phi_{ap} = \frac{a_p \tan \beta}{R} \tag{2-31}$$

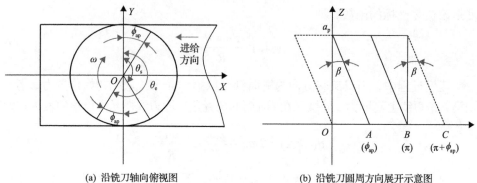

(a) 沿铣刀轴向俯视图　　　　　　　(b) 沿铣刀圆周方向展开示意图

图 2-15　微铣削过程中铣刀作用角度示意图

槽铣削过程中，依据齿位角 $\theta_k(t,z)$ 的大小，切入角和切出角分为以下三种情况考虑：

（1）当 $0 < \theta(t,k,z) < \phi_{ap}$ 时，如图 2-15(b) 中的 OA 段，随着齿位角的增加，切削刃线从铣刀端部向上逐渐切入工件，参与切削刃线长度逐渐增大，因此切入角 $\theta_s = 0$，切出角 $\theta_e = \theta_k(t,z)$；

（2）当 $\phi_{ap} \leqslant \theta_k(t,z) < \pi$ 时，如图 2-15(b) 中的 AB 段，在此齿位角范围内，轴向切深以下的切削刃线全部参与切削，因此切入角 $\theta_s = \theta_k(t,z) - \phi_{ap}$，切出角 $\theta_e = \theta_k(t,z)$；

（3）当 $\pi \leqslant \theta_k(t,z) < \pi + \phi_{ap}$ 时，如图 2-15(b) 中的 BC 段，随着齿位角的增加，切削刃线从铣刀端部向上逐渐切出工件，参与切削刃线长度逐渐减小，因此切入角 $\theta_s = \theta_k(t,z) - \phi_{ap}$，切出角 $\theta_e = \pi$。

3) 微铣削过程切削层面积

微铣削过程是主轴带动刀具旋转运动和工件进给运动的合成运动。槽铣削过程中，切削刃从切入工件到切出工件，切削层厚度随刀具旋转从零逐渐增加到最大，再由最大逐渐减小到零，且是非线性变化的过程。沿轴向在同一齿位角处切削厚度相同，不同齿位角对应的切削厚度不同。同一条刃线在不同时刻，参与切削的刃线长度不同，且受螺旋升角的影响；同一条刃线在同一时刻，不同切削刃微元对应的切削厚度也不相同。因此，在微铣削过程中，随刀具旋转切削层面积是变化的，t 时刻参与切削的第 k 条切削刃的切削层面积 $A(t,k)$ 可沿着刃线积分得到：

$$A(t,k) = \int_{\theta_s}^{\theta_e} t_c(t,k,\theta)\mathrm{d}\theta \tag{2-32}$$

式中，θ_s 为切入角；θ_e 为切出角；$t_c(t,k,\theta)$ 为 t 时刻参与切削的第 k 条切削刃不同齿位角对应的切削厚度，根据 2.3.3 节推导出的切削厚度公式 (2-10) 求解。

$t_c(t,k,\theta)$ 表达式较为复杂，积分函数求解困难，因此通过式(2-32)求解切削层面积理论上是可行的，但实际上是不适用的。

如图 2-15(b)所示，切削刃在切入和切出工件过程中刃线参与切削长度是分段的，因此采用分段数值积分法求解切削层面积。

对于槽铣削过程，任意微元切削刃切出角与切入角之差为 π，将其进行 N 等分，则每一个微元齿位角增量 $\Delta\theta$ 为

$$\Delta\theta = \frac{\pi}{N} \tag{2-33}$$

在切削刃切入到切出过程中，切削刃线微元齿位角表示为

$$\theta_i = \theta_{i-1} + \Delta\theta \tag{2-34}$$

如图 2-15(b)所示，对于 OA 段和 BC 段切削过程，微元划分数量 N_1 为

$$N_1 = \frac{\phi_{ap}}{\Delta\theta} = \frac{Na_p\tan\beta}{\pi R} \tag{2-35}$$

铣刀参与切削的切削刃从切入到切出的过程中，OA 段、AB 段和 BC 段瞬时切削层厚度分别表示为

$$\begin{cases} A(t_j) = \dfrac{R\cdot\Delta\theta}{\sin\beta}\displaystyle\sum_{i=0}^{j} t_c(\theta_i), & j\in[0,N_1] \\[3mm] A(t_j) = \dfrac{R\cdot\Delta\theta}{\sin\beta}\displaystyle\sum_{i=j-N_1}^{j} t_c(\theta_i), & j\in(N_1,N-N_1] \\[3mm] A(t_j) = \dfrac{R\cdot\Delta\theta}{\sin\beta}\displaystyle\sum_{i=N-N_1}^{j} t_c(\theta_i), & j\in(N-N_1,N] \end{cases} \tag{2-36}$$

式中，$A(t_j)$ 为参与切削的切削刃在 t_j 时刻对应的切削层面积；$t_c(\theta_i)$ 为齿位角为 θ_i 时的瞬时切削厚度，依据 2.3.3 节推导出的切削厚度模型可将 $t_c(\theta_i)$ 表示为

$$t_c(\theta_i) = t_c(t_i) = R + f_C\sin(\omega t_i + \omega_0) - \sqrt{R^2 - f_C^2\cos^2(\omega t_i + \omega_0)} \tag{2-37}$$

其中，

$$\begin{aligned} &t_i = t_{i-1} + \Delta t, \quad t_1 = 0, \quad i = 1,2,\cdots,N \\ &\Delta t = \frac{\Delta\theta}{2\pi n} = \frac{1}{2nN} \end{aligned} \tag{2-38}$$

f_C 和 ω_0 的定义与 2.3 节求解切削厚度模型时的定义相同，分别采用式(2-37)和式(2-38)求解。

采用数值积分法求解微铣削过程中任意时刻参与切削的切削刃对应的切削层面积时，齿位角等分数量 N 越大，求解精度越高，当 N 趋于无穷大时，可以将求解结果近似为实际切削过程中切削层面积。

基于切削厚度面积数值积分法求解式(2-36)，将采用传统切削厚度模型和采用 2.3 节推导出的微切削厚度模型求解的切削厚度面积进行仿真对比。

图 2-16(a)为半个切削周期内切削厚度仿真曲线，图 2-16(b)为半个切削周期内切削层面积仿真曲线。图中，虚线为基于传统切削厚度计算公式 $t_c = f_t \sin\theta$ 求解仿真结果，实线为使用切削厚度模型(2-37)求解仿真结果。

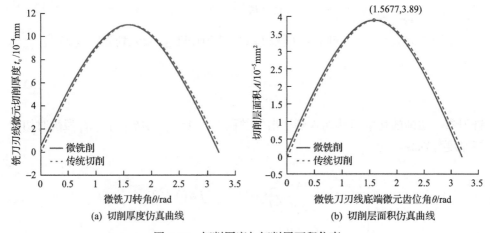

(a) 切削厚度仿真曲线　　　　　　　(b) 切削层面积仿真曲线

图 2-16　切削厚度与切削层面积仿真

图 2-16 的仿真条件为：铣刀直径 591.4μm，两刃铣刀，刀具悬伸量 12mm，主轴转速 79370r/min，每齿进给量 1.1μm，轴向切深 35μm。由 2.2.2 节建立的刀齿齿尖径向跳动预测模型(2-4)求解出刀齿齿尖径向跳动量 R_t=11.4μm，跳动初始角为 $\pi/2$，由 2.3.2 节单齿切削判别式(2-9)可判定在此切削条件下未发生单齿切削现象。如图 2-16(a)所示，在未发生单齿切削现象条件下，推导出的切削厚度模型和传统切削厚度模型仿真结果变化趋势基本相同，但变化趋势超前于传统切削厚度模型。如图 2-16(b)所示，基于切削厚度模型求解出的切削层面积变化趋势与图 2-16(a)相似，在微铣刀刃线底端微元齿位角为 1.5677rad 时达到最大切削层面积。

在微槽铣削过程中，半个铣削周期内，刃线微元对应的累积切削厚度随微铣刀旋转角度的变化如图 2-17(a)所示，参与切削刃线对应的切削层面积随微铣刀刃线底端微元齿位角的变化如图 2-17(b)所示。图中，虚线为基于传统切削厚

度计算公式 $t_c = f_t \sin\theta$ 求解仿真结果，实线为使用切削厚度模型(2-37)求解仿真结果。

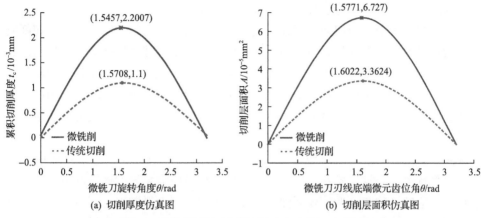

(a) 切削厚度仿真图　　　　　(b) 切削层面积仿真图

图 2-17　单齿切削时切削厚度与切削层面积仿真

图 2-17 中，刀齿齿尖径向跳动初始角 $\varphi_0 = \pi/6$，其他仿真条件与图 2-16 仿真条件相同，由 2.3.2 节单齿切削判别式(2-9)可判定在此切削条件下发生了单齿切削现象。

由 2.3.2 节单齿切削现象分析结果可知，微铣削过程中存在单齿切削现象，即对于两齿铣刀，在一个铣削周期范围内，只有一个切削刃参与切削，参与切削的切削刃每齿进给量为常规切削每齿进给量的 2 倍，图 2-17(a)印证了此分析结果。图 2-17(b)为基于微元切削厚度模型求解出的切削层面积，在相同的切削参数条件下，微铣削层面积比由传统切削厚度模型计算出的传统切削层面积大，在齿位角为 1.5771rad 时达到最大切削层面积。

2.4.3　微铣削力模型类型

微铣削过程中，切削厚度必须大于某一临界值才能形成切屑。根据实际切削厚度与最小切削厚度的大小关系，微铣削过程中存在剪切效应、耕犁效应以及剪切效应和耕犁效应并存现象。微铣削过程中的最小切削厚度可以看成是从以剪切效应为主导的切削过程向以耕犁效应为主导的切削过程过渡的临界点。

剪切效应和耕犁效应的切削机理有较大差异，因此切削力建模研究中不能用一个切削力模型同时描述两种切削力。本节以微铣削过程中的最小切削厚度为分界点，分别建立以剪切效应为主导的微铣削力模型和以耕犁效应为主导的微铣削力模型。

1)建立以剪切效应为主导的微铣削力模型

在传统切削过程中，由于切削厚度较切削刃刃口圆弧半径大得多，为了简化分析研究过程,在建立切削力模型时,通常忽略刃口圆弧半径及弹性回复的影响,将切削过程看成是材料的纯剪切变形过程,忽略耕犁效应的影响,并假设切削力与切削层面积成比例,建立切削力模型。

微铣削过程中,当切削厚度大于最小切削厚度时,切削刃施加在工件切削层上的力达到或超过工件的屈服极限,切削层发生剪切滑移塑性变形,以切屑形式被切除,切削层的变形过程以剪切效应为主,其切削机理和传统切削机理相似。然而,微铣削力大小通常在毫牛量级,耕犁效应对切削过程影响较大。因此,以剪切效应为主导的微铣削过程不能忽略刀具后刀面与工件已加工表面间的耕犁效应对切削力的影响。

Malekian 等[4]建立以剪切效应为主导的切削力模型时未考虑耕犁效应的影响,模型预测结果较试验测量结果偏小。以剪切效应为主导的微铣削过程中,考虑耕犁效应的影响和已加工表面弹性回复的影响,假设耕犁力与刀具和已加工表面之间的过盈体积成比例,建立以剪切效应为主导的微铣削过程沿轴向离散化后微元微铣削力模型如下:

$$
\begin{cases}
\mathrm{d}F_r = [K_{rc}t_c(t,k,z) + K_{rp}A_p]\mathrm{d}w \\
\mathrm{d}F_c = [K_{cc}t_c(t,k,z) + K_{cp}A_p]\mathrm{d}w, \quad t_c > t_{c\min} \\
\mathrm{d}F_a = [K_{ac}t_c(t,k,z) + K_{ap}A_p]\mathrm{d}w
\end{cases}
\tag{2-39}
$$

式中,$\mathrm{d}F_r$、$\mathrm{d}F_c$ 和 $\mathrm{d}F_a$ 分别为刃口微元径向切削力、切向切削力和轴向切削力,N;K_{rc}、K_{cc} 和 K_{ac} 分别为径向剪切效应力系数、切向剪切效应力系数和轴向剪切效应力系数,$\mathrm{N/mm}^2$;K_{rp}、K_{cp} 和 K_{ap} 分别为径向耕犁效应力系数、切向耕犁效应力系数和轴向耕犁效应力系数,$\mathrm{N/mm}^3$;A_p 为耕犁区域面积,mm^2;$t_c(t,k,z)$ 为 t 时刻,第 k 齿切削刃在轴向坐标位置 z 处切削微元的瞬时累积切削厚度,由式(2-20)求解得出,mm。

微铣削过程中刀具所受的径向力、切向力和轴向力无法直接测量,利用测力仪测量得到的切削力为铣刀在 X、Y、Z 三个方向上所受的切削力,因此需要将微元切削力 $\mathrm{d}F_r$、$\mathrm{d}F_c$、$\mathrm{d}F_a$ 向 $OXYZ$ 直角坐标系分解,表达式为

$$
\begin{cases}
\mathrm{d}F_x = -\mathrm{d}F_c \cdot \cos\theta - \mathrm{d}F_r \cdot \sin\theta \\
\mathrm{d}F_y = \mathrm{d}F_c \cdot \sin\theta - \mathrm{d}F_r \cdot \cos\theta, \quad t_c > t_{c\min} \\
\mathrm{d}F_z = \mathrm{d}F_a
\end{cases}
\tag{2-40}
$$

式中,θ 为铣刀齿位角,即铣刀切削刃齿尖和铣刀轴心线连线与 Y 轴正向之间的夹角,以顺时针为正、逆时针为负。

将式(2-39)和式(2-30)代入式(2-40)得到三向微元切削力表达式为

$$\begin{cases} \mathrm{d}F_x = -\dfrac{R}{\sin\beta}\Big[\big(K_{cc}t_c(t,k,\theta)+K_{cp}A_p\big)\cos\theta+\big(K_{rc}t_c(t,k,\theta)+K_{rp}A_p\big)\sin\theta\Big]\mathrm{d}\theta \\[2mm] \mathrm{d}F_y = \dfrac{R}{\sin\beta}\Big[\big(K_{cc}t_c(t,k,\theta)+K_{cp}A_p\big)\sin\theta-\big(K_{rc}t_c(t,k,\theta)+K_{rp}A_p\big)\cos\theta\Big]\mathrm{d}\theta \\[2mm] \mathrm{d}F_z = \dfrac{R}{\sin\beta}\big(K_{ac}t_c(t,k,\theta)+K_{ap}A_p\big)\mathrm{d}\theta \end{cases} \quad (2\text{-}41)$$

式中，$t_c > t_{cmin}$。

将微元切削力沿着切削刃积分即可得到微铣削过程中铣刀单齿切削刃所受切削力，将铣刀 K 个齿所受切削力累加求和即可得到以剪切效应为主导的微铣削过程中微铣刀所受微铣削力，表达式为

$$\begin{cases} F_x(t) = -\dfrac{R}{\sin\beta}\sum_{k=0}^{K-1}\int_{\theta_s}^{\theta_e}\Big[\big(K_{cc}t_c(t,k,\theta)+K_{cp}A_p\big)\cos\theta+\big(K_{rc}t_c(t,k,\theta)+K_{rp}A_p\big)\sin\theta\Big]\mathrm{d}\theta \\[2mm] F_y(t) = \dfrac{R}{\sin\beta}\sum_{k=0}^{K-1}\int_{\theta_s}^{\theta_e}\Big[\big(K_{cc}t_c(t,k,\theta)+K_{cp}A_p\big)\sin\theta-\big(K_{rc}t_c(t,k,\theta)+K_{rp}A_p\big)\cos\theta\Big]\mathrm{d}\theta \\[2mm] F_z(t) = \dfrac{R}{\sin\beta}\sum_{k=0}^{K-1}\int_{\theta_s}^{\theta_e}\big(K_{ac}t_c(t,k,\theta)+K_{ap}A_p\big)\mathrm{d}\theta \end{cases} \quad (2\text{-}42)$$

式中，$t_c > t_{cmin}$；θ_e、θ_s 分别为切削刃的切入角和切出角。

式(2-42)为实际切削厚度大于最小切削厚度时的三维动态切削力模型，式中有 6 个未知参数，通过微槽铣削试验对其进行标定。

当实际切削厚度大于最小切削厚度时，微铣削过程中材料变形过程以剪切效应为主，同时需要考虑后刀面与已加工表面耕犁效应的影响，微元切削模型如图 2-18 所示。

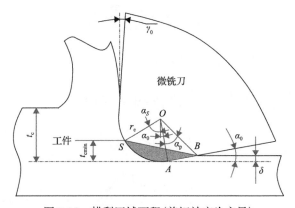

图 2-18　耕犁区域面积(剪切效应为主导)

图 2-18 中，δ 为已加工表面的弹性回复量，当切削厚度大于最大弹性回复量时，利用石文天[12]推导出的计算公式(2-25)计算。点 S 为最小切削厚度与切削刃圆弧的交点，即材料分离驻点，点 A 为切削厚度与切削刃圆弧的交点，点 B 为弹性回复量与切削刃圆弧的交点，点 S 以上的材料发生塑性滑移变形形成切屑，点 S 以下的材料经刃口熨压沿后刀面滑出。α_p 为点 A 和点 B 分别与切削刃圆弧圆心连线的夹角，γ_0 为刀具前角，α_0 为刀具后角。点 S 和切削刃圆弧圆心的连线与 Y 轴间的夹角 α_S 可表示为

$$\alpha_S = \arccos\left(\frac{r_e - t_{cmin}}{r_e}\right) \tag{2-43}$$

式中，r_e 为切削刃刃口圆弧半径，mm；t_{cmin} 为最小切削厚度，mm。

如图 2-18 所示，图中阴影部分面积为刀具后刀面与工件间的耕犁区域面积 A_p，根据几何关系，耕犁区域面积 A_p 可表示为

$$A_p = A_{AOS} + A_{AOB} - A_{BOS} \tag{2-44}$$

式中，A_{AOS} 为扇形区 AOS 区域面积；A_{AOB} 为三角形 AOB 区域面积；A_{BOS} 为三角形 BOS 区域面积。

扇形区 AOS 区域面积 A_{AOS} 可表示为

$$A_{AOS} \approx \frac{1}{2}r_e^2(\alpha_S + \alpha_0) \tag{2-45}$$

三角形 AOB 区域面积 A_{AOB} 可表示为

$$A_{AOB} = \frac{1}{2}r_e l_{AB} \tag{2-46}$$

$$l_{AB} = \frac{\delta - r_e(1 - \cos\alpha_0)}{\sin\alpha_0} \tag{2-47}$$

三角形 BOS 区域面积 A_{BOS} 可表示为

$$A_{BOS} = \frac{1}{2}r_e l_{BO}\sin(\alpha_S + \alpha_0 + \alpha_p) \tag{2-48}$$

$$l_{BO} = \sqrt{r_e^2 + l_{AB}^2} \tag{2-49}$$

$$\alpha_p = \arctan\left(\frac{l_{AB}}{r_e}\right) \tag{2-50}$$

当切削厚度大于最小切削厚度时，刀具后刀面与工件间的过盈面积 A_p 可表示为

$$A_p = \frac{1}{2}r_e^2(\alpha_S + \alpha_0) + \frac{1}{2}r_e l_{AB} - \frac{1}{2}r_e l_{BO}\sin(\alpha_S + \alpha_0 + \alpha_p) \qquad (2\text{-}51)$$

2)建立以耕犁效应为主导的微铣削力模型

微铣削过程中，当实际切削厚度小于最小切削厚度时，切削层经过刃口熨压沿后刀面滑出，仅发生弹性回复而不形成切屑，即切削过程以耕犁效应为主导。本节借鉴 Malekian 等[4]建模思想，假定耕犁过程中切削力与耕犁区域过盈体积成比例，建立以耕犁效应为主导的微铣削力模型：

$$\begin{cases} \mathrm{d}F_r = (K_{rpp}A_p)\mathrm{d}w \\ \mathrm{d}F_c = (K_{cpp}A_p)\mathrm{d}w, \quad t_c < t_{cmin} \\ \mathrm{d}F_a = (K_{app}A_p)\mathrm{d}w \end{cases} \qquad (2\text{-}52)$$

式中，K_{rpp}、K_{cpp} 和 K_{app} 分别为径向耕犁效应力系数、切向耕犁效应力系数和轴向耕犁效应力系数，N/mm^3。

将式(2-52)向 X、Y、Z 三个方向分解，三向切削力可表示为

$$\begin{cases} \mathrm{d}F_x = -\dfrac{R}{\sin\beta}\Big[(K_{cpp}A_p)\cos\theta + (K_{rpp}A_p)\sin\theta\Big]\mathrm{d}\theta \\ \mathrm{d}F_y = \dfrac{R}{\sin\beta}\Big[(K_{cpp}A_p)\sin\theta - (K_{rpp}A_p)\cos\theta\Big]\mathrm{d}\theta \quad , \quad t_c < t_{cmin} \\ \mathrm{d}F_z = \dfrac{R}{\sin\beta}(K_{app}A_p)\mathrm{d}\theta \end{cases} \qquad (2\text{-}53)$$

将微元切削力沿着切削刃积分，即可得到以耕犁效应为主导的微铣削过程中微铣刀所受的微铣削力，表达式为

$$\begin{cases} F_x(t) = -\dfrac{R}{\sin\beta}\sum_{k=0}^{K-1}\int_{\theta_s}^{\theta_e}\Big[(K_{cpp}A_p)\cos\theta + (K_{rpp}A_p)\sin\theta\Big]\mathrm{d}\theta \\ F_y(t) = \dfrac{R}{\sin\beta}\sum_{k=0}^{K-1}\int_{\theta_s}^{\theta_e}\Big[(K_{cpp}A_p)\sin\theta - (K_{rpp}A_p)\cos\theta\Big]\mathrm{d}\theta \quad , \quad t_c < t_{cmin} \\ F_z(t) = \dfrac{R}{\sin\beta}\sum_{k=0}^{K-1}\int_{\theta_s}^{\theta_e}(K_{app}A_p)\mathrm{d}\theta \end{cases} \qquad (2\text{-}54)$$

式(2-54)为切削厚度小于最小切削厚度时的三维切削力预测模型，式中有三个未知参数，通过微槽铣削试验对其进行标定。

如图 2-19 所示，图中阴影部分面积为实际切削厚度小于最小切削厚度时的耕犁区域面积 A_p。以最大弹性回复量 δ 为节点，分为两种情况求解耕犁区域面积。

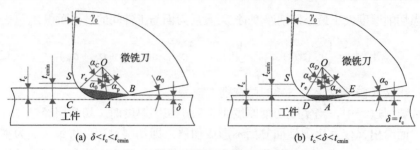

(a) $\delta < t_c < t_{cmin}$ (b) $t_c < \delta < t_{cmin}$

图 2-19　耕犁区域面积(耕犁效应为主导)

如图 2-19(a)所示，当 $\delta < t_c < t_{cmin}$ 时，假设已加工表面的弹性回复量为最大弹性回复量，弹性回复量 δ 采用石文天[12]推导出的式(2-25)计算。耕犁区域面积求解过程与以剪切效应为主导的耕犁区域面积求解过程相似，即

$$A_p = \frac{1}{2}r_e^2(\alpha_C + \alpha_0) + \frac{1}{2}r_e l_{AB} - \frac{1}{2}r_e l_{BO}\sin(\alpha_C + \alpha_0 + \alpha_p) \tag{2-55}$$

其中，

$$\begin{aligned} \alpha_C &= \arccos\left(\frac{r_e - t_c}{r_e}\right) \\ l_{AB} &= \frac{\delta - r_e(1 - \cos\alpha_0)}{\sin\alpha_0} \\ l_{BO} &= \sqrt{r_e^2 + l_{AB}^2} \\ \alpha_p &= \arctan\left(\frac{l_{AB}}{r_e}\right) \end{aligned} \tag{2-56}$$

如图 2-19(b)所示，当 $t_c < \delta < t_{cmin}$ 时，假设已加工表面发生完全弹性回复，则弹性回复量近似等于切削厚度。耕犁区域面积表示为

$$A_p = \frac{1}{2}r_e^2(\alpha_D + \alpha_0) + \frac{1}{2}r_e l_{AE} - \frac{1}{2}r_e l_{EO}\sin(\alpha_D + \alpha_0 + \alpha_{pe}) \tag{2-57}$$

其中，

$$\begin{aligned} \alpha_D &= \arccos\left(\frac{r_e - t_c}{r_e}\right) \\ l_{AE} &= \frac{t_c - r_e(1 - \cos\alpha_0)}{\sin\alpha_0} \\ l_{EO} &= \sqrt{r_e^2 + l_{AE}^2} \\ \alpha_{pe} &= \arctan\left(\frac{l_{AE}}{r_e}\right) \end{aligned} \tag{2-58}$$

当切削厚度小于最小切削厚度时，刀具后刀面与工件间的过盈面积 A_p 可表示为

$$
\begin{cases}
A_p = \dfrac{1}{2} r_e^2 (\alpha_C + \alpha_0) + \dfrac{1}{2} r_e l_{AB} - \dfrac{1}{2} r_e l_{BO} \sin(\alpha_C + \alpha_0 + \alpha_p), & \delta < t_c < t_{c\min} \\[2mm]
A_p = \dfrac{1}{2} r_e^2 (\alpha_D + \alpha_0) + \dfrac{1}{2} r_e l_{AE} - \dfrac{1}{2} r_e l_{EO} \sin(\alpha_D + \alpha_0 + \alpha_{pe}), & t_c < \delta < t_{c\min}
\end{cases}
\tag{2-59}
$$

2.4.4　微铣削力系数

本章所建立的微铣削力模型式 (2-42) 和式 (2-54) 共包含 9 个力系数。力系数与刀具几何参数、刀具/工件材料、切削条件等工作参数有关。使用微铣削力模型前必须求取模型力系数。对于同种规格的刀具及工件材料，切削力系数可近似为常数。本节基于微槽铣削试验，对镍基高温合金微铣削过程中微铣削力模型的力系数进行识别。

微铣削力预测模型式 (2-42) 和式 (2-54) 中的力系数为常数，使用分段数值积分法求解出切削层面积及耕犁区域的过盈体积，通过试验测量出该齿位角处的切削力，基于切削力和切削面积数据，采用最小二乘估计法求解切削力系数。

下面利用以剪切效应为主导的微铣削力预测模型进行参数识别，分析力系数识别方法。假定任意时刻的力系数为常数，则微铣削力预测模型可表示为

$$
\begin{cases}
F_x(t) = -(K_{cc} A_c + K_{cp} V_c) - (K_{rc} A_s + K_{rp} V_s) \\[1mm]
F_y(t) = (K_{cc} A_s + K_{cp} V_s) - (K_{rc} A_c + K_{rp} V_c) \\[1mm]
F_z(t) = K_{ac} A_a + K_{ap} V_a
\end{cases}
\tag{2-60}
$$

其中，

$$
\begin{aligned}
A_a &= \frac{R}{\sin\beta} \sum_{k=0}^{K-1} \int_{\theta_s}^{\theta_e} t_c(t,k,\theta)\,\mathrm{d}\theta \\[2mm]
A_c &= \frac{R}{\sin\beta} \sum_{k=0}^{K-1} \int_{\theta_s}^{\theta_e} t_c(t,k,\theta)\cos\theta\,\mathrm{d}\theta \\[2mm]
A_s &= \frac{R}{\sin\beta} \sum_{k=0}^{K-1} \int_{\theta_s}^{\theta_e} t_c(t,k,\theta)\sin\theta\,\mathrm{d}\theta \\[2mm]
V_a &= \frac{R}{\sin\beta} \sum_{k=0}^{K-1} \int_{\theta_s}^{\theta_e} A_p\,\mathrm{d}\theta \\[2mm]
V_c &= \frac{R}{\sin\beta} \sum_{k=0}^{K-1} \int_{\theta_s}^{\theta_e} A_p \cos\theta\,\mathrm{d}\theta \\[2mm]
V_s &= \frac{R}{\sin\beta} \sum_{k=0}^{K-1} \int_{\theta_s}^{\theta_e} A_p \sin\theta\,\mathrm{d}\theta
\end{aligned}
\tag{2-61}
$$

式中，$t_c > t_{cmin}$。

依据微铣削力预测模型(2-61)，将参与切削的切削刃刃线在不同齿位角处对应的切削层面积分别向 X 轴和 Y 轴上分解，铣刀旋转半个周期的仿真曲线如图 2-20 所示。

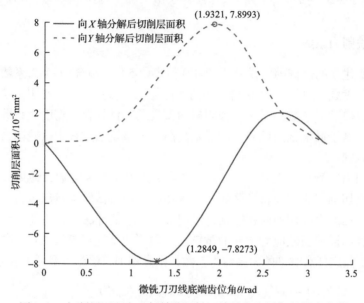

图 2-20　切削层面积向坐标轴分解铣刀旋转半个周期的仿真曲线

图 2-20 的仿真条件和图 2-18 相同。由图可以看出，当刃线底端微元齿位角为 1.2849rad 时，向 X 轴分解后的切削层面积达到最大值，此时对应试验测量 X 向切削力峰值；同理，当刃线底端微元齿位角为 1.9321rad 时，向 Y 轴分解后的切削层面积达到最大值，此时对应试验测量 Y 向切削力峰值。

根据微铣削力预测模型(2-60)，将切削层面积分解为 A_c 和 A_s，如图 2-21 所示。

图 2-21 的仿真条件和图 2-20 相同。由图可以看出，在 X 向切削力峰值对应的刃线底端微元齿位角为 1.2849rad 处，微元切削层面积分解后再求和分别为 $A_{cx} = 2.0102 \times 10^{-5} \, \text{mm}^2$，$A_{sx} = 6.1232 \times 10^{-5} \, \text{mm}^2$；同理，在 Y 向切削力峰值对应的刃线底端微元齿位角为 1.9321rad 处，微元切削层面积分解后再求和分别为 $A_{cy} = -2.0425 \times 10^{-5} \, \text{mm}^2$，$A_{sy} = 5.9677 \times 10^{-5} \, \text{mm}^2$。

当切削厚度大于最小切削厚度时，切削过程以材料剪切塑性变形为主，但后刀面与已加工表面间的耕犁效应不可忽略。耕犁力与耕犁区域过盈体积成比例，根据切削力预测模型(2-60)，耕犁区域过盈体积分解为 V_c 和 V_s，如图 2-22 所示。

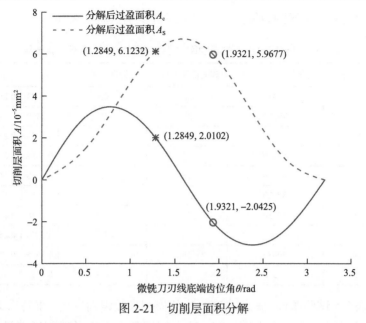

图 2-21　切削层面积分解

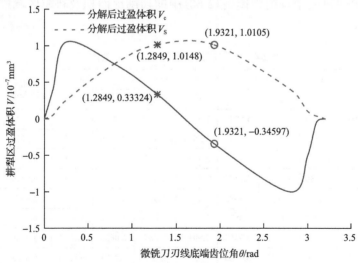

图 2-22　耕犁区域过盈体积分解

由图 2-22 可知,在 X 向切削力峰值对应的刃线底端微元齿位角为 1.2849rad 处,微元过盈体积分解后再求和分别为 $V_{cx} = 3.3324 \times 10^{-8}\,\mathrm{mm}^3$, $V_{sx} = 1.0148 \times 10^{-7}\,\mathrm{mm}^3$;同理,在 Y 向切削力峰值对应的刃线底端微元齿位角为 1.9321rad 处,微元过盈体积分解后再求和分别为 $V_{cy} = -3.4597 \times 10^{-8}\,\mathrm{mm}^3$, $V_{sy} = 1.0105 \times 10^{-7}\,\mathrm{mm}^3$。

假定当切削层面积达到最大时,轴向力达到峰值,由图 2-17 可知, $A_a = 6.727 \times 10^{-5}\,\mathrm{mm}^2$, 耕犁体积通过计算为 $V_a = 9.23 \times 10^{-7}\,\mathrm{mm}^3$。

以剪切效应为主导的微铣削力模型力系数识别试验结果如表 2-5 所示。

表 2-5　以剪切效应为主导的微铣削力模型力系数识别试验结果

序号	悬伸量 L/mm	主轴转速 n/(r/min)	轴向切深 a_p/μm	每齿进给量 f_z/μm	F_x/N	F_y/N	F_z/N
1	12	69440	30	0.9	0.2023	0.2546	0.3286
2	12	79370	35	1.1	0.2579	0.29	0.4309
3	14	59520	35	0.9	0.1873	0.2268	0.2991
4	14	69440	15	1.1	0.1538	0.2137	0.3326
5	16	49600	15	0.9	0.1215	0.1449	0.169
6	16	59520	20	1.1	0.1556	0.1716	0.2042
7	18	39680	20	0.9	0.1738	0.1897	0.24
8	18	49600	25	1.1	0.217	0.2531	0.2516
9	20	39680	30	1.1	0.1625	0.2281	0.2896
10	20	79370	25	0.9	0.3511	0.4235	0.4538

根据表 2-5 试验条件，采用本节提出的模型参数识别方法，求解出 X、Y 向切削力取峰值时对应微铣削力模型(2-60)中的切削层面积及耕犁区域过盈体积如表 2-6 所示。

表 2-6　切削层面积及耕犁区域过盈体积

序号	A_c/10^{-5}mm^2		A_s/10^{-5}mm^2		V_c/10^{-8}mm^3		V_s/10^{-8}mm^3		A_a/10^{-5}mm^2	V_a/10^{-8}mm^3
	A_{cx}	A_{cy}	A_{sx}	A_{sy}	V_{cx}	V_{cy}	V_{sx}	V_{sy}		
1	1.6469	−1.6686	5.0164	4.8752	2.9421	−3.0545	8.959	8.9214	5.5045	10.687
2	2.3415	−2.3505	7.0953	6.9041	3.2613	−3.3453	9.8786	9.8474	7.79	11.88
3	1.9154	−1.9233	5.804	5.6491	3.3362	−3.4313	10.105	10.07	6.3735	12.152
4	1.0654	−1.0686	3.2275	3.1374	1.4344	−1.4753	4.3449	4.3312	3.5416	4.9256
5	0.8712	−0.8747	2.639	2.5683	1.5102	−1.5532	4.5743	4.5599	2.8975	5.1857
6	1.3911	−1.3831	4.1923	4.0822	1.8466	−1.8816	5.5642	5.5525	4.6041	6.4732
7	1.1273	−1.1419	3.4332	3.3357	1.9913	−2.0673	6.0636	6.0381	3.7666	7.0468
8	1.7045	−1.709	5.1642	5.0186	2.271	−2.3358	6.8791	6.8574	5.6663	8.1239
9	2.0318	−2.0379	6.124	5.9545	2.7792	−2.858	8.374	8.3474	6.7283	9.9991
10	1.4112	−1.3822	4.2306	4.1012	1.8383	−1.8556	5.5101	5.5043	4.6379	6.514

基于表 2-5 和表 2-6 中的数据，采用最小二乘估计法求解以剪切效应为主导的微铣削过程切削预测模型(2-60)的参数，求解结果为 $K_{cc}=5.8181\times10^3$、$K_{cp}=-1.1202\times10^6$、$K_{rc}=3.6715\times10^3$、$K_{rp}=-0.6803\times10^6$、$K_{ac}=7.3409\times10^3$、$K_{ap}=-1.08258\times10^6$。

以耕犁效应为主导的微铣削力模型(2-54)力系数识别试验结果如表 2-7 所示。

表 2-7　以耕犁效应为主导的微铣削力模型力系数识别试验结果

序号	悬伸量 L/mm	主轴转速 n/(r/min)	轴向切深 a_p/μm	每齿进给量 f_z/μm	F_x/N	F_y/N	F_z/N
1	12	39680	15	0.3	0.1214	0.1517	0.1515
2	12	49600	20	0.5	0.1698	0.1884	0.1876
3	14	39680	25	0.5	0.1551	0.1676	0.2198
4	14	79370	20	0.3	0.1806	0.2799	0.3142
5	16	69440	25	0.3	0.2104	0.2801	0.3274
6	16	79370	30	0.5	0.2373	0.2635	0.3774
7	18	59520	30	0.3	0.1867	0.2832	0.2577
8	18	69440	35	0.5	0.279	0.4538	0.3237
9	20	49600	35	0.3	0.1578	0.174	0.2744
10	20	59520	15	0.5	0.1413	0.1548	0.2254

采用本节提出的模型参数识别方法，以耕犁效应为主导的微铣削力模型力系数求解结果为 $K_{cpp}=3.3089\times10^6$、$K_{rpp}=0.4669\times10^6$、$K_{app}=4.5218\times10^6$。

2.4.5　微铣削力模型验证与分析

通过微槽铣削试验对所建立的镍基高温合金微铣削力模型的有效性进行验证。试验条件为：两刃平头立铣刀，铣刀直径为 591.4μm；主轴转速为 39680r/min；刀具悬伸量为 20mm，每齿进给量为 1.1μm，轴向切深为 35μm，由 2.2 节刀齿齿尖径向跳动预测模型求解得到刀齿齿尖径向跳动量为 11.65μm。槽铣过程微铣削力试验测量曲线(试验值)及微铣削力模型预测曲线(预测值)如图 2-23 所示。

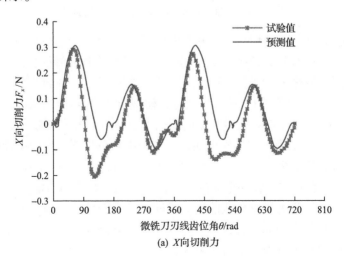

(a) X向切削力

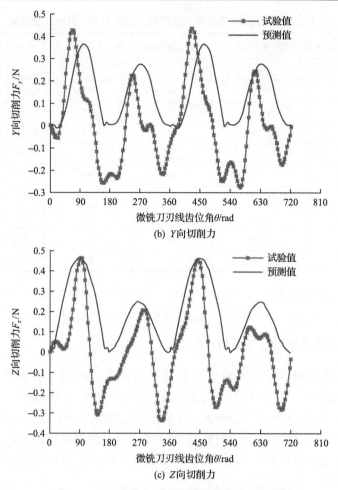

(b) Y向切削力

(c) Z向切削力

图 2-23　三维动态切削力预测模型试验验证

　　如图 2-23(a)所示，模型 X 向瞬时切削力预测值和试验值吻合较好，切削力变化规律基本相同；如图 2-23(b)所示，模型 Y 向切削力预测峰值和试验测量峰值吻合较好，预测峰值比试验测量峰值小；如图 2-23(c)所示，预测模型 Z 向瞬时切削力除了预测峰值和试验测量峰值吻合较好，模型预测其他瞬时切削力比试验值大。由图 2-23 可以看出，Y 向切削力和 Z 向切削力预测谷值比试验测量谷值大。

　　由 2.3 节单齿切削判定条件可知，微槽铣试验条件下会发生单齿切削现象，即一个刀具旋转周期内只有一个刀齿切除工件材料，另一刀齿仅从工件表面滑过，不产生切削。由此可知，在一个切削周期内将出现一个切削力峰值。由图 2-23 可以看出，三维微铣削力模型预测曲线呈现明显的周期性，切削力模型预测曲线周期和试验测量切削力周期吻合，预测曲线在一个周期内出现一个主切削力峰值，验证了微铣削过程中出现了单齿切削现象。

由试验验证可知，所建立的镍基高温合金微铣削力模型对镍基高温合金微铣削过程瞬时切削力周期性和峰值实现了有效预测。

2.5　镍基高温合金微铣削力经验模型

本节在微型数控铣床(图 2-1)上开展镍基高温合金 Inconel 718 微槽铣削正交试验研究，分析刀具悬伸量 L、主轴转速 n、轴向切深 a_p 和每齿进给量 f_z 对微铣削力的影响规律。依据试验测量结果建立镍基高温合金微铣削力经验模型，并对模型进行显著性检验和拟合度检验。

2.5.1　试验设计

参考高速切削 Inconel 718 的研究成果，在刀具所能承受的切削参数范围内，选取刀具悬伸量 L(与 2.2.2 节定义的刀具悬伸量相同)、主轴转速 n、轴向切深 a_p 和每齿进给量 f_z 三个参数作为试验研究参数，具体参数如表 2-8 所示。采用标准正交试验表 $L_{25}(5^4)$(4 因素 5 水平)设计槽铣削试验，正交试验因素水平如表 2-8 所示。

表 2-8　槽铣正交试验因素水平表

因素水平	1	2	3	4	5
刀具悬伸量 L/mm	12	14	16	18	20
主轴转速 n/(r/min)	39680	49600	59520	69440	79370
轴向切深 a_p/μm	15	20	25	30	35
每齿进给量 f_z/μm	0.3	0.5	0.7	0.9	1.1

试验过程中，每组参数铣削槽的长度为 30mm，采用风冷干式切削。利用 KISTLER 9256C1 测力仪测量每组试验参数对应的瞬时切削力。F_x、F_y 和 F_z 分别为 X、Y 和 Z 方向切削力。为了使试验结果更加真实可靠，每组试验重复 5 次，试验结果如表 2-9 所示。

表 2-9　槽铣削正交试验表及切削力测量结果

序号	悬伸量 L/mm	主轴转速 n/(r/min)	轴向切深 a_p/μm	每齿进给量 f_z/μm	F_x/N	F_y/N	F_z/N
1	12	39680	15	0.3	0.1214	0.1517	0.1515
2	12	49600	20	0.5	0.1698	0.1884	0.1876
3	12	59520	25	0.7	0.176	0.1829	0.2124
4	12	69440	30	0.9	0.2023	0.2546	0.3286
5	12	79370	35	1.1	0.2579	0.29	0.4309
6	14	39680	25	0.5	0.1551	0.1676	0.2198
7	14	49600	30	0.7	0.2625	0.2809	0.2032

续表

序号	悬伸量 L/mm	主轴转速 n/(r/min)	轴向切深 a_p/μm	每齿进给量 f_z/μm	F_x/N	F_y/N	F_z/N
8	14	59520	35	0.9	0.1873	0.2268	0.2991
9	14	69440	15	1.1	0.1538	0.2137	0.3326
10	14	79370	20	0.3	0.1806	0.2799	0.3142
11	16	39680	35	0.7	0.2149	0.2774	0.282
12	16	49600	15	0.9	0.1215	0.1449	0.169
13	16	59520	20	1.1	0.1556	0.1716	0.2042
14	16	69440	25	0.3	0.2104	0.2801	0.3274
15	16	79370	30	0.5	0.2373	0.2635	0.3774
16	18	39680	20	0.9	0.1738	0.1897	0.24
17	18	49600	25	1.1	0.217	0.2531	0.2516
18	18	59520	30	0.3	0.1867	0.2832	0.2577
19	18	69440	35	0.5	0.279	0.4538	0.3237
20	18	79370	15	0.7	0.3126	0.3198	0.4738
21	20	39680	30	1.1	0.1625	0.2281	0.2896
22	20	49600	35	0.3	0.1578	0.174	0.2744
23	20	59520	15	0.5	0.1413	0.1548	0.2254
24	20	69440	20	0.7	0.3024	0.4002	0.42
25	20	79370	25	0.9	0.3511	0.4235	0.4538

2.5.2 微铣削力经验模型的建立及检验

1. 微铣削力经验模型的建立

本节重点考虑刀具悬伸量、主轴转速、轴向切深及每齿进给量四个切削参数对微铣削力的影响。借鉴金属切削理论所表达的切削力与切削参数之间的指数经验公式，建立 X、Y 和 Z 方向的切削力试验模型如下：

$$\begin{cases} F_x = C_{F_x} L^{b_{x1}} n^{b_{x2}} a_p^{b_{x3}} f_z^{b_{x4}} \\ F_y = C_{F_y} L^{b_{y1}} n^{b_{y2}} a_p^{b_{y3}} f_z^{b_{y4}} \\ F_z = C_{F_z} L^{b_{z1}} n^{b_{z2}} a_p^{b_{z3}} f_z^{b_{z4}} \end{cases} \qquad (2\text{-}62)$$

式中，F_x、F_y、F_z 分别为 X、Y、Z 三个方向上的切削力；C_{F_x}、C_{F_y}、C_{F_z} 分别为取决于被加工材料、切削刀具和切削条件的切削力系数；b_{x1}、b_{x2}、b_{x3}、b_{x4}，b_{y1}、b_{y2}、b_{y3}、b_{y4}，b_{z1}、b_{z2}、b_{z3}、b_{z4} 分别为三个分力公式中刀具悬伸量 L、主轴转速 n、轴向切深 a_p 和每齿进给量 f_z 对切削力的影响指数。

式(2-62)为非线性方程，对其等号左右两侧取对数使其变换为线性函数，如式(2-63)所示：

$$\begin{cases} \lg F_x = \lg C_{F_x} + b_{x1} \lg L + b_{x2} \lg n + b_{x3} \lg a_p + b_{x4} \lg f_z \\ \lg F_y = \lg C_{F_y} + b_{y1} \lg L + b_{y2} \lg n + b_{y3} \lg a_p + b_{y4} \lg f_z \\ \lg F_z = \lg C_{F_z} + b_{z1} \lg L + b_{z2} \lg n + b_{z3} \lg a_p + b_{z4} \lg f_z \end{cases} \tag{2-63}$$

根据表 2-9 试验测量结果，采用多元线性回归最小二乘法求解回归方程系数。

2. 微铣削力经验模型参数的最小二乘估计

采用最小二乘法对回归方程系数进行估计，以 X 方向切削力为例推导模型参数的求解过程。令 $y_x = \lg F_x, b_{x0} = \lg C_{F_x}, x_1 = \lg L, x_2 = \lg n, x_3 = \lg a_p, x_4 = \lg f_z$，则 X 方向切削力对应的回归方程为 $y_x = b_{x0} + b_{x1}x_1 + b_{x2}x_2 + b_{x3}x_3 + b_{x4}x_4$，此线性方程的自变量 x_1、x_2、x_3、x_4 和因变量 y_x 之间存在线性关系。现有 25 组试验结果建立自变量和因变量之间的关系，第 i 组试验自变量为 x_{i1}、x_{i2}、x_{i3}、x_{i4}，对应因变量试验结果为 y_{ix}，$i = 1,2,\cdots,25$。

由于试验过程中存在误差 ε，则由 25 组试验数据可以建立如下形式的多元线性回归方程：

$$\begin{cases} y_{1x} = \beta_{x0} + \beta_{x1}x_{11} + \beta_{x2}x_{12} + \beta_{x3}x_{13} + \beta_{x4}x_{14} + \varepsilon_1 \\ y_{2x} = \beta_{x0} + \beta_{x1}x_{21} + \beta_{x2}x_{22} + \beta_{x3}x_{23} + \beta_{x4}x_{24} + \varepsilon_2 \\ \qquad\qquad\qquad\qquad\vdots \\ y_{25x} = \beta_{x0} + \beta_{x1}x_{251} + \beta_{x2}x_{252} + \beta_{x3}x_{253} + \beta_{x4}x_{254} + \varepsilon_{25} \end{cases} \tag{2-64}$$

式(2-64)用矩阵形式表示为

$$Y = X\beta + \varepsilon \tag{2-65}$$

其中，

$$Y = \begin{bmatrix} y_{1x} \\ y_{2x} \\ \vdots \\ y_{24x} \\ y_{25x} \end{bmatrix}, \quad X = \begin{bmatrix} 1 & x_{11} & x_{12} & x_{13} & x_{14} \\ 1 & x_{21} & x_{22} & x_{23} & x_{24} \\ \vdots & \vdots & \vdots & \vdots & \vdots \\ 1 & x_{241} & x_{242} & x_{243} & x_{244} \\ 1 & x_{251} & x_{252} & x_{253} & x_{254} \end{bmatrix}$$

$$\beta = \begin{bmatrix} \beta_{x0} \\ \beta_{x1} \\ \beta_{x2} \\ \beta_{x3} \\ \beta_{x4} \end{bmatrix}, \quad \varepsilon = \begin{bmatrix} \varepsilon_1 \\ \varepsilon_2 \\ \vdots \\ \varepsilon_{24} \\ \varepsilon_{25} \end{bmatrix} \tag{2-66}$$

采用最小二乘法估计参数 β，设 b_{x0}、b_{x1}、b_{x2}、b_{x3}、b_{x4} 分别为参数 β_{x0}、β_{x1}、β_{x2}、β_{x3}、β_{x4} 的最小二乘估计，则回归方程为

$$\hat{y}_x = b_{x0} + b_{x1}x_1 + b_{x2}x_2 + b_{x3}x_3 + b_{x4}x_4 \tag{2-67}$$

式中，b_{x0}、b_{x1}、b_{x2}、b_{x3}、b_{x4} 为回顾系数，则有

$$b = (X^{\mathrm{T}}X)^{-1}X^{\mathrm{T}}Y \tag{2-68}$$

X^{T} 为 X 的转置矩阵；$(X^{\mathrm{T}}X)^{-1}$ 为 $(X^{\mathrm{T}}X)$ 的逆矩阵。

建立切削力数学回归模型时，对方程等号两侧取自然对数转化为线性方程。对表 2-9 中的数据分别取对数，可得到对应的切削力矩阵 X 和 Y_ε，将矩阵 X 和 Y_ε 代入式 (2-68)，可得到 X、Y 和 Z 方向上切削力回归系数的最小二乘估计值：

$$b_x = \begin{bmatrix} -4.7031 \\ 0.3867 \\ 0.6456 \\ 0.3464 \\ 0.1051 \end{bmatrix}, \quad b_y = \begin{bmatrix} -5.279 \\ 0.4922 \\ 0.7351 \\ 0.4149 \\ 0.0348 \end{bmatrix}, \quad b_z = \begin{bmatrix} -5.7389 \\ 0.5112 \\ 0.8841 \\ 0.2771 \\ 0.1145 \end{bmatrix} \tag{2-69}$$

由此得到微铣削镍基高温合金 Inconel 718 过程中的微铣削力经验模型：

$$\begin{cases} F_x = 10^{-4.7031} L^{0.3867} n^{0.6456} a_p^{0.3464} f_z^{0.1051} \\ F_y = 10^{-5.279} L^{0.4922} n^{0.7351} a_p^{0.4149} f_z^{0.0348} \\ F_z = 10^{-5.7389} L^{0.5112} n^{0.8841} a_p^{0.2771} f_z^{0.1145} \end{cases} \tag{2-70}$$

3. 微铣削力经验模型的显著性检验

在建立微铣削力经验模型后，不能直接用于微铣削力预测，还需要对其线性关系的显著性进行检验。为了进行统计检验，需要将总偏差平方和 $\mathrm{SS_T}$ 分解为回归平方和 $\mathrm{SS_R}$ 和剩余平方和 $\mathrm{SS_E}$ 两部分：

$$\mathrm{SS_T} = \sum_{i=1}^{n}(y_i - \bar{y})^2 = \sum_{i=1}^{n}y_i^2 - \frac{1}{n}\left(\sum_{i=1}^{n}y_i\right)^2 \tag{2-71}$$

$$\mathrm{SS_E} = \sum_{i=1}^{n}(y_i - \hat{y}_i)^2 \tag{2-72}$$

$$SS_R = \sum_{i=1}^{n} (\hat{y}_i - \overline{y})^2 = SS_T - SS_E \tag{2-73}$$

式中，y_i 为各切削力预测值；$\overline{y}$ 为总平均数；$\hat{y}_i$ 为回归估计量；n 为试验组数。

因变量总自由度 df_T 可分为回归自由度 df_R 和离回归自由度 df_E 两部分，即

$$df_T = df_R + df_E \tag{2-74}$$

式中，$df_T = n-1$；$df_R = p$；$df_E = n-p-1$；p 为变量个数。

采用 F 检验，假设 $H_0 : \beta_1 = 0, \beta_2 = 0, \beta_3 = 0, \beta_4 = 0$，可采用统计量：

$$F = \frac{SS_R / p}{SS_E / (n_1 - p - 1)} \sim F(p, n_1 - p - 1) \tag{2-75}$$

式中，n_1 为试验组数；p 为变量个数。试验组数 $n_1 = 25$，变量个数 $p = 4$，根据式 (2-71) ~ 式 (2-73)，分别求出 X、Y、Z 方向切削力的总偏差平方和 SS_T、回归平方和 SS_R 和剩余平方和 SS_E，根据式 (2-75) 求出 F。切削力 F_x 拟合公式的回归方差分析计算结果如表 2-10 所示。显著因子取 $\alpha = 0.01$。

表 2-10 切削力 F_x 的回归方差分析表

方差来源	平方和	自由度	均方和	F 检验
回归	$SS_R = 0.04771$	4	0.011928	$F_x = \dfrac{0.011928}{0.002073} = 5.75$
剩余	$SS_E = 0.04146$	20	0.002073	
总计	$SS_T = 0.08917$	24	$\alpha = 0.01$	$F_\alpha(4, 20) = 4.43$

回归方程 F_x 显著性检验结果为 $F_{0.01}(4, 20) = 4.43 < F_x = 5.75$，拒绝原假设，由此可知，切削力 F_x 的回归方程是高度显著的。同理，有 $F_{0.01}(4, 20) = 4.43 < F_y = \dfrac{0.09570 / 4}{0.07254 / 20} = 6.60$，切削力 F_y 的回归方程是高度显著的；$F_{0.01}(4, 20) = 4.43 < F_z = \dfrac{0.13677 / 4}{0.05439 / 20} = 12.57$，切削力 F_z 的回归方程是高度显著的。

4. 微铣削力经验模型的拟合度检验

回归方程检验结果显著，只能说明回归方程在试验点上的预测值与实测值拟合得好，但不能保证回归方程的预测值在整个参数区域内与实测值拟合得好。为了检验线性回归方程在试验参数范围内的拟合情况，选取 5 个试验点进行拟合度

检验，检验点的切削参数如表 2-11 所示。

表 2-11　检验点切削参数

序号	刀具悬伸量 L/mm	主轴转速 n/(r/min)	轴向切深 a_p/μm	每齿进给量 f_z/μm
1	12	79370	15	0.3
2	14	69440	20	0.5
3	16	59520	25	0.7
4	18	49600	30	0.9
5	20	39680	35	1.1

检验点的试验测量切削力及利用模型预测的切削力对比如表 2-12 所示。依据试验测量结果对回归方程进行拟合度检验。

表 2-12　检验点切削力试验测量值与模型预测值对比

试验 F_x/N	试验 F_y/N	试验 F_z/N	预测 F_x/N	预测 F_y/N	预测 F_z/N
0.2237	0.1985	0.773	0.1698	0.2107	0.2574
0.1791	0.3044	0.3781	0.1927	0.2363	0.2841
0.1746	0.3579	0.4749	0.2056	0.2501	0.2935
0.2424	0.2187	0.3455	0.2092	0.2522	0.2872

总偏差平方和 SS_T、误差平方和 Q_E、失拟平方和 Q_{Lf}、拟合度检验 F_{Lf} 分别为

$$SS_T = \sum_{i=1}^{n+m} y_i^2 - \frac{1}{n+m}\left(\sum_{i=1}^{n+m} y_i\right)^2 \tag{2-76}$$

$$Q_E = \sum_{i=1}^{m} y_{0i}^2 - \frac{1}{m}\left(\sum_{i=1}^{m} y_{0i}\right)^2 \tag{2-77}$$

$$Q_{Lf} = SS_E - Q_E \tag{2-78}$$

$$F_{Lf} = \frac{Q_{Lf}/f_{Lf}}{Q_E/f_E} \sim F(f_{Lf}, f_E) \tag{2-79}$$

式中，y_i 为切削力预测值；y_{0i} 为切削力实际测量值；n 为预测组数；m 为实际观测数据组数。

拟合检验总平方和自由度 $f_T = n+m-1$，误差自由度 $f_E = m-1$；失拟自由度

$f_{Lf} = df_E - f_E$，本次检验实际观测数据组数 $m = 5$。

根据式(2-76)～式(2-79)，计算 F_x 的拟合程度检验表如表 2-13 所示。

表 2-13　回归方程 F_x 拟合程度检验表

方差来源	平方和	自由度	均方和	F 检验
失拟	$Q_{Lf} = 0.0362$	16	0.00226	$F_x = \dfrac{0.00226}{0.0013} = 1.738$
误差	$Q_E = 0.0052$	4	0.0013	
回归	$SS_T = 0.093$	29	$\alpha = 0.25$	$F_\alpha(16, 4) = 2.08$

回归方程 F_x 拟合程度检验结果为 $F_{0.25}(16, 4) = 2.08 > F_x = 1.738$，由此可知，切削力 F_x 的回归方程与实际情况拟合得很好。同理，有 $F_{0.25}(16, 4) = 2.08 > F_y = \dfrac{0.0512 / 16}{0.0213 / 4} = 0.601$，切削力 F_y 的回归方程与实际情况拟合得很好；$F_{0.25}(16, 4) = 2.08 > F_z = \dfrac{0.2597 / 16}{0.3141 / 4} = 0.207$，切削力 F_z 的回归方程与实际情况拟合得很好。

回归模型的适用参数范围为 $12\text{mm} \leqslant L \leqslant 20\text{mm}$；$39680\text{r/min} \leqslant n \leqslant 79730\text{r/min}$；$15\mu\text{m} \leqslant a_p \leqslant 35\mu\text{m}$；$0.3\mu\text{m} \leqslant f_z \leqslant 1.1\mu\text{m}$。

2.6　本 章 小 结

本章以建立镍基高温合金微铣削力模型为研究内容，借鉴传统切削力建模研究分析方法，考虑微铣削过程特征，以最小切削厚度为分界点，分别建立了以剪切效应为主导和以耕犁效应为主导的镍基高温合金微铣削过程三维动态切削力模型。在研制的微型数控铣床上开展镍基高温合金微铣削试验，分析铣削参数对微铣削力的影响规律，并基于试验结果，建立了镍基高温合金微铣削力经验模型。

参 考 文 献

[1] Anon. Total indicated runout and its impact on combined board quality[C]. ATPPI Technical Information Papers, 2002: 190-192.

[2] 张雪薇, 于天彪, 王宛山. 微铣削中考虑刀具跳动的瞬时刀具挠度变形研究[J]. 机械工程学报, 2019, 55(5): 241-248.

[3] Martelloti M E. An analysis of the milling process[J]. Transactions of the American Society of Mechanical Engineers, 1941, 63: 677.

[4] Malekian M, Park S S, Jun M B G. Modeling of dynamic micro-milling cutting forces[J]. International Journal of Machine Tools and Manufacture, 2009, 49(7-8): 586-598.

[5] Wang D, Penter L, Haenel A, et al. Investigation on dynamic tool deflection and runout-

dependent analysis of the micro-milling process[J]. Mechanical Systems and Signal Processing, 2022, 178: 109282.

[6] Hu Z H, Qin C J, Shi Z W , et al. An effective thread milling force prediction model considering instantaneous cutting thickness based on the cylindrical thread milling simplified to side milling process[J]. International Journal of Advanced Manufacturing Technology, 2020, 110 (5-6): 1275-1283.

[7] 刘均伟. 镍基高温合金 Inconel 718 高速切削试验研究[D]. 济南: 山东大学, 2018.

[8] 王慧. 微铣刀力学特性及几何形状的仿真研究[D]. 南京: 南京理工大学, 2009.

[9] Liu X, de Vor R E, Kapoor S G. An analytical model for the prediction of minimum chip thickness in micromachining[J]. Journal of Manufacturing Science and Engineering, Transactions of the American Society of Mechanical Engineers, 2006, 128 (2): 474-481.

[10] Malekian M, Mostofa M G, Park S S, et al. Modeling of minimum uncut chip thickness in micro machining of aluminum[J]. Journal of Materials Processing Technology, 2012, 212 (3): 553-559.

[11] 吴继华, 史振宇. 基于应变梯度理论的正交微车削中最小切削厚度预测[J]. 中国机械工程, 2009, 20 (18): 2227-2230.

[12] 石文天. 微细切削技术[M]. 北京: 机械工业出版社, 2011.

第 3 章 镍基高温合金 Inconel 718 微铣削力热耦合分析

3.1 引 言

微铣削过程是力与温度综合作用的过程。切削区的温度升高会使工件材料性质发生改变，材料性质的改变又会使切削力发生变化，因此微铣削温度和微铣削力的影响是不可分割的，需要对二者进行耦合计算分析，才能深入探究微铣削机理。

目前，微铣削温度与铣削力的研究方法大体分为两种，即试验法和有限元模拟法。Wissmiller 等[1]通过热像仪测量微铣削 6061-T6 铝合金和 1018 钢的切削温度，研究了切削过程中最大温度梯度出现的区域。Baharudin 等[2]利用 ABAQUS 软件建立了简化的微铣削过程仿真模型，研究了微铣削 AISI1045 钢和 Ti6Al4V 时的温度场，发现当切削层厚度变大时，微铣削温度增加，刀尖部位的温度最高，所建立的微铣削过程仿真模型可用于微铣削温度的预测。Mamedov 等[3]通过观察和分析微铣削过程中的剪切变形和摩擦状态，建立过程仿真模型，实现了工件与微铣刀切削区温度的预测，并通过巧妙设置热电偶的测量位置测得了切削区温度，测量结果与模型预测结果大体一致。在现有的微铣削温度[4-6]研究中，切削参数对切削温度和力的综合作用研究较少，因此有必要进行微铣削过程力热耦合作用分析，探究切削参数对微铣削力热的影响规律。

本章首先以建立的切削厚度模型为基础，修正微铣削力模型[7]；然后以傅里叶定律为出发点，建立微铣削温度预测模型；最后将所建立的力热模型进行耦合计算分析，实现基于耦合作用的力热计算。微铣削试验的目的是探究主轴转速、每齿进给量以及轴向切深对镍基高温合金微铣削力热的影响规律。利用 DEFORM-3D 软件开发 Inconel 718 合金微铣削过程三维仿真模型，探究微铣刀过渡圆弧对微铣削温度的影响规律。

3.2 考虑切削温度的微铣削力模型

金属切削过程中，刀具与工件接触，工件变形区材料在刀刃的剪切挤压下发生弹塑性变形，同时切削力做功导致温度升高，最终工件材料在力与热等因素的综合作用下形成已加工表面。因此,建立切削力的精确预测模型[7]是研究切削机理的基础,可为加工表面质量控制、切削过程颤振抑制等提供理论基础。

与常规尺度切削相比,微铣削的切削层尺寸非常小,可能会导致加工过程中表现出一些异于常规切削的现象,如存在最小切削厚度[8]。以最小切削厚度为分界点,微铣削过程可划分为以耕犁效应为主导的弹塑性变形阶段和以剪切效应为主导的切屑形成阶段。由于剪切效应和耕犁效应的机理存在很大不同,难以用同一个切削力模型来描述两种情况下的切削力变化规律。本节将最小切削厚度设置为这两种状态的转换临界值,并考虑温度的影响,针对两种状态建立以剪切效应为主导的微铣削力模型和以耕犁效应为主导的微铣削力模型。

3.2.1　以剪切效应为主导的微铣削力模型

在切削厚度 t_c 超过可生成切屑的最小切削厚度 t_{cmin} 的状态下,工件主要承受刀具的剪切效应[9,10]。与传统铣削相比,微铣削加工尺度非常小,切削厚度一般在微米量级,而刀刃过渡圆弧的尺寸也在微米量级,因此在微铣削模型中,不能忽略刀刃过渡圆弧的影响。为了提高微铣削力模型的预测精度[11],需要将刃口圆弧造成的挤压作用力考虑在内,即在切削厚度超过最小切削厚度的情况下,以剪切效应为主导的微铣削力模型由两部分组成,一部分为使材料发生变形生成切屑的剪切力 F_{s_shear};另一部分为刃口圆弧对工件的耕犁力 F_{p_shear},将这两部分力叠加,即可得到以剪切效应为主导的微铣削力 $F_{\_shear}$。

1)因材料变形形成切屑的剪切力模型

在使工件材料离开基体变成切屑的剪切力计算模型中,将刀具视为绝对锋利来单独考虑剪切效应。剪切应力被假定为均匀一致地密布在剪切区的主剪切面上,参考陈日曜[12]的研究结果,并考虑刀具螺旋角的影响,微铣削的切向分力 F_{sc_shear}、径向分力 F_{sr_shear} 和轴向分力 F_{sa_shear} 可由式(3-1)得到:

$$
\begin{cases}
F_{sc\_shear} = \cos B_h \cdot \dfrac{t_c w \tau_{sm} \cos(\beta - \alpha)}{\sin \varphi \cos(\varphi + \beta - \alpha)} \\[3mm]
F_{sr\_shear} = \dfrac{t_c w \tau_{sm} \sin(\beta - \alpha)}{\sin \varphi \cos(\varphi + \beta - \alpha)} \\[3mm]
F_{sa\_shear} = \sin B_h \cdot \dfrac{t_c w \tau_{sm} \cos(\beta - \alpha)}{\sin \varphi \cos(\varphi + \beta - \alpha)}
\end{cases}
\tag{3-1}
$$

式中,B_h 为刀具螺旋角,(°);t_c 为切削厚度,mm;w 为切削宽度,mm;τ_{sm} 为分布于主剪切面的剪应力,MPa;φ 为剪切角,(°);β 为切屑与刀具前刀面间摩擦角,(°);α 为刀具有效前角,(°)。

下面分别阐述这几个参数的计算公式。

(1)切削厚度 t_c 的计算。

切削厚度 t_c 引用 2.3.3 节切削厚度计算模型的结论。

(2)切削宽度 w 的计算。

所使用刀具的切削宽度 w 和微铣刀螺旋升角示意图如图 3-1 所示。

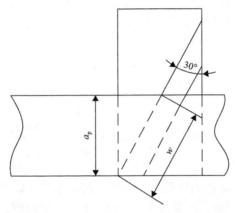

图 3-1　切削宽度 w 和微铣刀螺旋升角示意图

(3)剪切角 φ 的计算。

利用 Merchant 公式计算剪切角,即

$$\varphi = \frac{\pi}{4} - \frac{\beta}{2} + \frac{\alpha}{2} \tag{3-2}$$

式中,β 为切屑与刀具前刀面间摩擦角,可根据所研究工件材料与微铣刀相互接触时的摩擦特性获得;α 为刀具有效前角,在微铣削中,其大小随着切削厚度的变化而变化,根据图 3-2 所示的几何关系,刀具有效前角可由式(3-3)获得。

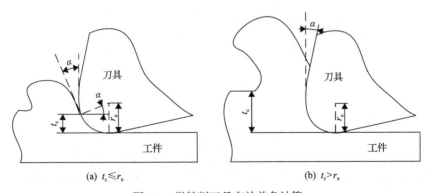

(a) $t_c \leqslant r_e$　　　　　　　　　　　(b) $t_c > r_e$

图 3-2　微铣削刀具有效前角计算

$$\begin{cases} \alpha = \arcsin\left(\dfrac{t_c - r_e}{r_e}\right), & t_c \leqslant r_e \\ \alpha = \alpha_0, & t_c > r_e \end{cases} \tag{3-3}$$

式中，t_c 为切削厚度，mm；r_e 为刃口圆弧半径，mm；α_0 为刀具名义前角。

通过观察式(3-3)和图 3-2，可得到结论：当切削厚度很小时，刀具有效前角为负前角，前角的变化将改变切削影响区域的应力情况，并最终改变切削力。

(4)作用在主剪切面的剪应力 τ_{sm} 的计算。

Johnson-Cook 本构模型(J-C 本构模型)是描述材料本构关系最常用的模型，剪切区的剪应力 τ_{sm} 可根据 J-C 本构模型进行计算，即

$$\tau_{sm} = \frac{1}{\sqrt{3}}(A + B\varepsilon^n)\left(1 + C\ln\frac{\dot{\varepsilon}}{\dot{\varepsilon}_0}\right)\left[1 - \left(\frac{T - T_r}{T_{melt} - T_r}\right)^m\right] \tag{3-4}$$

式中，A、B、C、n、m 均为反映工件材料本构关系的 J-C 本构模型参数；ε 为剪切应变；$\dot{\varepsilon}$ 为剪切应变率；$\dot{\varepsilon}_0$ 为参考应变率；T 为切削温度，在 3.3 节详细叙述其计算过程；T_r 为参考温度；T_{melt} 为工件材料熔点。

下面计算式(3-4)中涉及的剪切应变 ε 和剪切应变率 $\dot{\varepsilon}$。

基于李炳林等[13]的研究，式(3-4)中的剪切区剪切应变 ε 和剪切应变率 $\dot{\varepsilon}$ 可通过以下推导过程得到。如图 3-3 所示，剪切区沿着主剪切面划分为不均等的两区域，假设不等分系数为 k，用 h 表示剪切区厚度，始剪切面与主剪切面之间的厚度为 kh；t_c 为切削厚度；v 为切削速度；v_c 为切屑流出的速度；φ 为剪切角。

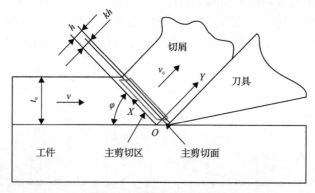

图 3-3　非等分剪切区模型

剪切区始、终两个剪切面上的速度矢量如图 3-4 所示，可根据运动矢量之间的关系获得。

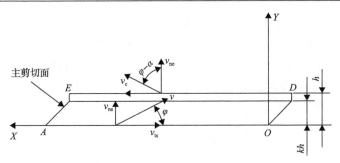

图 3-4　主剪切区边界处的速度矢量

始剪切面 OA 的速度为

$$\begin{cases} v_{ts} = -v\cos\varphi \\ v_{ns} = v\sin\varphi \end{cases} \tag{3-5}$$

式中，v_{ts} 为始剪切面 OA 的切向速度；v_{ns} 为始剪切面 OA 的法向速度。

终剪切面 DE 的速度为

$$\begin{cases} v_{te} = v_c\sin(\varphi - \alpha) \\ v_{ne} = v_c\cos(\varphi - \alpha) \end{cases} \tag{3-6}$$

式中，v_{te} 为终剪切面 DE 的切向速度；v_{ne} 为终剪切面 DE 的法向速度。

本节假设工件材料是塑性的且体积始终保持不变，基于该假设，可认为通过剪切区的法向速度是常数，因此切屑的流动速度为

$$v_c = \frac{v\sin\varphi}{\cos(\varphi - \alpha)} \tag{3-7}$$

通过体积始终保持不变的假设还可根据切削区速度关系计算得到剪切应变率 $\dot{\varepsilon}$ 为

$$\dot{\varepsilon} = \frac{dv_x}{dy} + \frac{dv_y}{dx} = \frac{dv_x}{dy} \tag{3-8}$$

式中，$\dot{\varepsilon}$ 为主剪切区中某一点的剪切应变率；v_x 为主变形区中某一点速度在 X 轴方向的分量；v_y 为主变形区中某一点速度在 Y 轴方向的分量。

剪切应变率 $\dot{\varepsilon}$ 为剪切应变 ε 的导数：

$$\dot{\varepsilon} = \frac{d\varepsilon}{dt} = \frac{d\varepsilon}{dy}\frac{dy}{dt} = v\sin\varphi\frac{d\varepsilon}{dy} \tag{3-9}$$

Oxley[14]经过试验分析得出结论，在始滑移线和终滑移线上的剪切应变率是可

以忽略的，在两个滑移线之间的某个平面上增加到最大值，这个平面可定义为主剪切面。这里认为在剪切应变区内的应变率变化分为两个阶段，每个阶段的剪切应变率为线性增加或减小[15]，且其峰值（拐点）出现在主剪切面上，记为 $\dot{\varepsilon}_{\mathrm{m}}$，忽略始/终滑移线上的剪切应变率（近似看成零），剪切应变率可表示为

$$\begin{cases} \dot{\varepsilon} = \dfrac{y\dot{\varepsilon}_{\mathrm{m}}}{kh}, & y \in [0, kh] \\ \dot{\varepsilon} = \dfrac{h-y}{(1-k)h}\dot{\varepsilon}_{\mathrm{m}}, & y \in (kh, h] \end{cases} \tag{3-10}$$

对式(3-10)中的变量 y 进行积分，结合上述假设和限制条件，主剪切区的应变可表示为

$$\begin{cases} \varepsilon = \dfrac{\dot{\varepsilon}_{\mathrm{m}}y^2}{2khv\sin\varphi}, & y \in [0, kh] \\ \varepsilon = \dfrac{\dot{\varepsilon}_{\mathrm{m}}(-y^2+2hy-kh^2)}{2(1-k)hv\sin\varphi}, & y \in (kh, h] \end{cases} \tag{3-11}$$

对式(3-8)中的 y 进行积分，并结合式(3-11)、式(3-5)和式(3-6)表示的材料滑移速度在始/终滑移边界处的边界条件，主剪切区某一点的速度在 X 轴的分量可表示为

$$\begin{cases} v_x = \dfrac{\dot{\varepsilon}_{\mathrm{m}}y^2}{2kh} + v_{\mathrm{ts}}, & y \in [0, kh] \\ v_x = \dfrac{\dot{\varepsilon}_{\mathrm{m}}(-y^2+2hy-h^2)}{2(1-k)h} + v_{\mathrm{te}}, & y \in (kh, h] \end{cases} \tag{3-12}$$

图 3-4 中 X 轴所表示的方向为材料受剪滑移的方向，材料的移动方向在始、终两个滑移面上是相反的，因此在滑移过程中一定有一个瞬间速度为零。在主剪切平面上材料受剪滑移的速度为零，因此当 $y = kh$ 时，$v_x = 0$，代入式(3-12)可得

$$k = \frac{\cos\varphi\cos(\varphi-\alpha)}{\cos\alpha}, \quad \dot{\varepsilon}_{\mathrm{m}} = \frac{2v\cos\alpha}{h\cos(\varphi-\alpha)} \tag{3-13}$$

根据 Grzesik[16]的研究，主剪切区厚度 h 可根据式(3-14)计算：

$$h = \frac{t_{\mathrm{c}}}{10\sin\varphi} \tag{3-14}$$

将式(3-13)和式(3-14)代入式(3-11)和式(3-10)，即可得到剪切应变 ε 和剪切应变

率 $\dot{\varepsilon}$ 的计算公式，当 $y=kh$ 时，可得到主剪切面上的应变 ε_{m}。

式(3-4)中的参数 A、B、C、n、m，工件材料熔点、参考温度均可根据工件材料查询得到；主剪切面应变 ε 及其应变率 $\dot{\varepsilon}$ 可通过式(3-5)～式(3-14)的推导获得；切削温度 T 的计算将在 3.3 节进行阐述。

通过切削厚度 t_{c}、切削宽度 w、剪切角 φ、主剪切区的剪应力 τ_s 以及主剪切面上的剪应力 τ_{sm} 的计算，式(3-1)中的参数均可得到，代入式(3-1)计算得到以剪切效应为主导的微铣削力模型，以及形成切屑的剪切力沿切向的力 $F_{\mathrm{sc\_shear}}$、沿径向的力 $F_{\mathrm{sr\_shear}}$ 和沿轴向的力 $F_{\mathrm{sa\_shear}}$。

2)考虑刃口圆弧耕犁效应的以剪切效应为主导的微铣削力模型

微铣削的切削层尺寸在微米量级，受限于制造工艺，微铣刀的刃口圆弧尺寸一般也为微米量级(本节所用微铣刀的刃口圆弧半径为 2μm)，因此在微铣削力的计算中须考虑刃口圆弧对材料的耕犁效应。本节应用 Waldorf 等[17]提出的工件受到刀刃耕犁效应的滑移线场理论(图 3-5)计算当切削厚度大于可以形成切屑的临界切削层参数时，刃口圆弧对工件材料的耕犁力。

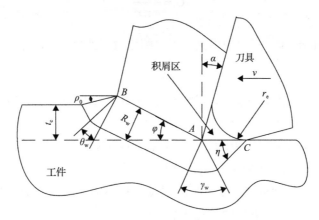

图 3-5　由 Waldorf 等提出的耕犁力计算模型

图 3-5 中，t_{c} 为切削厚度；ρ_0 表示连接工件待加工表面与切屑之间的一段小平面的倾斜程度，本节设为 30°；φ 为剪切角，可通过式(3-2)计算得到；α 为刀具有效前角，可通过式(3-3)计算得到；r_{e} 为刃口圆弧半径。根据 Dewhurst 等[18]提出的理论，第三变形区材料被挤压流动的方向和积屑区底部 AC 之间的角度为

$$\eta = 0.5\arccos\mu \tag{3-15}$$

式中，μ 为摩擦因子，取为 0.4[19]。

图 3-5 中，以 A 为顶点的扇形圆心角 γ_{w} 为

$$\gamma_w = \eta + \varphi - \arcsin(\sqrt{2} \sin \rho_0 \sin \eta) \tag{3-16}$$

以 B 为顶点的扇形圆心角 θ_w 为

$$\theta_w = \frac{\pi}{4} - \rho_0 - \varphi \tag{3-17}$$

以 A 为顶点的扇形和以 B 为顶点的扇形的半径 R_w 为

$$R_w = \sin \eta \sqrt{\left[r_e \tan\left(\frac{\pi}{4} + \frac{\alpha}{2}\right) + \frac{\sqrt{2} R_w \sin \rho_0}{\tan\left(\frac{\pi}{4} + \frac{\alpha}{2}\right)} \right]^2 + 2\left(R_w \sin \rho_0\right)^2} \tag{3-18}$$

积屑区的底线长度 AC 为

$$AC = \frac{R_w}{\sin \eta} \tag{3-19}$$

根据 Waldorf 等[17]提出的理论，刃口圆弧对工件材料的耕犁力可由式(3-20)计算得到：

$$
\begin{cases}
F_{pc\_shear} = \mu \tau_{sm} w \cos B_h \cdot \{[1 + 2\theta_w + 2\gamma_w + \sin(2\eta)]\sin(\varphi - \gamma_w + \eta) \\
\qquad\qquad + \cos(2\eta)\cos(\varphi - \gamma_w + \eta)\} \cdot AC \\
F_{pr\_shear} = \mu \tau_{sm} w \{[1 + 2\theta_w + 2\gamma_w + \sin(2\eta)]\cos(\varphi - \gamma_w + \eta) \\
\qquad\qquad - \cos(2\eta)\sin(\varphi - \gamma_w + \eta)\} \cdot AC \\
F_{pa\_shear} = \mu \tau_{sm} w \sin B_h \cdot \{[1 + 2\theta_w + 2\gamma_w + \sin(2\eta)]\sin(\varphi - \gamma_w + \eta) \\
\qquad\qquad + \cos(2\eta)\cos(\varphi - \gamma_w + \eta)\} \cdot AC
\end{cases} \tag{3-20}
$$

式中，F_{pc_shear} 为以剪切效应为主导的微铣削力模型中，刃口圆弧对工件造成的耕犁力沿刀具切向的分力；F_{pr_shear} 为刃口圆弧对工件的耕犁力沿刀具径向的分力；F_{pa_shear} 为刃口圆弧对工件的耕犁力沿刀具轴向的分力。

综合考虑因材料变形形成切屑的剪切力 F_{s_shear} 和刃口圆弧对工件的耕犁力 F_{p_shear}，最终得到以剪切效应为主导的切削力如下：

$$
\begin{cases}
F_{c\_shear} = F_{sc\_shear} + F_{pc\_shear} \\
F_{r\_shear} = F_{sr\_shear} + F_{pr\_shear} \\
F_{a\_shear} = F_{sa\_shear} + F_{pa\_shear}
\end{cases} \tag{3-21}
$$

3.2.2　以耕犁效应为主导的微铣削力模型

当切削厚度没有达到产生切屑的临界值时，切削刃只对切削区的加工表面产生行耕犁挤压作用，并没有切断材料而形成切屑。引用前期的研究成果[12]，当切削厚度没有达到产生切屑的临界值时，刀刃对工件表面材料的耕犁力与刀刃和工件之间的过盈体积成正比，微铣削力如下：

$$\begin{cases} F_{c\_plow} = K_{cpp} A_p w \\ F_{r\_plow} = K_{rpp} A_p w \\ F_{a\_plow} = K_{app} A_p w \end{cases} \tag{3-22}$$

式中，w 为切削宽度，可根据 3.2.1 节叙述的方法计算，mm；K_{cpp}、K_{rpp} 和 K_{app} 分别为耕犁力计算模型的切向力系数、径向力系数和轴向力系数，N/mm³；A_p 为耕犁区域过盈面积，mm²。

耕犁区域过盈面积可根据式(3-23)计算[12]：

$$\begin{cases} A_p = \dfrac{1}{2} r_e^2 (\alpha_C + \alpha_e) + \dfrac{1}{2} r_e l_{AB} - \dfrac{1}{2} r_e l_{BO} \sin(\alpha_C + \alpha + \alpha_p), & \delta < t_c < t_{cmin} \\ A_p = \dfrac{1}{2} r_e^2 (\alpha_D + \alpha_e) + \dfrac{1}{2} r_e l_{AE} - \dfrac{1}{2} r_e l_{EO} \sin(\alpha_D + \alpha + \alpha_{pe}), & t_c \leqslant \delta < t_{cmin} \end{cases} \tag{3-23}$$

式中，r_e 为刃口圆弧半径，为 2μm。其余参数如下：

$$\alpha_C = \arccos\left(\frac{r_e - t_c}{r_e}\right), \quad l_{AB} = \frac{\delta - r_e(1 - \cos\alpha_e)}{\sin\alpha_e}, \quad l_{BO} = \sqrt{r_e^2 + l_{AB}^2}, \quad \alpha_p = \arctan\left(\frac{l_{AB}}{r_e}\right)$$

$$\alpha_D = \arccos\left(\frac{r_e - t_c}{r_e}\right), \quad l_{AE} = \frac{t_c - r_e(1 - \cos\alpha_e)}{\sin\alpha_e}, \quad l_{EO} = \sqrt{r_e^2 + l_{AE}^2}, \quad \alpha_{pe} = \arctan\left(\frac{l_{AE}}{r_e}\right)$$

$$\tag{3-24}$$

式中，δ 为弹性回复量，可根据石文天[20]提出的理论进行计算，mm。δ 的表达式为

$$\begin{cases} \delta = \dfrac{3\sigma_s}{4E} r_e \left[2\exp\left(\dfrac{H}{\sigma_s} - \dfrac{1}{2}\right) - 1 \right], & t_c > t_{cmin} \\ \delta = t_c, & t_c \leqslant t_{cmin} \end{cases} \tag{3-25}$$

式中，σ_s 为材料的抗拉极限；E 为材料的弹性模量；H 为材料的维氏硬度。

随着切削厚度的变化，切削力由以耕犁效应为主导变为以剪切效应为主导。切削力变化是连续的，因此当切削厚度达到两个模型转换的临界值 t_{cmin} 时，通过

以剪切效应为主导的微铣削力模型计算的切削力应与以耕犁效应为主导的微铣削力模型计算的切削力相等，根据式(3-26)可计算得到 K_{cpp}、K_{rpp} 和 K_{app}：

$$\begin{cases} K_{cpp} A_p^{\min\_thickness} w = F_{c\_shear}(t_c^{\min\_thickness}) \\ K_{rpp} A_p^{\min\_thickness} w = F_{r\_shear}(t_c^{\min\_thickness}) \\ K_{app} A_p^{\min\_thickness} w = F_{a\_shear}(t_c^{\min\_thickness}) \end{cases} \tag{3-26}$$

式中，$A_p^{\min\_thickness}$ 为当切削厚度为最小切削厚度时耕犁区域的过盈面积，mm^2，可由式(3-23)计算得到；w 为切削宽度，mm；$F_{c\_shear}(t_c^{\min\_thickness})$、$F_{r\_shear}(t_c^{\min\_thickness})$ 和 $F_{a\_shear}(t_c^{\min\_thickness})$ 为当切削厚度恰好为最小切削厚度时以剪切效应为主导的切削力模型(3-21)计算得到的微铣削力。

3.2.3　微铣削力坐标转换

KISTLER 9256C1 测力仪直接测得的力是沿着机床坐标系 X 轴、Y 轴和 Z 轴的力，而不是沿着切向、径向和轴向的力，如图 3-6 所示。

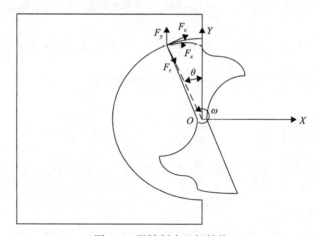

图 3-6　微铣削力坐标转换

为了验证所建立的微铣削力模型的有效性，需要将力模型输出的力分解到 X、Y 和 Z 坐标轴上，如式(3-27)所示：

$$\begin{cases} F_x = a(F_c \cos\theta + F_r \sin\theta) \\ F_y = a(F_c \sin\theta - F_r \cos\theta) \\ F_z = bF_a \end{cases} \tag{3-27}$$

实际微铣削过程非常复杂，切削力受到微铣削系统颤振、刀具磨损、刀具悬伸量等因素的影响，因此会存在系统误差。为了更准确地预测微铣削力，引入 a、b 两个试验系数，如式 (3-27) 所示。这两个试验系数的确定相关论述在 3.4.2 节中阐述。式 (3-27) 中：

$$\begin{cases} F_{c} = F_{c\_shear}, & F_{r} = F_{r\_shear}, & F_{a} = F_{a\_shear}, & t_{c} > t_{cmin} \\ F_{c} = F_{c\_plow}, & F_{r} = F_{r\_plow}, & F_{a} = F_{a\_plow}, & t_{c} \leqslant t_{cmin} \end{cases}$$

3.3　微铣削温度模型

与切削过程相关的另一个重要因素是切削温度，切削温度与切削力互相影响，共同对已加工表面产生作用。本节阐述基于傅里叶定律的微铣削温度模型的建立过程。

根据傅里叶定律所述，在传热过程进行时，单位时间内扩散经过某一面积的热量与该传热面法向的温度梯度及传热面面积呈正比例关系，温度梯度的反方向为热量的传导方向，表达式如下：

$$\dot{Q} = -KS \frac{\partial T}{\partial n} \tag{3-28}$$

式中，$\dot{Q}$ 为单位时间内的导热量，W；K 为工件材料的热导率，W/(m·K)；S 为空间中垂直于向量 n 的导热面积，m^2；$\dfrac{\partial T}{\partial n}$ 为沿向量 n 方向的温度梯度，K/m。

假设向量 n 与 X、Y、Z 三个坐标轴的夹角分别为 α_1、β_1、γ_1，且热源在坐标原点，则温度梯度可表示为

$$\frac{\partial T}{\partial n} = \frac{\partial T}{\partial x} \cos\alpha_1 + \frac{\partial T}{\partial y} \cos\beta_1 + \frac{\partial T}{\partial z} \cos\gamma_1 \tag{3-29}$$

单位时间传导经过传热面 S 的热量为

$$\dot{Q} = \iint\limits_{S} K\left(\frac{\partial T}{\partial x} \cos\alpha_1 + \frac{\partial T}{\partial y} \cos\beta_1 + \frac{\partial T}{\partial z} \cos\gamma_1 \right) \mathrm{d}S = \iiint\limits_{V} K\left(\frac{\partial^2 T}{\partial x^2} + \frac{\partial^2 T}{\partial y^2} + \frac{\partial^2 T}{\partial z^2} \right) \mathrm{d}V \tag{3-30}$$

根据热力学中的理论，单位时间传导经过传热面 S 的热量还可以通过式 (3-31) 计算：

$$\dot{Q} = \frac{\partial}{\partial t} \iiint\limits_{V_s} c\rho T(x,y,z,t)\mathrm{d}V = \iiint\limits_{V_s} c\rho \frac{\partial T}{\partial t} \mathrm{d}V \tag{3-31}$$

式中，c 为工件材料的比热容，J/(kg·K)；ρ 为工件材料密度，kg/m³；V_S 为传热面 S 对应的体积，m³。

联立式(3-30)和式(3-31)可得

$$\frac{\partial T}{\partial t} = \frac{K}{c\rho}\left(\frac{\partial^2 T}{\partial x^2} + \frac{\partial^2 T}{\partial y^2} + \frac{\partial^2 T}{\partial z^2}\right) = k'\left(\frac{\partial^2 T}{\partial x^2} + \frac{\partial^2 T}{\partial y^2} + \frac{\partial^2 T}{\partial z^2}\right) \tag{3-32}$$

式中，$k' = \dfrac{K}{c\rho}$。

点热源单位时间造成空间中某一点 M 的温升如图 3-7 所示。设点 M 的坐标为 (x,y,z)，且 $\sqrt{x^2 + y^2 + z^2} = L_M$。

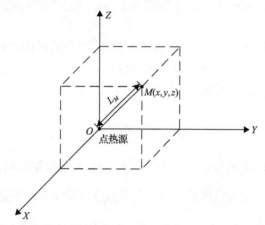

图 3-7　点热源单位时间造成空间中某一点 M 的温升(点热源在原点)

对式(3-32)进行傅里叶变换，并进行一系列的数学推算，如下：

$$\frac{\partial F}{\partial t} = -k'(x^2 + y^2 + z^2)F$$
$$\frac{\mathrm{d}F}{F} = -k'L_M^2 \mathrm{d}t \tag{3-33}$$
$$\ln F = -k'L_M^2 t + C$$
$$F = C'\mathrm{e}^{-k'L_M^2 t}$$

式中，F 为温度 T 在傅里叶变换求解偏微分方程时在频域的形式，也属于中间变量，无实际意义；L_M 为点热源到 $M(x,y,z)$ 的距离。上述结果经过傅里叶逆变换可得

$$\Delta T(x,y,z,t)_{\text{point}} = \frac{C'}{(4\pi k't)^{3/2}} \mathrm{e}^{\frac{L_M^2}{4k't}} \tag{3-34}$$

式中，$\Delta T(x,y,z,t)_{\text{point}}$ 为当时间为 t 时对应的工件中某一点的温升。根据能量守恒定理，有 $\dfrac{\dot{Q}}{c\rho} = V \cdot \Delta T(x,y,z,t)_{\text{point}} = \displaystyle\int_0^{+\infty} 4\pi r^2 \Delta T(x,y,z,t)_{\text{point}}\, dr = C'$，得到 $C' = \dfrac{\dot{Q}}{c\rho}$，$\dot{Q} = c\rho V \cdot \Delta T(x,y,z,t)_{\text{point}}$，式中 V 为导热面对应的体积，r 为该体积的半径，$\dot{Q}$ 为该点热源单位时间释放出的热量。

因此，当点热源位于坐标系原点，时间为 t 时对应的工件中某一点的温升 $\Delta T(x,y,z,t)_{\text{point}}$ 如下：

$$\Delta T(x,y,z,t)_{\text{point}} = \frac{\dot{Q}}{c\rho(4\pi k't)^{3/2}} e^{-\frac{L_M^2}{4k't}} = \frac{\dot{Q}}{c\rho(4\pi k't)^{3/2}} e^{-\frac{x^2+y^2+z^2}{4k't}} \tag{3-35}$$

将其推广到有限长线热源，假设热源长度为 L，有限长线热源单位时间内使工件中某一点 M 的温升示意图如图 3-8 所示。

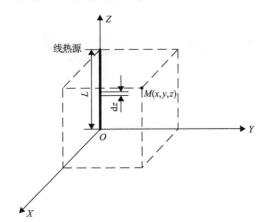

图 3-8　长度为 L 的线热源使工件中某一点 M 的温升示意图

有限长线热源单位时间内使工件中某一点的温升表达式如下：

$$\begin{aligned}
\Delta T(x,y,z,t)_{\text{line}} &= \frac{\dot{Q}}{c\rho(4\pi k't)^{3/2}} e^{-\frac{x^2+y^2}{4k't}} \int_0^L e^{-\frac{(z-z_i)^2}{4k't}}\, dz_i \\
&= \frac{\dot{Q}}{8\pi c\rho k't} e^{-\frac{x^2+y^2}{4k't}} \left[\text{erf}\left(\frac{z}{\sqrt{4k't}}\right) - \text{erf}\left(\frac{z-L}{\sqrt{4k't}}\right) \right]
\end{aligned} \tag{3-36}$$

式中，$\text{erf}(x) = \dfrac{2}{\sqrt{\pi}} \displaystyle\int_0^x e^{-\eta^2}\, d\eta$。

当热源不在原点时，该热源使工件中某一点 $M(x,y,z)$ 的温升为

$$\Delta T(x,y,z,t)_{\text{line}} = \frac{\dot{Q}}{8\pi c\rho k't}\, e^{-\frac{(x-x_i)^2+(y-y_i)^2}{4k't}}\left[\text{erf}\left(\frac{z}{\sqrt{4k't}}\right)-\text{erf}\left(\frac{z-L}{\sqrt{4k't}}\right)\right] \tag{3-37}$$

式中，x_i 为热源的横坐标值；y_i 为热源的纵坐标值。

微铣削中，刀齿的每一次切削均可以看成是一个移动的有限长线热源，线热源长度可以用切削宽度 $w=a_p/\cos B_h$ 来表示，式中 B_h 为刀具螺旋角，线热源在图 3-9 坐标系中所处位置用式(3-38)来描述：

$$\begin{cases} x_i = v_f\dfrac{\theta}{\omega}+R\sin\theta \\ y_i = R\cos\theta \end{cases} \tag{3-38}$$

式中，θ 为刀齿转过的角度，rad，当刀齿与 Y 轴正方向重合时，$\theta=0$；R 为刀具半径，m；v_f 为进给速度，m/s；ω 为刀具转动的角速度，rad/s。

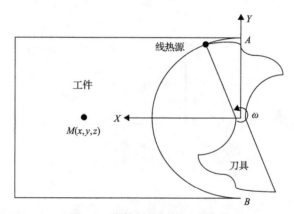

图 3-9　微铣削热源的运动情况

因此，根据式(3-37)和式(3-38)，单个齿从 A 点切到 B 点，对工件中某一点 $M(x,y,z)$ 造成的温升 ΔT 可由式(3-39)得到：

$$\begin{aligned}\Delta T = \int_0^\pi \frac{\dot{Q}}{8\pi c\rho k'(\pi-\theta)}\exp\left[-\frac{\left(x-v_f\dfrac{\theta}{\omega}-R\sin\theta\right)^2-(y-R\cos\theta)^2}{4k'\dfrac{\pi-\theta}{\omega}}\right]\\ \cdot\left[\text{erf}\left(\frac{z}{\sqrt{4k'\dfrac{\pi-\theta}{\omega}}}\right)-\text{erf}\left(\frac{z-a_p/\cos B_h}{\sqrt{4k'\dfrac{\pi-\theta}{\omega}}}\right)\right]d\theta\end{aligned} \tag{3-39}$$

　　工件中某一点的温升是多齿不断进给切削造成的温升叠加，因此工件中某一点 $M(x,y,z)$ 的实际总温升 ΔT_{total} 可由式(3-40)得到：

$$\Delta T_{\text{total}} = \sum_{i=0}^{(x-R)/f_z} \int_0^\pi \frac{\dot{Q}}{8\pi c\rho k'(\pi-\theta)} \exp\left[-\frac{\left(x-if_z-v_f\dfrac{\theta}{\omega}-R\sin\theta\right)^2 - (y-R\cos\theta)^2}{4k'\dfrac{\pi-\theta}{\omega}}\right]$$

$$\cdot \left[\text{erf}\left(\frac{z}{\sqrt{4k'\dfrac{\pi-\theta}{\omega}}}\right) - \text{erf}\left(\frac{z-a_p/\cos B_h}{\sqrt{4k'\dfrac{\pi-\theta}{\omega}}}\right)\right]\text{d}\theta$$

$$(3\text{-}40)$$

式中，$\dot{Q} = \dfrac{F_c v_c}{wJ} R_{\text{thermal}}$；$v_c$ 为切削速度，m/s；F_c 为微铣削力的切向分力；J 为功热当量；w 为切削宽度，m；f_z 为每齿进给量，μm。张庆阳[21]提出切削力做功转化成的热量传入工件的比例为 $R_{\text{thermal}} = \left[1+0.754\left(\dfrac{vt_c}{k'\gamma_s}\right)^{\frac{1}{2}}\right]^{-1}$；$t_c$ 为切削厚度，m；

$\gamma_s = \cot\phi + \tan(\phi-\alpha)$。

3.4　微铣削热力耦合计算

3.4.1　热力耦合计算模型

　　由微铣削力模型和微铣削温度模型可以看出，微铣削力受微铣削温度的影响，而切削温度的计算也依赖于微铣削力，如式(3-40)中 $\dot{Q}$ 的计算，即微铣削力与微铣削温度互相影响，因此可以通过耦合计算，互相修正，最后可得到考虑切削温度影响的微铣削力计算模型和考虑微铣削力影响的切削温度模型，其热力耦合计算流程如图 3-10 所示。

　　首先，给定切削参数(主轴转速、切削深度和每齿进给量)、刀具几何参数(刀具半径、刀尖圆弧半径和螺旋角等)、工件材料的机械物理参数(弹性模量、泊松比以及热力学参数等)；然后，给定初始化温度 T_{start}，一般为室温；其次，计算此时的切削力，根据切削力利用微铣削温度模型计算切削温度 T_{end}；最后，比较 T_{start} 和 T_{end}，计算二者的差值，并与 ζ 进行比较(ζ 为设定的值，该值越小越精确，计算时间也就越长)，若二者差值的绝对值大于等于 ζ，则对 T_{start} 进行修正，直到 T_{start} 与 T_{end} 无穷接近，可认为热力耦合计算达到平衡，进而输出微铣削力和温度。

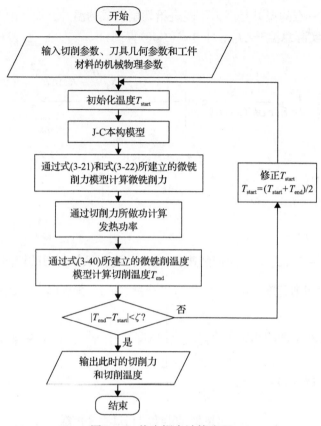

图 3-10　热力耦合计算流程

3.4.2　热力耦合计算模型试验验证

采用微型数控铣床进行镍基高温合金微铣槽试验。微铣床配备 KISTLER 9256C1 高精密微铣削力测量系统，如图 3-11(a)所示，可用于记录三个方向的微铣削力。采用 FLIR A40 热像仪记录铣削温度，如图 3-11(b)所示。所用的微铣刀为日本日进公司生产的 MSE230 超微粒子超硬合金涂层两刃平头立铣刀，直径为 1mm，侧刃上的圆弧半径为 2μm，刀尖过渡圆弧半径为 10μm，前角约 2°，后角约 5°，所用工件材料为镍基高温合金 Inconel 718。Inconel 718 合金的物理机械性能如表 1-3 所示，其 J-C 本构模型参数如表 3-1 所示[22]。

实际微铣削过程较复杂，其理论模型只是对实际状况的简化，因此引入试验系数 a、b，使理论模型能更好地预测实际微铣削力，如式(3-27)所示。为了更全面地反映实际情况，设计正交试验，试验条件如 3.4.1 节所述，试验结果如表 3-2 所示，并基于最小二乘法原理利用试验获得的数据拟合得到试验系数，最后计算式(3-27)中的系数 a=0.6409，b=1.3544。

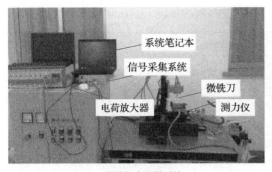
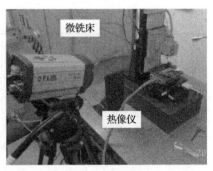

(a) 微铣削力测量系统　　　　　　　　　　　(b) 铣削温度测量系统

图 3-11　微铣削力和温度采集系统

表 3-1　J-C 本构模型参数

材料参数	A/MPa	B/MPa	C	n	m
数值	450	1700	0.017	0.65	1.3

表 3-2　拟合试验系数的正交试验结果

主轴转速 n/(r/min)	每齿进给量 f_z/μm	轴向切深 a_p/μm	F_x/N	F_y/N	F_z/N
50000	0.7	20	0.2253	0.2572	0.1852
60000	0.9	20	0.2056	0.2025	0.1825
70000	1.1	20	0.1822	0.1998	0.1578
50000	0.9	30	0.3135	0.3262	0.2396
60000	1.1	30	0.2801	0.2834	0.2053
70000	0.7	30	0.3489	0.3557	0.2721
50000	1.1	40	0.3612	0.3824	0.3302
60000	0.7	40	0.4611	0.4721	0.3382
70000	0.9	40	0.3943	0.4115	0.3382

　　利用 Inconel 718 合金微铣槽试验对热力耦合计算结果进行评判，利用 KISTLER 9256C1 测力系统采集铣削力数据，同时利用 FLIR A40 热像仪记录铣削温度，试验结果如表 3-3 和表 3-4 所示。

表 3-3　热力耦合计算得到的力预测值与微铣削力测量值对比

主轴转速 n/(r/min)	每齿进给量 f_z/μm	轴向切深 a_p/μm	测量值/N			预测值/N		
			F_x	F_y	F_z	F_x	F_y	F_z
40000	0.9	30	0.3020	0.3482	0.2730	0.3083	0.3251	0.2525
50000	0.9	30	0.3135	0.3263	0.2397	0.3081	0.3251	0.2526
60000	0.9	30	0.3042	0.3273	0.2394	0.3080	0.3252	0.2526
70000	0.9	30	0.2855	0.3521	0.2644	0.3080	0.3251	0.2526

续表

主轴转速 n/(r/min)	每齿进给量 f_z/μm	轴向切深 a_p/μm	测量值/N			预测值/N		
			F_x	F_y	F_z	F_x	F_y	F_z
80000	0.9	30	0.2922	0.2981	0.2201	0.3080	0.3255	0.2529
60000	0.5	30	0.2694	0.2501	0.2466	0.2903	0.3112	0.2463
60000	0.7	30	0.3177	0.3138	0.3050	0.3501	0.3562	0.2634
60000	0.9	30	0.2842	0.3573	0.2394	0.3080	0.3252	0.2526
60000	1.1	30	0.2801	0.2834	0.2053	0.2752	0.300	0.2416
60000	1.3	30	0.2761	0.3237	0.2132	0.2483	0.2781	0.2303
60000	0.9	10	0.0874	0.0950	0.0824	0.1063	0.1118	0.0867
60000	0.9	20	0.2057	0.2026	0.1826	0.2088	0.2201	0.1708
60000	0.9	30	0.3042	0.3273	0.2394	0.3080	0.3252	0.2526
60000	0.9	40	0.3827	0.4074	0.3372	0.4049	0.4282	0.3328
60000	0.9	50	0.5590	0.5727	0.4097	0.5008	0.5302	0.4122

表 3-4　热力耦合计算得到的切削温度预测值与试验温度测量值对比

主轴转速 n/(r/min)	每齿进给量 f_z/μm	轴向切深 a_p/μm	温度测量值/℃	温度预测值/℃
40000	0.9	30	55.1	70.5
50000	0.9	30	74.1	74.8
60000	0.9	30	78.3	78.6
70000	0.9	30	89.8	81.8
80000	0.9	30	97.8	83.7
60000	0.5	30	67.2	59.9
60000	0.7	30	83.4	97.7
60000	0.9	30	78.3	78.6
60000	1.1	30	76.2	65.8
60000	1.3	30	73.8	57.1
60000	0.9	10	43.6	43.4
60000	0.9	20	63.3	62.4
60000	0.9	30	78.3	78.6
60000	0.9	40	103.8	91.7
60000	0.9	50	130.4	101.5

　　热力耦合计算得到的微铣削力与试验测量值之间的最大相对误差为 24.5%，平均相对误差为 7.8%。热力耦合计算得到的切削温度预测值与测量值之间的最大相对误差为 27%，平均相对误差为 10.2%。因此，可以认为所建立的热力耦合计算模型是有效的。

3.5　切削参数对微铣削力热的影响规律

基于表 3-3 中的试验数据，研究切削参数对微铣削力热的影响规律。

3.5.1　主轴转速对微铣削力热的影响

图 3-12 为主轴转速对微铣削力及切削温度的影响。在试验参数范围内，微铣削力并没有因主轴转速的增加而发生太大的变化，原因有两方面。一方面，虽然主轴转速增大，但切削层的尺寸并没有发生改变，转速的提高使切削速度等比例变大，切削区的温度增大使工件材料与刀具之间的摩擦由滑动摩擦逐渐过渡为黏着摩擦，进而使得第一变形区和第三变形区的摩擦力增大；另一方面，温度的升高使材料软化，应变率的提高使材料应变硬化不充分，这又促使切削力降低。因此，综合两方面的原因，在所研究的参数范围内，切削力并没有随主轴转速的增加而出现明显的变化，而切削温度呈上升的趋势是因为虽然转速的改变对微铣削

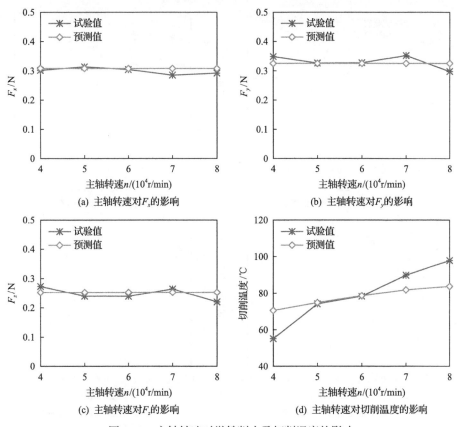

(a) 主轴转速对F_x的影响　　　　　　(b) 主轴转速对F_y的影响

(c) 主轴转速对F_z的影响　　　　　　(d) 主轴转速对切削温度的影响

图 3-12　主轴转速对微铣削力及切削温度的影响

力的影响不大，但是切削功率会变大，所以在一定时间内转化成的热量会增加，且切削速度的增大使微铣刀与工件之间的接触时间变短，热交换不充分，工件切削区的热量无法及时通过刀具或切屑带走，最终导致切削区温度升高。

3.5.2　每齿进给量对微铣削力热的影响

图 3-13 为每齿进给量对微铣削力及切削温度的影响。由图可以看出，在试验参数范围内，微铣削力及切削温度在每齿进给量为 0.7μm（最小切削厚度）附近出现转折，呈现先增大后减小的趋势。其原因是当瞬时切削厚度小于最小切削厚度时，出现单齿切削现象，每齿进给量增大会使切削层尺寸增大，切削层材料的累加会导致微铣削力及其对应的切削温度同步提高。当每齿进给量足够大时，刀齿可以轮流进行切削，较大的切削厚度使刀具参与切削的有效前角增大，剪切角也相应增大，因此微铣削力减小，进而导致切削温度降低。预计切削温度减小到一定程度后，微铣削力会增加，因为有效前角增加到名义前角后，将不会再增加，之后的规律将与传统切削相似。

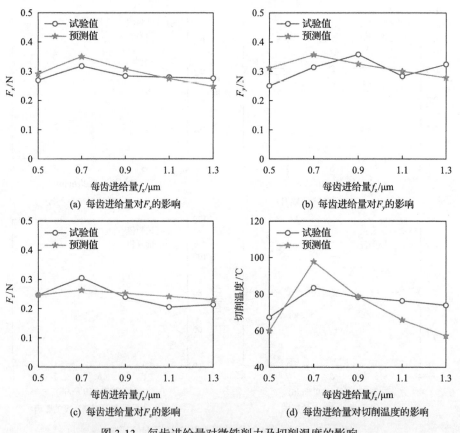

图 3-13　每齿进给量对微铣削力及切削温度的影响

3.5.3　轴向切深对微铣削力热的影响

图 3-14 为轴向切深对微铣削力及切削温度的影响。由图可以看出,切削力和切削温度几乎和轴向切深成正比例增大,说明轴向切深对微铣削力热的影响较大。分析可知,一方面,轴向切深增加会使切削层面积增大,这是切削力增加的主要原因;另一方面,虽然切削温升很明显,但是镍基高温合金 Inconel 718 具有在高温下保持高强度的特性,因此材料的软化作用并不明显,综合表现为轴向切深变大使微铣削力几乎等比例变大。切削力的增加使一定时间内更多的功转化为热,进而使切削温度升高。虽然随着轴向切深的增大,刀具与工件之间的接触面积增大,优化了散热条件,但对试验结果而言,散热条件的优化并没有起到有效抑制升温的作用,最终表现为切削温度随轴向切深的增加而近似等比例增加的变化趋势。

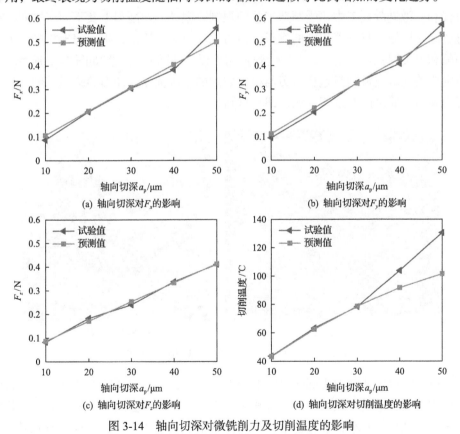

图 3-14　轴向切深对微铣削力及切削温度的影响

3.6　微铣刀过渡圆弧对微铣削温度的影响

微铣削加工区域非常小,且主轴转速很高,通常在每分钟几万转甚至十几万转，因此直接观测微铣刀的过渡圆弧是十分困难的。有限元仿真模型能直观地展示微铣削过程中切削区材料的变形过程，并且可以精确反映各个时间节点所受力状态、温度云图以及应力-应变的数值和分布场，因此有限元仿真方法在微铣削领域的应用日益广泛。有限元仿真软件 DEFORM-3D 适用于金属切削变形领域的仿真，其操作方便，结果可靠，具有网格划分加密和自动重划分功能，当网格总数一定时，可以获得相对更小的网格尺寸，大大提高了计算效率和仿真精度。因此，本节利用 DEFORM-3D 建立镍基高温合金微铣削温度场模型，研究微铣刀过渡圆弧对工件材料变形区温度场的影响。

3.6.1　微铣刀刀尖圆弧和侧刃刃口圆弧

传统切削研究中常将切削刃上以及不同刃之间的过渡区域忽略，假设刀具绝对锋利。微铣削加工中，受制造工艺的限制，微铣刀切削刃上及不同刃之间存在过渡圆弧区域，且随着切削的进行，刀刃尤其刀尖会逐渐磨损，表现为侧刃刃口圆弧和刀尖圆弧尺寸增大，刀尖钝圆及侧刃刃口钝圆所在位置如图 3-15 所示。本节主要关注的过渡圆弧包括侧刃与横刃之间的过渡圆弧，即刀尖圆弧；侧刃上前刀面和后刀面之间的过渡圆弧，即刃口圆弧。

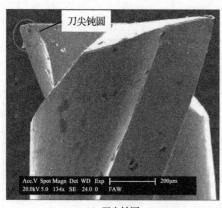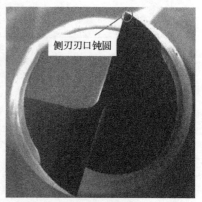

(a) 刀尖钝圆　　　　　　　　　　　　(b) 侧刃刃口钝圆

图 3-15　微铣刀刀尖圆弧和侧刃刃口圆弧

侧刃刃口圆弧和刀尖圆弧尺寸的增大会使微铣刀和切削区工件材料之间的接触面积增大，进而导致刀具对工件耕犁效应增强，最终会改变切削温度及其分布状态。微铣刀非常小，直径通常仅有 0.1～1cm，侧刃刃口圆弧半径仅有几微米，因此很难直接通过试验研究其对切削温度的影响。本节利用 DEFORM-3D 构建镍基高温合金三维微铣削过程仿真模型，研究侧刃刃口圆弧和刀尖圆弧对微铣削温度及其分布的影响。

3.6.2　基于 DEFORM-3D 的微铣削温度场仿真模型

1. 刀具和工件三维几何模型

对微铣削过程进行模拟，首先需要建立微铣刀和工件模型；利用扫描电子显微镜对微铣刀拍照，然后将照片导入 AutoCAD，测量建模所需的必要尺寸；再通过三维建模软件 Pro/E 进行建模。微铣削轴向切深约几十微米，刀具每次切削进给仅几微米，因此切削区材料变形非常小，需要划分足够细密的网格，这会大大降低仿真效率。为了减少计算量，缩短运行时间，仅截取刀具模型可能受到切削热影响的部分进行仿真。原始刀具三维模型和刀具模型截取部分如图 3-16 所示。

(a) 完整刀具模型　　　　　　(b) 截取的局部刀具模型

图 3-16　原始刀具三维模型和刀具模型截取部分

工件待切削部分的轮廓是刀具上一次切削的结果，刀尖在切削时的轨迹是次摆线轨迹，因此根据刀具直径和每齿进给量结合次摆线方程，绘制出工件待切削部分的轮廓，如图 3-17(a) 所示。为了减少计算量，并在一定的网格数量下获得尽量小的网格，截取工件的一部分参与仿真，如图 3-17(b) 所示。

(a) 利用次摆线方程生成的工件模型　　　　　　(b) 截取的局部工件模型

图 3-17　工件三维模型

2. 刀具与工件网格划分

网格的细密程度是决定有限元模型输出数据是否符合实际的重要因素之一。合适的网格尺寸和网格数量是实现可靠仿真的基础。本节通过 DEFORM-3D 内部集成的网格生成功能自动产生网格。网格类型为四面体网格,工件上生成的网格数量为 20000,刀具上生成的网格数量为 100000。在划分过程中,对工件与刀具接触区域添加随动网格加密,这样可以保证在切削区域拥有相对更细密的网格,在保证仿真结果可靠的同时兼顾了仿真效率。刀具与工件网格划分结果如图 3-18 所示。

 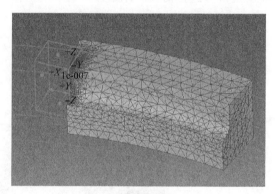

(a) 刀具模型网格　　　　　　　　　　　(b) 工件模型网格

图 3-18　刀具与工件网格划分结果

3. 材料特性设定

工件材料为镍基高温合金 Inconel 718,其物理性能如表 1-3 所示。选用的本构模型为 J-C 本构模型,该模型可以很好地反映材料的形变特性,模型中材料流动应力的计算受塑性应变、应变率以及温度变化三方面的影响,有助于准确模拟切削温度场。Inconel 718 合金的 J-C 本构模型参数[23]如表 3-1 所示。

刀具设置为刚体,刀具基体材料为硬质合金,涂层材料为 TiAlN,所用材料直接从 DEFORM-3D 材料库中选择,刀具与 Inconel 718 合金的摩擦系数为 0.4[24]。

此外,本模型采用软件默认的切屑分离准则,刀具和工件经过装配后,设置切削参数进行仿真,如图 3-19 所示。

为了验证所建立的基于 DEFORM-3D 的镍基高温合金微铣削温度场仿真模型的有效性,进行五组验证试验,试验条件如 3.4.1 节所述。所用铣刀是日本日进公司生产的微铣刀,其直径为 1mm,刀尖过渡圆弧的半径约 10μm,侧刃刃口圆弧半径为 2μm。工件材料为镍基高温合金 Inconel 718,试验验证结果如表 3-5 所示。通过对比试验测得的温度和温度场仿真模型预测的温度可以发现,温度场仿真模型预测的温度与试验测得的温度之间的最大相对误差为 6.88%，平均相对误差为 4.41%。结果表明，所建立的基于 DEFORM-3D 的镍基高温合金微铣削温度场仿真模型是有效的。

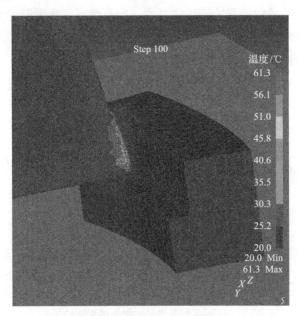

图 3-19 微铣削三维仿真模型

表 3-5 所建立的基于 DEFORM-3D 的微铣削温度场仿真模型试验验证结果

序号	主轴转速 $n/(r/min)$	每齿进给量 $f_z/\mu m$	轴向切深 $a_p/\mu m$	试验温度/℃	预测温度/℃
1	40000	0.9	30	55.1	58.89
2	80000	0.9	30	97.8	95.54
3	60000	0.7	30	83.4	78.81
4	60000	0.9	40	103.8	105.78
5	60000	1.1	30	76.2	72.06

3.6.3 刀尖圆弧半径对微铣削温度的影响

基于所建立的镍基高温合金微铣削温度场仿真模型，研究微铣刀刀尖圆弧半径对微铣削温度的影响规律。仿真所选用的参数如下：主轴转速为 60000r/min，沿刀具的轴向切深为 30μm，每齿进给量为 1.1μm，刀尖圆弧半径分别设置为 2μm、5μm、10μm 和 15μm。

刀尖圆弧半径对微铣削温度的影响如图 3-20 所示。实际微铣削过程中，瞬时切削厚度由最小逐渐增加到最大，然后变到最小，而本节所建立的模型为了节约计算时间，仅截取切削厚度最大附近的一段，因此在仿真过程中切削厚度有一个从零突然增大的变化，切入处的切削温度是不稳定的，只有在切削达到稳定后，切削温度才可靠。由图 3-20(a)可看到，在 3×10^{-5}s 后，温度变化进入稳定区，取稳定切削区温度的平均值作为该组仿真的切削温度，以切削温度为纵坐标、刀尖圆弧半径为横坐标，绘制切削温度与刀尖圆弧半径的关系曲线，如图 3-20(b)所示。由图 3-20(b)可知，切削温度随刀尖圆弧半径的增大而增大。

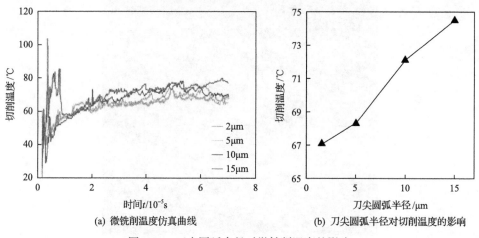

(a) 微铣削温度仿真曲线　　　　　　　　(b) 刀尖圆弧半径对切削温度的影响

图 3-20　刀尖圆弧半径对微铣削温度的影响

　　图 3-21 为切削参数对镍基高温合金微铣削加工切削温度的影响(根据表 3-3 绘制)。对比图 3-20 和图 3-21 可知，刀尖圆弧半径的变化对切削温度的影响较小(在所选参数范围内，切削温度变化在 10℃内)。通过观察分析可得，随着刀尖圆弧半径增大，刃口对切削区材料的耕犁挤压加强，且与工件的摩擦面积也增加，最终导致切削温度升高。

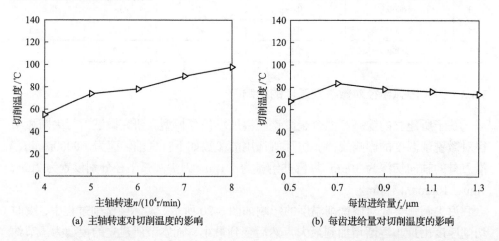

(a) 主轴转速对切削温度的影响　　　　　　　(b) 每齿进给量对切削温度的影响

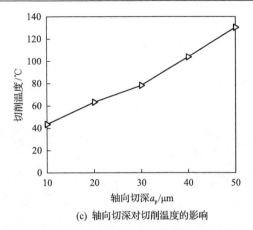

(c) 轴向切深对切削温度的影响

图 3-21 切削参数对镍基高温合金微铣削加工切削温度的影响

刀具的温度场如图 3-22 所示。由图可知，最高温度出现在刀尖附近，随着刀尖圆弧半径的增加，最高温度区域逐渐向上移动，且面积有变小的趋势，沿切削

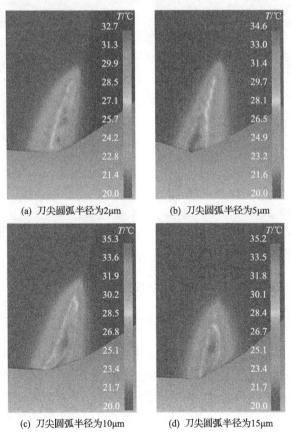

图 3-22 微铣刀温度场分布与刀尖圆弧半径的关系

刃方向的温度梯度有减小的趋势。其原因是当刀尖圆弧尺寸逐渐变大时,刀刃的主要切削部位逐渐上移,从而导致最高温度区上移。此外,还发现由于过渡圆弧长度变大,沿切削刃到刀尖的温度梯度有变小的趋势。

工件的温度场如图 3-23 所示。由图可知,随着刀尖圆弧半径的增加,刀具对底面的影响加剧,工件上温度影响区域面积增加。

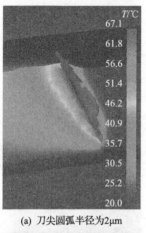
(a) 刀尖圆弧半径为2μm

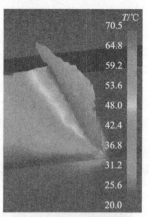
(b) 刀尖圆弧半径为5μm

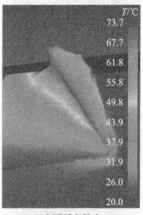
(c) 刀尖圆弧半径为10μm

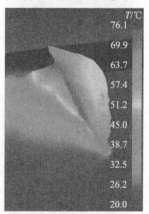
(d) 刀尖圆弧半径为15μm

图 3-23　工件切削区温度场与刀尖圆弧半径的关系

3.6.4　侧刃刃口圆弧半径对微铣削温度的影响

仿真所选用的参数如下:主轴转速为 60000r/min,沿刀具的轴向切深为 30μm,每齿进给量为 1.1μm,刀尖圆弧半径为 10μm,侧刃刃口圆弧半径分别设置为 0μm、2μm 和 4μm。经过软件后处理,导出不同仿真条件下的切削温度,其波动历史如图 3-24(a)所示。以切削温度为纵坐标、侧刃刃口圆弧半径为横坐标,绘制出切削温度与侧刃刃口圆弧半径的关系曲线,如图 3-24(b)所示。由图可知,随着侧刃刃口圆弧半径增大，切削温度升高。这是因为侧刃圆弧半径增加，增大了侧刃对工件材料的耕犁挤压作用，并使刀具与工件的接触面积增加，增大了摩擦，导致切削温度升高。

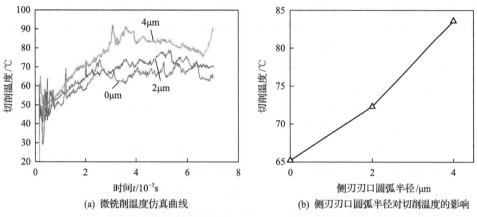

(a) 微铣削温度仿真曲线   (b) 侧刃刃口圆弧半径对切削温度的影响

图 3-24   微铣削温度仿真曲线与侧刃刃口圆弧半径对微铣削温度的影响

3.7   本 章 小 结

本章构建了微铣削热力耦合计算模型，可用于预测微铣削力热状态。首先，基于第 2 章建立的切削厚度模型，改进了微铣削力模型；然后，以傅里叶定律为出发点，将微铣削区域看成移动的有限长热源，计算得到微铣削加工切削温度；将微铣削力模型和切削温度模型进行耦合，最终实现微铣削热力耦合计算。基于试验探究了切削参数对微铣削力热的影响。基于 DEFORM-3D 实现了镍基高温合金 Inconel 718 微铣削温度场仿真模拟，探究了微铣刀刀尖圆弧半径和侧刃刃口圆弧半径对微铣削温度的影响规律。

参 考 文 献

[1] Wissmiller D L, Pfefferkorn F E. Technical paper: Micro end mill tool temperature measurement and prediction[J]. Journal of Manufacturing Processes, 2009, 11(1): 45-53.

[2] Baharudin B T H T, Ng K P, Sulaiman S, et al. Temperature distribution of micro milling process due to uncut chip thickness[J]. Advanced Materials Research, 2014, 939: 214-221.

[3] Mamedov A, Lazoglu I. Thermal analysis of micro milling titanium alloy Ti6Al4V[J]. Journal of Materials Processing Technology, 2016, 229: 659-667.

[4] 孙钊, 白娟娟, 韩超艳. 切削参数对微铣削加工温度影响的 ABAQUS 有限元仿真分析[J]. 机械设计与制造工程, 2019, 48(5): 15-18.

[5] 宁文波, 章周伟, 陈伟栋, 等. 微细铣削温度场的建模与仿真[J]. 机械工程师, 2019, (4): 11-13.

[6] 许松. 微铣削加工的切削热仿真研究[D]. 太原: 太原理工大学, 2018.

[7] 李光俊. 镍基高温合金微细铣削过程切削力建模研究[D]. 大连: 大连理工大学, 2013.

[8] Vogler M P, Kapoor S G, DeVor R E. On the modeling and analysis of machining performance in micro-endmilling, part Ⅱ: Cutting force prediction[J]. Journal of Manufacturing Science and Engineering, 2004, 126(4): 695-705.

[9] Lu X H, Jia Z Y, Wang X X, et al. Three-dimensional dynamic cutting forces prediction model during micro-milling nickel-based superalloy[J]. International Journal of Advanced Manufacturing Technology, 2015, 81(9-12): 2067-2086.

[10] Malekian M, Park S S, Jun M B G. Modeling of dynamic micro-milling cutting forces[J]. International Journal of Machine Tools and Manufacture, 2009, 49(7-8): 586-598.

[11] Park S S, Malekian M. Mechanistic modeling and accurate measurement of micro end milling forces[J]. CIRP Annals—Manufacturing Technology, 2009, 58(1): 49-52.

[12] 陈日曜. 金属切削原理[M]. 北京: 机械工业出版社, 1993.

[13] 李炳林, 王学林, 胡于进, 等. 直角切削的热力建模与仿真分析[J]. 华中科技大学学报(自然科学版), 2010, 38(12): 121-125.

[14] Oxley P L B. Mechanics of Machining[M]. Chichester: Ellis Horwood, 1989.

[15] Tounsi N, Vincenti J, Otho A, et al. From the basic mechanics of orthogonal metal cutting toward the identification of the constitutive equation[J]. International Journal of Machine Tools and Manufacture, 2002, 42(12): 1373-1383.

[16] Grzesik W. Advanced Machining Processes of Metallic Materials: Theory, Modelling and Applications[M]. Amsterdam: Elsevier Science, 2008.

[17] Waldorf D J, DeVor R E, Kapoor S G. Slip-line field for ploughing during orthogonal cutting[J]. Journal of Manufacturing Science and Engineering, 1998, 120(4): 693-698.

[18] Dewhurst P, Collins I F. Matrix technique for constructing slip-line field solutions to a class of plane strain plasticity problems[J]. International Journal for Numerical Methods in Engineering, 1973, 7(3): 357-378.

[19] Sharman A, Dewes R C, Aspinwall D K. Tool life when high speed ball nose end milling Inconel 718™[C]. Journal of Materials Processing Technology, 2001: 29-35.

[20] 石文天. 微细切削技术[M]. 北京: 机械工业出版社, 2011.

[21] 张庆阳. 6061 铝合金高速铣削过程温度场及残余应力场研究[D]. 上海: 上海交通大学, 2014.

[22] Long Y, Guo C S, Ranganath S, et al. Multi-phase FE model for machining Inconel 718[C]. American Society of Mechanical Engineers International Manufacturing Science and

Engineering Conference, 2010: 263-269.

[23] Liang Y C, Yang K, Zheng K N, et al. Analyzing the effect of tool edge radius on cutting temperature in micro-milling process[C]. Proceedings of SPIE—The International Society for Optical Engineering, 2010: 207-208.

[24] Bagavathiappan S, Lahiri B B, Suresh S, et al. Online monitoring of cutting tool temperature during micro-end milling using infrared thermography[J]. Insight: Non-Destructive Testing and Condition Monitoring, 2015, 57(1): 9-17.

第4章　镍基高温合金微铣削加工刀具磨损及早期破损

4.1　引　　言

微铣削技术是加工微小零件的一种新兴加工技术，其加工材料范围广、加工精度高，但在加工镍基高温合金这种高硬度且含有硬质点的难加工材料时，微铣刀磨损速度很快，甚至发生破损、崩刃、断裂等严重情况[1]，因此有必要研究镍基高温合金在微铣削过程中的刀具磨损、破损形态及原理，实现刀具磨损和破损状态预测。

4.1.1　微铣刀磨损

目前，微铣刀磨损的研究方法主要有试验法和有限元法。试验法可以直观准确地获取刀具磨损形态，许多学者采用试验法对微铣刀磨损进行了研究。于天琪等[2]采用直径为 1mm 带涂层的硬质合金微铣刀进行了 Ti6Al4V 材料微铣削加工刀具磨损研究，发现在较高的主轴转速、较小的每齿进给量及切削深度的情况下，刀具磨损较小；刀具磨损主要发生在刀尖部位，并且出现多种磨损形式；低速条件下微铣刀的损伤机理以磨粒磨损和黏着磨损为主；切削速度增大后发生黏着磨损，同时微铣刀刀尖处有一定程度的氧化磨损。王文豪等[3]以微铣刀的侧刃磨损带宽度及切削力为指标，进行了 6061 铝合金微铣削刀具侧刃磨损研究，发现刀具侧刃的主要磨损形式是涂层脱落和刀尖破损，关键铣削参数对刀具磨损的影响程度大小依次为径向切深、每齿进给量、轴向切深。Wu 等[4]使用聚晶金刚石(poly-crystalline diamond, PCD)微铣刀对 WC-15Co 材料进行微铣削加工，对微铣削过程中的刀具磨损进行了研究，发现 PCD 微铣刀磨损主要集中在刀具尖端，并在底面形成三角形磨损带；随着切削距离的增加，切削力和表面粗糙度呈增加趋势，但铣削槽底宽度呈减小趋势。Vipindas 等[5]使用带有 TiAlN 涂层的 WC 刀具对 Ti6Al4V 进行微端铣削，对刀具的磨损展开了研究，研究表明，当每齿进给量为 0.3μm 和 5μm 时，刀具的侧面磨损宽度为 15～20μm，刀具的失效机理主要为黏着磨损；在设置微铣削参数时，选择较高的进给速度可以使工件在磨损的初始阶段获得良好的表面粗糙度。李成超[6]分析总结了微铣刀磨损形态，设计搭建了基于机器视觉的微铣刀磨损在位监测系统，通过特征点扫描定位和最小二乘直线拟合，重建了刀尖磨损区域边缘，并通过磨损量提取算法，成功提取了最大磨损宽度、磨损面积和底刃直径减少量。

试验研究结果有助于微铣刀磨损机理的深入探究，也为合理选用微铣削参数提供了一定的指导。但试验法效率较低，无法灵活调整试验方案，而有限元法具有周期短、普适性高、成本低等优点，适用于微铣刀磨损研究。

何启东等[7]利用 ABAQUS 对 AZ31B 镁合金材料微铣削过程进行了三维变切削厚度仿真，采用任意的拉格朗日-欧拉自适应网络(arbitrary Lagrangian-Eulerian adaptive meshing, ALE)技术控制网格畸变过大问题，进而获得了反映尺度效应的微铣削模型，得到了主轴转速、铣削深度、每齿进给量对铣削力的影响规律，为揭示微铣刀磨损奠定了理论基础。Thepsonthi 等[8]建立了微铣削 Ti6Al4V 过程仿真模型，实现了刀具磨损预测，并揭示了槽铣与侧铣情况下刀具刃口圆弧半径对微铣刀磨损的影响规律。苏玉龙等[9]采用 ABAQUS 进行了 3D 微铣削过程模拟仿真，将应变梯度塑性理论引入材料的本构方程中，以表征材料的微观尺度变形特性，实现了考虑尺度效应现象的 3D 微铣削过程仿真，并分析了主轴转速、每齿进给量以及轴向切深对微铣削力和应力的影响。Thepsonthi 等[10]对微铣削 Ti6Al4V 钛合金过程进行了有限元仿真，研究了 CBN 涂层对刀具磨损的影响规律，结果表明，在刀具磨损方面，CBN 涂层硬质合金刀具的性能优于无涂层硬质合金刀具。

目前，国内外对于微铣削镍基高温合金的试验分析和有限元仿真的研究成果较少，微铣削镍基高温合金过程中的刀具磨损机理以及工件表面质量的变化规律尚不明确，亟待通过试验分析和有限元仿真来探究刀具磨损机理以及刀具磨损与表面质量的关系。

4.1.2　微铣刀破损

刀具破损指的是微铣刀的前刀面和后刀面尚未发现明显的磨损就失去了切削加工的能力。微铣刀的直径较小，刚度较弱，若切削参数选择不当，则会导致刀具所受的拉应力超过极限应力，极易产生破损，甚至发生断刀。由于尺寸太小及主轴高速旋转，微铣刀破损很难被发现。破损的微铣刀不仅严重影响微小零件加工质量，而且会产生较大的切削力，对主轴甚至机床性能都会有很大的影响[11]。因此，亟待围绕微铣刀破损机理展开研究。

Oliaei 等[12]通过有限元法分析了螺旋刃结构微细立铣刀的应力分布，得到应力集中点为螺旋刃与锥台结合处，确定了微铣刀的破损危险处。严亮等[13]基于 ABAQUS 建立了微铣削钛合金的仿真模型，结果表明，铣削深度对最大拉应力极值影响显著，微铣削过程中选取较大的铣削深度会导致刀具发生破损失效。郭林林[14]采用带有涂层的硬质合金刀具铣削 304 钢、Cr12MoV 钢及 T10 钢，研究了刀具的破损失效情况，研究发现，高速铣削过程中刀具受到循环的机械和热应力作用，当刀具所受到的应力超过材料的强度极限应力时，刀具因热疲劳作用产生裂纹，随着裂纹的扩展，刀具受到脆性冲击的作用而发生崩刃破损。宋海潮等[15]使用带有涂层的硬质合金刀具高速铣削淬硬模具钢 Cr12，发现加工工程中易产生刀尖破损，随着切削过程中切削力增大，切削温度升高，刀具磨损逐渐严重，甚至出现刀具破损。

上述研究中采用有限元法和试验法探究了微铣刀破损的一些规律，而解析法普适性强，被许多学者尝试应用于微铣刀应力计算。

Raja 等[16]建立了锥形球头铣刀的弯曲应力和挠度解析模型，为微铣刀破损研究提供了借鉴。何理论[17]设计了静载荷和动载荷作用下微细立铣刀的失效试验，并结合弯曲应力理论推导验证了硬质合金微铣刀是因挠曲变形而断裂失效的；分析了几何结构对微细立铣刀不同应力集中区应力分布的影响。Mamedov 等[18]提出了以切削力、切削厚度以及刀具的几何形状为系数的刀具变形解析模型，计算了切削力对刀具变形的影响。

上述研究为基于微铣刀应力状态的微铣刀破损研究提供了思路，但现有微铣刀应力计算大多将切削力载荷简化为集中载荷，与实际加工状况不相符，因此需要提出更加符合实际微铣削加工过程的微铣刀破损预测方法。

4.2　微铣刀磨损试验

4.2.1　试验设备与说明

为了探究镍基高温合金微铣刀磨损机理，本节进行微铣削试验。该试验在立式微型数控铣床(图 2-1)上进行。试验所用材料为镍基高温合金 Inconel 718。考虑到镍基高温合金属于难加工材料，并且其硬度较高，因此选用带有涂层的硬质合金刀具进行试验。微铣刀采用日进公司生产的 MX230 型号 TiAlN 涂层双刃硬质合金微铣刀，其切削刃直径为 0.3mm，切削刃长度为 0.6mm，螺旋升角为 30°，刀柄直径为 4mm，刀具全长为 45mm。刀具 SEM 下的形貌如图 4-1 所示。刀具涂

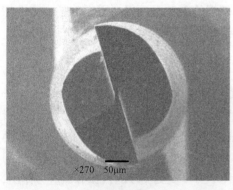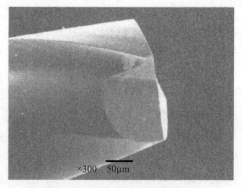

(a) 端面形貌　　　　　　　　　　　　(b) 刀尖形貌

图 4-1　刀具 SEM 下的形貌

层及基体主要化学元素组成分别如表 4-1 和表 4-2 所示。

表 4-1　刀具涂层主要化学元素组成

元素	质量百分比/%	原子百分比/%
Al	41.59	56.93
Ti	26.22	20.21
Cr	32.19	22.86

表 4-2　刀具基体主要化学元素组成

元素	质量百分比/%	原子百分比/%
Cr	1.11	2.79
Co	18.06	39.93
W	80.83	57.28

　　镍基高温合金微铣削加工试验完成后，先采用超声波清洗机去除刀具和被加工表面上的杂质，再利用日本 KEYENCE 公司生产的 VHX-600E 型超大景深数码显微镜测量切削刃径向磨损量，观察被加工表面状态，利用日本电子公司生产的 JSM-5600LV 型扫描电子显微镜观察刀尖、前刀面和后刀面处的磨损情况，以及被加工表面的毛刺情况，利用英国牛津仪器公司生产的能谱分析仪对刀具磨损处、被加工表面和毛刺进行元素种类分析。

4.2.2　微铣刀磨损表征

　　在传统切削加工中，刀具的磨钝标准通常指后刀面磨损带中间部分平均磨损量允许达到的最大值，用 VB 表示。在精加工中，常以刀具的径向磨损量 NB 作为衡量标准。在本试验中，考虑到微铣削加工的特点及刀具的实际情况，采用径向磨损量 NB 作为衡量微铣刀具磨损的量化标准。如图 4-2 所示，新刀具切削刃直径为 D，磨损后切削刃直径为 d，则微铣刀径向磨损量 NB$=D-d$。

4.2.3　单因素试验设计

　　微铣削加工过程中，若能够了解微铣刀在某一时刻的磨损状态和磨损原因，则可以采取相应的措施对刀具磨损加以有效抑制，减少刀具磨损量，降低刀具崩刃、断裂的危险，从而达到延长微铣刀使用寿命的目的。

　　基于试验的微铣刀磨损研究通常在刀具未进行加工时对磨损位置进行观测，在不同的加工时间下，对刀具进行多次测量。但加工过程的停止，导致切削热很快散发，切削热对刀具磨损的影响很大，致使刀具在停止后继续加工和持续加工产生的磨损变化会有较大的不同。为减少切削热散失，本试验选取六把相同型号

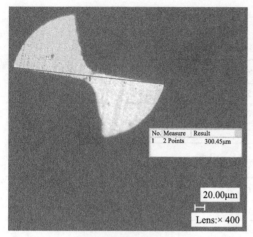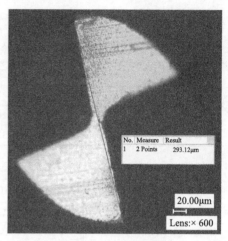

(a) 新刀具切削刃直径　　　　　　　　　　　(b) 磨损后切削刃直径

图 4-2　微铣刀径向磨损量

的刀具，在不同切削参数的情况下对镍基高温合金 Inconel 718 工件进行分次连续槽铣削加工，在加工过程中采用空气冷却的方式观测和分析刀具的磨损状态，以达到研究切削过程中刀具磨损变化的目的。

采用 MX230 刀具推荐的切削参数：主轴转速为 60000r/min，每齿进给量为 0.6μm，切削深度为 20μm，刀具悬伸量为 15mm。试验共六组，每组试验的切削参数相同，切削时间分别为 0.5min、2min、4min、8min、16min、32min，每组试验均采用新刀具，新刀具的尺寸及组成成分微小差异造成的误差忽略不计。

4.2.4　微铣刀磨损形态及磨损量

本节对不同切削时间下微铣刀的磨损形态及磨损量进行分析。

1)切削时间 0.5min，刀具径向磨损量 2.4μm

刀具磨损后切削刃形貌如图 4-3 所示。由图 4-3(a)可以看出，刀具在切削时间为 0.5min 时的径向磨损量很小，刀具表面整体状态良好，涂层比较完整，但也有磨损的迹象。如图 4-3(c)所示，在刀具副切削刃区域有轻微的涂层剥落现象，并且在前刀面和后刀面上也出现了涂层剥落的现象。

剥落处的能谱分析如图 4-4 所示。剥落处的能谱分析元素占比如表 4-3 所示。由表 4-3 可以看出，A 处主要成分为硬质合金刀具的基体材料 Co 和 W 元素，没有涂层材料的主要成分 Al 和 Ti 元素，证明 A 处确实是涂层剥落后露出的刀具基体。通过能谱分析发现，在涂层剥落后的刀具基体表面上出现 O 元素，且原子百分比为 20.36%，而新刀具基体中不含 O 元素(表 4-2)，因此推测有氧化磨损发生；在刀具基体表面有 Fe 元素出现(硬质合金刀具基体中不含 Fe 元素)，推测是产生扩散磨损或者工件材料黏结在基体表面，但是除了 Fe 元素并没有 Ni 元素出现，因此该 Fe 元素应该是扩散到了基体表面，即发生了扩散磨损。

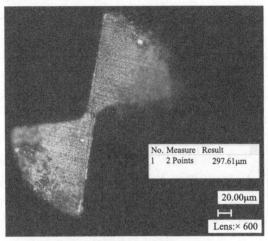

(a) 切削刃直径

(b) 切削刃整体形貌

(c) 切削刃前刀面视图

(d) 切削刃后刀面视图

图 4-3　刀具磨损后切削刃形貌 1

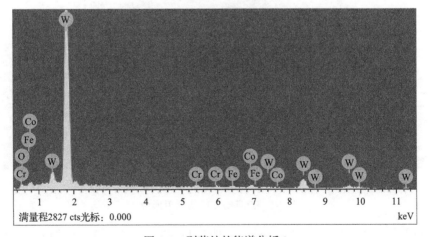

图 4-4　剥落处的能谱分析 1

表 4-3　剥落处的能谱分析元素占比 1

元素	质量百分比/%	原子百分比/%
O	2.53	20.36
Cr	1.68	4.15
Fe	1.78	4.10
Co	3.71	8.12
W	90.30	63.27

2) 切削时间 2min，刀具径向磨损量 6μm

刀具磨损后切削刃形貌如图 4-5 所示。由图 4-5(a) 可以看出，刀具的径向磨损依旧不是很明显，涂层剥落的面积也较小。涂层剥落后刀具基体直接参与切削，而基体的耐磨性和涂层相比差很多，导致刀具基体的磨损程度比切削时间为 0.5min 时更严重，刀具直径减小，并且参与切削的前刀面部分的刀具基体材料损失尤为明显，如图 4-5(c) 所示。

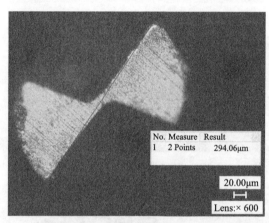

(a) 切削刃直径

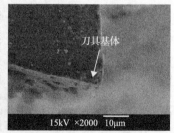

(b) 切削刃整体形貌　　　(c) 切削刃前刀面视图　　　(d) 切削刃后刀面视图

图 4-5　刀具磨损后切削刃形貌 2

剥落处的能谱分析如图 4-6 所示。剥落处的能谱分析元素占比如表 4-4 所示。

由表 4-4 可以看出，与前一个时间段的刀具状态相比，W 元素含量减少了 10% 左右，推测发生了扩散磨损，使得硬质合金刀具基体材料 WC 分解并扩散到工件或切屑中。

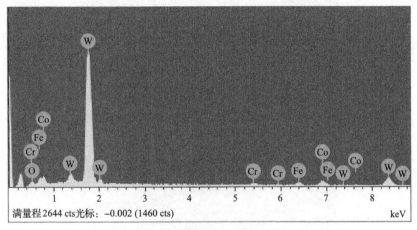

图 4-6　剥落处的能谱分析 2

表 4-4　剥落处的能谱分析元素占比 2

元素	质量百分比/%	原子百分比/%
O	3.29	23.07
Cr	1.91	4.13
Fe	4.16	8.35
Co	7.10	13.51
W	83.54	50.94

3) 切削时间 4min，刀具径向磨损量 10.7μm

刀具磨损后切削刃形貌如图 4-7 所示。由图 4-7(b) 和 (c) 可以看出，刀具前刀面处有疑似积屑瘤的黏结物出现。

积屑瘤处的能谱分析如图 4-8 所示。积屑瘤处的能谱分析元素占比如表 4-5 所示。由表 4-5 可以看出，该处含有大量刀具涂层材料元素 Al 和 Cr，还有少量刀具基体材料元素 W 等，虽然有工件材料元素 Fe，但是没有明显的工件材料元素 Ni，因此推测在切削过程中，由于刀具与工件的相互挤压作用，微铣刀表面涂层剥落后的碎片未及时脱离刀具表面，而是黏结在微铣刀上，形成积屑黏结物。

4) 切削时间 8min，刀具径向磨损量 27.2μm

刀具磨损后切削刃形貌如图 4-9 所示。由图 4-9(b) 可以看出，随着刀具切削时间的增长，两个刀尖出现了明显的不同程度的磨损，可能是因为微铣削过程中出现了单齿切削现象。由前刀面视图的涂层破损处可以看到，虽然涂层剥落后由刀具基体进行主要的切削作用，但是在基体上未出现明显的划痕，说明在切削过程中的磨粒磨损现象不是很明显。

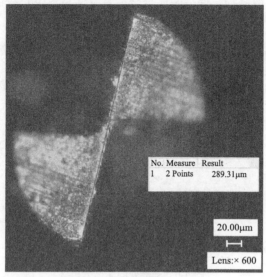

(a) 切削刃直径

(b) 切削刃整体形貌　　　(c) 切削刃前刀面视图　　　(d) 切削刃后刀面视图

图 4-7　刀具磨损后切削刃形貌 3

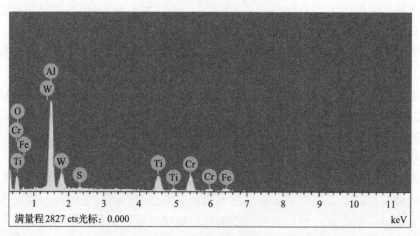

图 4-8　积屑瘤处的能谱分析

表 4-5　积屑瘤处的能谱分析元素占比

元素	质量百分比/%	原子百分比/%
O	16.81	36.01
Al	25.73	32.69
S	0.98	1.05
Ti	14.18	10.15
Cr	21.10	13.92
Fe	5.19	3.19
W	16.01	2.99

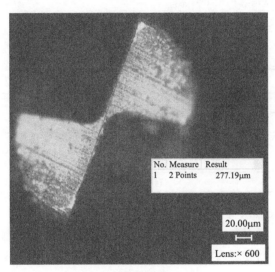

(a) 切削刃直径

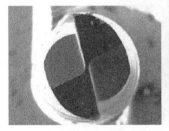

(b) 切削刃整体形貌

(c) 切削刃前刀面视图

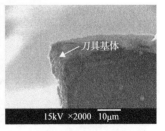

(d) 切削刃后刀面视图

图 4-9　刀具磨损后切削刃形貌 4

剥落处的能谱分析如图 4-10 所示。剥落处的能谱分析元素占比如表 4-6 所示。由表 4-6 可以看出，O 元素的比重有明显的上升趋势，而 W 元素的含量进一步减小，推测随着切削时间的增加，氧化磨损和扩散磨损加剧。

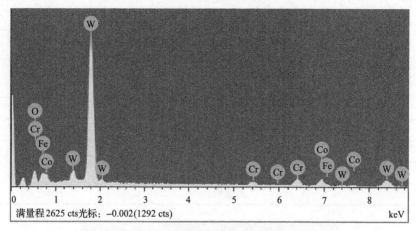

图 4-10　剥落处的能谱分析 3

表 4-6　剥落处的能谱分析元素占比 3

元素	质量百分比/%	原子百分比/%
O	8.47	42.65
Cr	2.57	3.99
Fe	6.98	10.06
Co	7.93	10.84
W	74.05	32.46

5) 切削时间 16min，刀具径向磨损量 43.9μm

刀具磨损后切削刃形貌如图 4-11 所示。由图 4-11 (b) 可以看出，刀尖部分缺损严重，刀具前刀面和后刀面靠近刀尖部位的涂层基本全部剥落，且前后刀面上

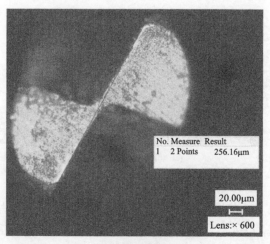

(a) 切削刃直径

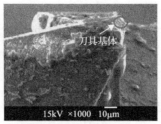

(b) 切削刃整体形貌　　　　　(c) 切削刃前刀面视图　　　　　(d) 切削刃后刀面视图

图 4-11　刀具磨损后切削刃形貌 5

存在大量黏着物，推测是因为在切削时刀具与工件的接触压力较大，切屑或涂层碎片从加工表面分离后没有被及时带走，被压在刀具前刀面和后刀面上。由于黏着物不稳定，当刀具有振动或者加工处有硬质点时，黏着物就会脱离刀具表面，而其在脱离时极易黏结部分刀具材料或者工件材料，导致发生黏着磨损，留下凹坑，影响加工表面质量。由图 4-11(c) 和 (d) 可以看出，刀尖部位的基体材料出现明显的缺失，这与微铣削的加工特点有很大关系。缺损表面有大量的凹坑，推测是由黏着物脱落导致的。

剥落处的能谱分析如图 4-12 所示。剥落处的能谱分析元素占比如表 4-7 所示。由表 4-7 可以看出，O 元素的比重呈现上升趋势，而 W 元素的含量进一步减小，推测随着切削时间的增加，氧化磨损和扩散磨损加剧。

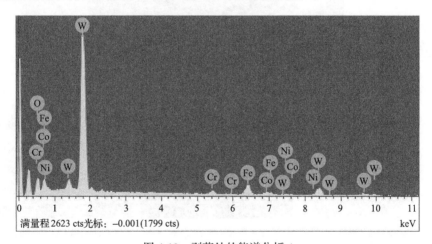

图 4-12　剥落处的能谱分析 4

表 4-7　剥落处的能谱分析元素占比 4

元素	质量百分比/%	原子百分比/%
O	9.81	46.09
Cr	2.57	3.65

元素	质量百分比/%	原子百分比/%
Fe	11.84	15.94
Co	2.87	3.67
Ni	0.97	1.25
W	71.94	29.40

6) 切削时间 32min，刀具径向磨损量 66.7μm

刀具磨损后切削刃形貌如图 4-13 所示。由图 4-13(b)可以看出，刀具两个切削刃已经严重磨损，刀尖部位的基体材料大量缺失，刀具涂层剥落严重。

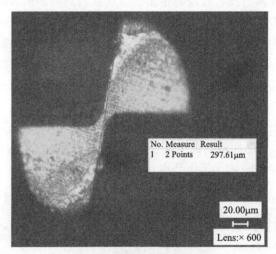

(a) 切削刃直径

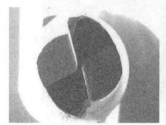

(b) 切削刃整体形貌

(c) 切削刃前刀面视图

(d) 切削刃后刀面视图

图 4-13　刀具磨损后切削刃形貌 6

剥落处的能谱分析如图 4-14 所示。剥落处的能谱分析元素占比如表 4-8 所示。由表 4-8 可以看出，刀具磨损处出现了微量的 Ni 元素，W 元素大量减少，推测此时的扩散磨损程度很高，且 O 元素的原子百分比接近 50%，说明氧化磨损严重。在刀具磨损处，没有发现明显的硬质点划痕，但出现很多类似冷焊坑的小凹坑，推测黏着磨损在该阶段是主要的磨损原因。

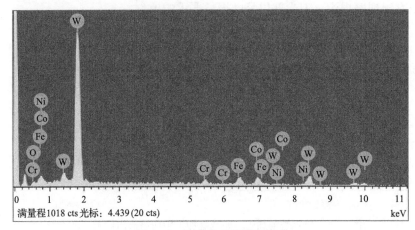

图 4-14　剥落处的能谱分析 5

表 4-8　剥落处的能谱分析元素占比 5

元素	质量百分比/%	原子百分比/%
O	10.50	49.10
Cr	2.39	3.45
Fe	9.51	12.75
Co	2.86	3.62
Ni	0.78	0.98
W	73.96	30.10

4.2.5　微铣刀磨损特点及原因分析

已有的研究成果证实了微铣刀磨损与常规铣刀磨损存在明显的区别，即微铣刀磨损的主要区域在刀尖部位，扩散磨损和氧化磨损不是很突出。在本试验中，镍基高温合金 Inconel 718 微铣削加工微铣刀磨损特点如下。

(1)微铣刀磨损形态中未出现传统刀具磨损形态，如前刀面处的月牙洼、副切削刃处的磨损沟等。

微铣削与传统铣削的区别之一为微铣削中刀尖圆弧半径对切削过程的影响不容忽略，如图 4-15 所示。由图可以看出，传统铣削加工中刀具每齿进给量较大，刀尖部位全部切入工件中，因此切屑均从距离刀尖一定位置处的前刀面流出，切屑在切削过程中一直摩擦该处，导致前刀面出现月牙洼状磨损，并且在副切削刃处出现磨损沟。在微铣削加工中，刀具每齿进给量与刀尖圆弧半径在一个数量级，刀尖圆弧半径甚至大于每齿进给量，因此切屑在流出时并没有经过前刀面，而是从刀尖处直接流出，所以微铣刀具的前刀面并没有出现月牙洼状磨损，副切削刃处也没有出现磨损沟，刀尖部位是磨损最严重的地方。

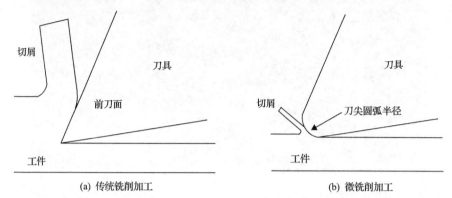

(a) 传统铣削加工　　　　　　　　　　　　　(b) 微铣削加工

图 4-15　传统铣削加工与微铣削加工中切屑流出位置的区别

(2)涂层剥落是微铣削镍基高温合金 Inconel 718 过程中刀具主要的磨损、破损形态，并且在刀具的前刀面和后刀面均有剥落现象，后刀面尤为明显。

刀具涂层材料的线膨胀系数大于刀具基体材料的线膨胀系数，且在刀具表面都有一定的残余应力，在切削过程不稳定或刀具表面承受交变接触应力时，极易产生剥落。在微铣削加工中，首先铣削属于断续切削，铣刀切削刃交替对工件进行切削；其次，微铣削主轴转速极高，在本试验中为 60000r/min，由于是双刃铣刀，切削刃切入切出工件的频率高达 2000Hz；镍基高温合金硬度高，且含有较多的硬质点，硬质点的存在一方面加剧了切削中的颤振，另一方面增大了切削力，进而使得切削热增加。上述原因导致刀具在切削初期就产生涂层剥落的现象，并且随着切削时间的增长，涂层剥落现象加剧。虽然在传统铣削镍基高温合金时也会有涂层剥落现象，但主要发生在前刀面上[19]。而在本试验中发现，后刀面的涂层剥落现象严重。在微铣削过程中，虽然后刀面与槽底面一直接触，但由于在微铣加工中轴向切深很小(微米级)，竖直方向的振动相对于传统加工不能忽略，使得后刀面也承受了高频的交变应力，因此导致后刀面涂层剥落。

(3)在刀具磨损处未发现明显的划痕现象，即磨粒磨损不是微铣刀磨损的主要原因。

(4)在切削第一个时间段内，刀具基体表面出现了工件元素 Fe(硬质合金刀具基体不含 Fe 元素)，未出现 Ni 元素，因此不可能是工件材料黏结在基体表面，而是发生了扩散磨损，并且通过后面几个阶段的 W、Fe 元素的变化(表 4-9)可以看出，扩散磨损的程度随着切削时间的增长而加剧。

扩散磨损主要在高温条件下产生。在微铣削中，刀具尺寸大幅减小，因此热量极易在刀尖处聚集，通过刀体散发的热量有限；并且被加工材料的硬度较高、

表 4-9　W、Fe 元素原子百分比随切削时间的变化　　　（单位：%）

元素	切削时间 t/min				
	0.5	2	8	16	32
W	63.27	50.94	32.46	25.31	30.10
Fe	4.10	8.35	10.06	15.94	12.75

导热系数小，也会在加工中产生较高的热量；由于涂层剥落后刀具基体直接参与切削，耐高温的能力大幅下降，加剧了扩散磨损的发生。

(5)在各切削时间段内，都能在磨损表面发现 O 元素的存在，说明氧化磨损伴随整个微铣削镍基高温合金加工过程。镍基高温合金材料硬度高、导热性差，刀具在去除工件材料的过程中会产生更大的能量，并以热量的形态散发，在刀尖切削工件时易产生较高的温度。因此，刀具在涂层剥落后，基体材料中的 Co、WC 等会在高温的作用下与空气中的 O 元素发生氧化作用。刀具涂层在切削初期就有轻微剥落的区域，因此在切削初期阶段会有氧化磨损存在。随着刀具切削时间的增长，其涂层的剥落面积增大，使基体材料大面积暴露在空气中，加剧了氧化反应的范围。

4.2.6　微铣刀磨损对加工表面形貌的影响

1. 加工表面形貌随切削时间的变化

本节分析的不同切削时间下微铣刀磨损不同程度后的槽底面形貌与 4.2.4 节中不同切削时间下微铣刀磨损程度相对应。

1)切削时间 0.5min，刀具径向磨损量 2.4μm

微铣削后槽底加工表面形貌如图 4-16 所示。在切削时间达到 0.5min 后，刀具仍属于新刀，被新刀切削的加工表面形貌良好，毛刺较少，槽边界清晰。加工表面的铣削痕迹比较明显，刀尖运动轨迹清晰完整，这些痕迹也是形成表面粗糙

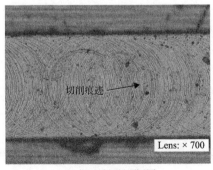
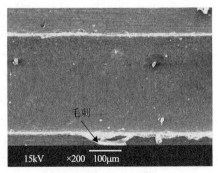

(a) 加工槽超景深视图　　　　　　　(b) 加工槽SEM视图

图 4-16　微铣削后槽底加工表面形貌 1

度 R_a 的重要因素之一。表面粗糙度 R_a 为 0.075μm。

　　加工表面的能谱分析如图 4-17 所示。加工表面的能谱分析元素占比如表 4-10 所示。由表 4-10 可知，在加工表面中未发现 O 元素。通过能谱分析观察到刀具磨损处有 O 元素存在（参见表 4-3），而新刀的涂层和基体中均未发现 O 元素存在（参见表 4-1 和表 4-2）。材料中未发现 O 元素可能是由 Inconel 718 材料的耐氧化特性导致的；而刀具磨损处出现 O 元素，说明刀具在镍基高温合金微铣削过程中有氧化磨损发生。

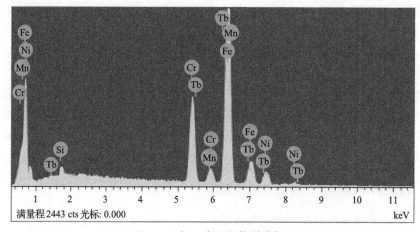

图 4-17　加工表面的能谱分析 1

表 4-10　加工表面的能谱分析元素占比 1

元素	质量百分比/%	原子百分比/%
Si	0.74	1.48
Cr	17.54	18.92
Mn	1.32	1.35
Fe	68.54	68.83
Ni	8.70	8.31
Tb	3.16	1.11

　　2）切削时间 2min，刀具径向磨损量 6μm

　　微铣削后槽底加工表面形貌如图 4-18 所示。加工表面状态与图 4-16 相似，通过 SEM 可以看到下边缘处的毛刺增多。表面粗糙度 R_a 为 0.086μm。

　　加工表面的能谱分析如图 4-19 所示。加工表面的能谱分析元素占比如表 4-11 所示。由表可见，对槽底进行能谱分析后并未发现 W 元素，说明刀具基体损失的 W 元素（表 4-12）主要向切屑转移；与表 4-10 相比，元素种类和含量变化不大，说明镍基高温合金材料在微铣削加工过程中能保持较好的化学稳定性。

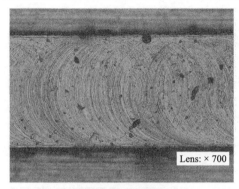

(a) 加工槽超景深视图　　　　　　　　　　(b) 加工槽SEM视图

图 4-18　微铣削后槽底加工表面形貌 2

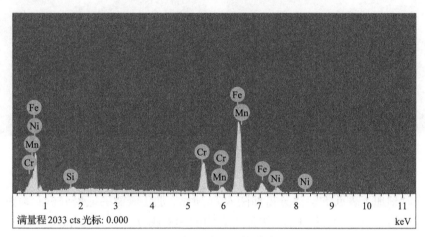

图 4-19　加工表面的能谱分析 2

表 4-11　加工表面的能谱分析元素占比 2

元素	质量百分比/%	原子百分比/%
Si	0.49	0.96
Cr	17.97	19.03
Mn	1.18	1.18
Fe	71.18	70.21
Ni	9.18	8.62

表 4-12　切削刃 W 元素原子百分比随切削时间的变化

切削时间 t/min	W 元素原子百分比/%
0.5	63.27
2	50.94

3）切削时间 4min，刀具径向磨损量 10.7μm

微铣削后槽底加工表面形貌如图 4-20 所示。由图可以看出，槽底加工表面的质量开始变差，有大量面积较小的凹坑出现。槽下边界处的毛刺数量增多，且长度增大，呈波浪状，出现这种现象的原因可能是刀具磨损导致切削刃的断屑能力下降，被去除材料不能顺利形成切屑，因此在槽边界堆积形成条状毛刺。槽上边界的外侧不仅出现了条状毛刺，内侧还出现了疑似为鳞刺的毛刺，该毛刺的产生使槽边界的区分开始困难。毛刺的存在导致槽的尺寸精度下降。表面粗糙度 R_a 为 0.103μm。

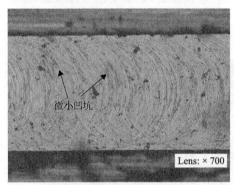
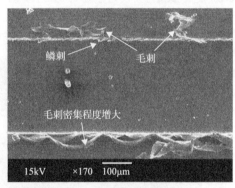

(a) 加工槽超景深视图　　　　　　　　(b) 加工槽SEM视图

图 4-20　微铣削后槽底加工表面形貌 3

该时刻加工表面的能谱分析如图 4-21 所示，加工表面的能谱分析元素占比如表 4-13 所示。由表 4-13 可知，被加工表面的元素成分与表 4-10 和表 4-11 相比变化很小。

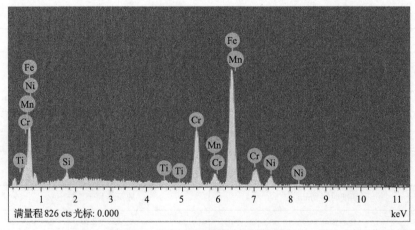

图 4-21　加工表面的能谱分析 3

表 4-13　加工表面的能谱分析元素占比 3

元素	质量百分比/%	原子百分比/%
Si	0.85	1.65
Ti	0.65	0.75
Cr	18.31	19.30
Mn	1.67	1.67
Fe	69.75	68.44
Ni	8.77	8.19

4) 切削时间 8min，刀具径向磨损量 27.2μm

微铣削后槽底加工表面形貌如图 4-22 所示。槽底加工表面质量明显变差，小凹坑的数量增多，严重影响槽底面的粗糙度。切削刃直径的变化导致槽底侧壁部分不能完全去除，产生高低差，呈"U"形。图 4-22(b) 显示槽下边界的毛刺单个呈片状，面积增大，总体呈连续波浪状。上边界鳞刺的长度增加，数量增多。表面粗糙度 R_a 为 0.115μm。

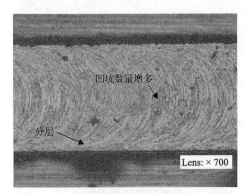 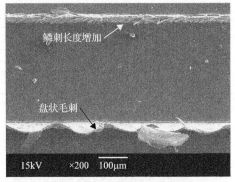

(a) 加工槽超景深视图　　　　　　　　　　(b) 加工槽SEM视图

图 4-22　微铣削后槽底加工表面形貌 4

加工表面的能谱分析如图 4-23 所示。加工表面的能谱分析元素占比如表 4-14 所示。由表 4-14 可见，镍基高温合金材料的主要成分 Ni、Cr 和 Fe 的含量变化均在 1%左右，与表 4-10 相比变化很小，证明镍基高温合金在加工过程中具有很好的稳定性。

5) 切削时间 16min，刀具径向磨损量 43.9μm

微铣削后槽底加工表面形貌如图 4-24 所示。此时加工表面的质量很差，随着刀具磨损程度的增大，槽上边界鳞刺的长度明显增加，宽度增大，数量增多，已不能用槽宽来衡量切削刃直径的变化。表面粗糙度 R_a 为 0.143μm。

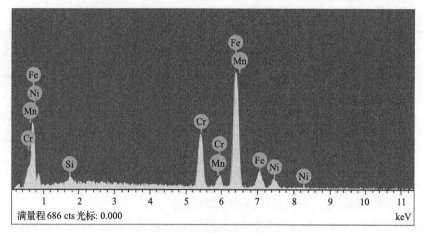

图 4-23　加工表面的能谱分析 4

表 4-14　加工表面的能谱分析元素占比 4

元素	质量百分比/%	原子百分比/%
Si	0.62	1.22
Cr	18.27	19.32
Mn	1.50	1.50
Fe	70.06	69.01
Ni	9.55	8.95

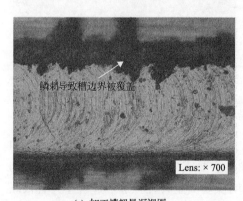

(a) 加工槽超景深视图

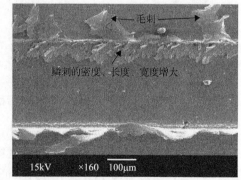

(b) 加工槽SEM视图

图 4-24　微铣削后槽底加工表面形貌 5

　　加工表面的能谱分析如图 4-25 所示。加工表面的能谱分析元素占比如表 4-15 所示。由表 4-15 可知，与切削时间为 8min（表 4-14）的被加工表面元素含量相比，此时的元素含量几乎没有发生变化。

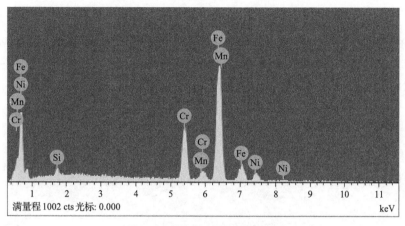

图 4-25　加工表面的能谱分析 5

表 4-15　加工表面的能谱分析元素占比 5

元素	质量百分比/%	原子百分比/%
Si	0.79	1.55
Cr	18.10	19.10
Mn	1.17	1.17
Fe	71.16	69.96
Ni	8.78	8.22

6）切削时间 32min，刀具径向磨损量 66.7μm

微铣削后槽底加工表面形貌如图 4-26 所示。此时的加工表面形貌比切削时间为 16min 时的加工表面形貌更差，切削刃直径的变化及刀尖切削能力大幅下降，导致槽边界部位的材料不能被顺利去除，挤压堆积，严重影响表面质量。槽上边界鳞刺的数量、宽度、长度大幅增加，几乎遮盖了 30%的加工表面面积，此时刀具已经不能继续使用。表面粗糙度 R_a 为 0.15μm。

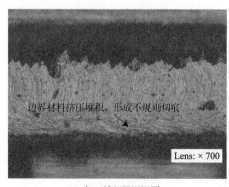

(a) 加工槽超景深视图

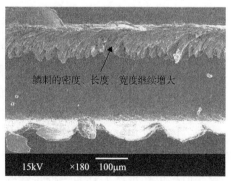

(b) 加工槽SEM视图

图 4-26　微铣削后槽底加工表面形貌 6

　　加工表面的能谱分析如图 4-27 所示。加工表面的能谱分析元素占比如表 4-16 所示。由表 4-16 可知，虽然刀具磨损处含有大量的 O 元素（表 4-8），并且 W 元素大量流失，但是加工表面的元素种类和含量的变化非常小，未发现有 O 元素和 W 元素的出现，说明该材料在加工中具有很好的稳定性。

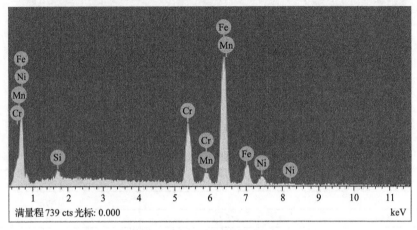

图 4-27　加工表面的能谱分析 6

表 4-16　加工表面的能谱分析元素占比 6

元素	质量百分比/%	原子百分比/%
Si	0.79	1.54
Cr	18.27	19.28
Mn	1.56	1.56
Fe	71.29	70.06
Ni	8.09	7.56

2. 加工表面形貌特点及形成原因分析

　　在镍基高温合金微铣削加工槽过程中，加工表面形貌的主要特点如下：

　　（1）槽底面有很多微小的凹坑，位置随机，其数量随着切削时间的增加而增加。这些凹坑是导致槽底面表面粗糙度增大的原因之一。

　　（2）在刀具切削到一定时间后，已加工槽壁的一侧会出现鱼鳞状、向槽底面中心延伸、层叠堆积的毛刺，其长度会随着切削时间的增加而增长，严重影响被加工槽的尺寸精度。镍基高温合金 Inconel 718 在微铣削加工过程中出现的毛刺与鳞刺较相似，可初步认为其为一种特殊的鳞刺。

3. 槽壁毛刺分析

1)鳞刺

鳞刺是在已加工表面上的鳞片状毛刺。在中、低等的切削速度下,用高速钢、硬质合金和陶瓷刀具切削某些塑性金属时可能会出现鳞刺。研究表明,增大切削速度并不能使鳞刺消失,只能减小鳞刺的高度。鳞刺可以在下述三种情况下形成:

(1)形成节状切屑或单元切屑时;

(2)形成伴有积屑瘤的带状切屑时;

(3)形成无积屑瘤的带状切屑时。

本试验的切削情况与情况(2)极为相似。鳞刺的形成原因是切削层金属呈周期性在积屑瘤前方层积,并呈周期性被切顶。鳞刺的形成过程如图 4-28 所示,主要包括抹拭、导裂、层积和切顶。

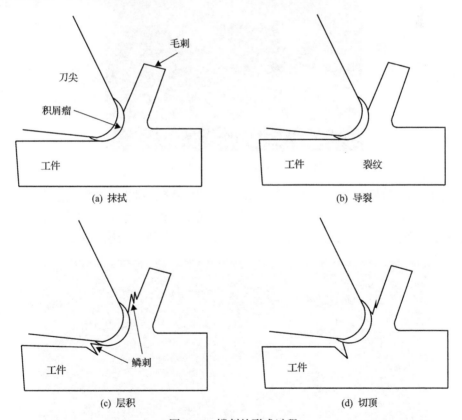

图 4-28　鳞刺的形成过程

抹拭是指切屑底面对积屑瘤前端的摩擦。导裂是指抹拭使刀具与切屑之间的摩擦力变大,进而使切屑不能流出前刀面,切屑拉动已加工表面形成裂纹。层积是指当切屑滞留在前刀面，代替刀具继续挤压切削层时，使切削层金属一部分层积在起挤压作用的切屑下方，另一部分沿积屑瘤表面滑出。切顶是指随着切削厚度的增大，切削抗力增大，推动切屑重新开始流动，切削刃切出鳞刺顶部，在已加工表面和切屑底面形成鳞刺。相关研究表明，鳞刺是切削过程中产生的一种独特现象，它是由切削层金属转化而来的，并且始终与工件相连，鳞刺不是嵌入已加工表面的积屑瘤碎片。

2) 镍基高温合金微铣槽槽壁毛刺的形貌特点及成因分析

图 4-29 为槽壁毛刺局部放大 SEM 图。由图可以看出，毛刺数量众多，不断堆积，底部与被加工表面(侧壁)相连。

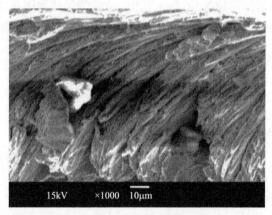

图 4-29　槽壁毛刺局部放大 SEM 图

图 4-30 为槽壁毛刺能谱分析。表 4-17 为槽壁毛刺能谱分析元素占比。由表 4-17 可以发现，毛刺组成元素和工件的组成元素相同，含量百分比也相同，且没有刀具涂层或基体的组成元素。这与对鳞刺的相关研究结论相符，因此推测镍

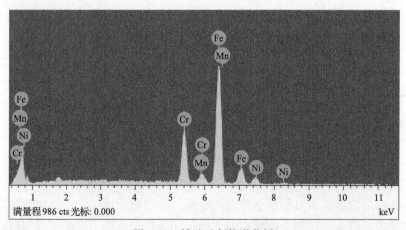

图 4-30　槽壁毛刺能谱分析

表 4-17　槽壁毛刺能谱分析元素占比

元素	质量百分比/%	原子百分比/%
Cr	18.56	19.72
Mn	1.50	1.51
Fe	72.52	71.78
Ni	7.42	6.99

基高温合金微铣槽槽壁毛刺属于鳞刺。

镍基高温合金微铣削加工产生的鳞刺与传统加工中产生的鳞刺明显不同，主要包括以下几方面：

(1)长度相对过长。出现这种现象可能的原因为传统鳞刺主要是因加工表面导裂而形成的，是已加工表面被拽裂而突起形成鳞刺；在微铣削加工中，由于微铣刀的切削能力下降，在层积阶段，切削层被挤压的金属沿积屑瘤表面流出后并没有形成新的切屑，底部没有被切断，还残留在已加工表面上，因此形成超长的鳞刺。

(2)在微铣削加工中，鳞刺并非一直存在，而是在 4min 后才开始逐渐出现，且鳞刺的长度不断增加。出现这种现象可能的原因为试验中的变量只有时间，因此可以推测刀具磨损对鳞刺的产生有很大的影响。

(3)微铣削加工时鳞刺只出现在槽的一侧，另一侧相对光滑平整，这可能与微铣削加工的特点有关。

通过对镍基高温合金微铣削加工毛刺的特点进行分析总结，推断其形成过程如图 4-31 所示。铣削过程中刀尖在切入工件时使工件产生变形，刀具随主轴转动并对未加工表面进行挤压，第一变形区内的材料受剪切力的作用而产生滑移，与工件分离，形成切屑，如图 4-31(a)所示。在正常情况下，随着刀具的转动，切屑会弯曲(图 4-31(b))，形成的弯曲应力不断增大，在弯曲应力和剪切应力的共同作用下，达到材料的应变极限后，切屑会分离出工件，被冷却空气带走(图 4-31(c))。然后刀尖继续进行切削，形成下一个切屑并重复之前的过程(图 4-31(d)~(f))。当刀具磨损量较小时，刀尖切削能力强，切屑从形成到脱离工件的行程短，能及时断屑；但当刀尖部位磨损较为严重时，切削能力大幅下降，而镍基高温合金抵抗塑性变形的能力较强，加上最小切削厚度的影响，使切屑形成后不能及时断屑，因此当刀具在即将脱离工件的位置形成切屑时，由于刀具在切削很短一段距离后就切出工件，第一变形区受到的应力不足以使切屑分离工件(图 4-31(h))，而继续连接在被加工表面上。当刀具从工件切出时，未切断的切屑残留在槽侧壁上，然后切出的刀具对该毛刺进行推挤、压平，使其形成顺着刀具旋转方向弯曲的条状毛刺(图 4-31(i))。微铣中每齿进给量很小，因此该毛刺在槽壁上层叠累积，直接影响槽的尺寸精度，并且该毛刺与槽壁连接紧密，在后期处理中极难被去除，因此有必要抑制这种毛刺。

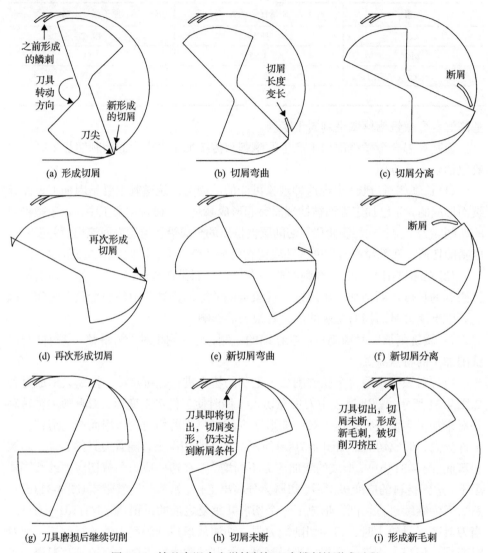

图 4-31　镍基高温合金微铣削加工中鳞刺的形成过程

4.3　微铣刀磨损正交试验

4.3.1　试验设计

镍基高温合金微铣削加工过程中，微铣刀磨损受切削参数和切削时间的共同影响。鉴于此，在考虑切削三要素的同时，加入切削时间这一影响因素，建立

$L_{25}(5^4)$ 的正交表，对镍基高温合金 Inconel 718 工件进行连续槽铣削加工，试验设计及微铣刀磨损试验结果如表 4-18 所示。

表 4-18　镍基高温合金微铣刀磨损正交试验设计及结果

因素水平	主轴转速 n/(r/min)	每齿进给量 f_z/μm	轴向切深 a_p/μm	径向磨损量 NB/μm
1	50000	0.4	10	3.33
2	50000	0.5	15	13.62
3	50000	0.7	25	25.96
4	50000	0.8	30	40.99
5	60000	0.5	20	25.4
6	60000	0.6	25	36.25
7	60000	0.7	30	13.06
8	60000	0.8	10	21.6
9	70000	0.4	20	25.52
10	70000	0.5	25	12.37
11	70000	0.6	30	18.33
12	70000	0.8	15	36.61
13	80000	0.4	25	20.6
14	80000	0.6	10	27.97
15	80000	0.7	15	36.7
16	80000	0.8	20	16.1
17	90000	0.4	30	28.52
18	90000	0.5	10	32.97
19	90000	0.6	15	14.6
20	90000	0.7	20	23.93
21	50000	0.6	20	20.33
22	60000	0.4	15	19.03
23	70000	0.5	10	24.23
24	80000	0.5	30	28.97
25	90000	0.8	25	32.21

4.3.2　切削参数及切削时间对微铣刀磨损的影响

在正交试验的每一组加工试验结束后，用超景深显微镜对刀具磨损量进行测量。刀具径向磨损量随各影响因素的变化趋势如图 4-32 所示。

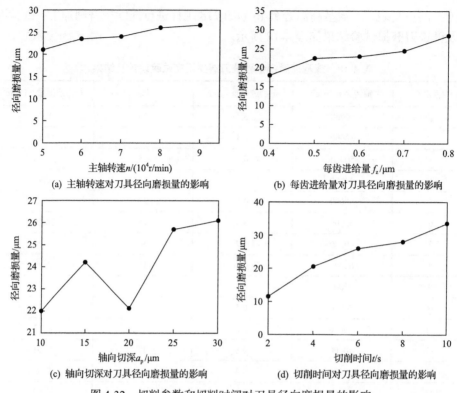

(a) 主轴转速对刀具径向磨损量的影响　　　　(b) 每齿进给量对刀具径向磨损量的影响

(c) 轴向切深对刀具径向磨损量的影响　　　　(d) 切削时间对刀具径向磨损量的影响

图 4-32　切削参数和切削时间对刀具径向磨损量的影响

　　正交试验数据的方差分析和极差分析如表 4-19 所示。表中，F 为因素的均方差与误差的均方差之比，即因素的平均离差平方和与误差的平均离差平方和之比。F 越大，因素对指标的影响越显著。由表可以看出，对镍基高温合金微铣削加工刀具磨损量影响程度由大到小依次为切削时间、每齿进给量、主轴转速和轴向切深。

表 4-19　正交试验数据的方差分析和极差分析

因素	偏差平方和	自由度	F	F 临界值	显著性	极差
主轴转速 $n/(\text{r/min})$	107.083	4	2.302	4.11	不显著	5.6
每齿进给量 $f_z/\mu\text{m}$	270.313	4	5.811	4.11	显著	10.102
轴向切深 $a_p/\mu\text{m}$	65.253	4	1.403	4.11	不显著	3.954
切削时间 t/s	1503.08	4	32.313	4.11	显著	22.594

1）主轴转速对刀具径向磨损量的影响

　　由图 4-32(a) 可知，刀具径向磨损量随着主轴转速的增大而增大。在实际加工过程中，主轴转速是产生刀具振动的主要原因之一，在切削时会在切削刃上产生高频的交变应力，导致涂层的加速剥落。但通过方差分析和极差分析可以看出，主轴转速对刀具磨损量的影响在试验的四个因素中并不是最显著的，分析原因如下：

（1）刀具径向磨损主要在涂层剥落后刀具基体直接参与切削加工时产生。微铣削中的主轴转速很高，导致新刀具在开始加工时就承受高频的交变应力，使得涂层剥落较快，刀具基体在切削时间较短时就参与加工，因此在涂层剥落的时间上，试验中的五个转速水平实际相差不会很大。

（2）磨粒磨损在转速较高时会对刀具产生较大的磨损量（因为单位时间内的划痕数量增多），而在本试验中，磨粒磨损情况不突出，因此尽管转速提高很多，但是磨损量没有增大很多。

（3）转速高会导致切削过程不稳定，刀具受交变应力的影响，单位时间内切削工件的频率增加，切削温度增高，因此当转速增大时，刀具磨损量增大。

2）每齿进给量对刀具径向磨损量的影响

由图 4-32（b）可知，刀具径向磨损量随着每齿进给量的增大而增大。通过方差分析和极差分析可以看出，每齿进给量是影响刀具磨损的次要因素。每齿进给量增大后，每次进给所切削的工件体积增大，并且镍基高温合金抵抗塑性变形的能力增强、高温硬度增大，导致切削刃上受到的切削力增大，产生的切削热增大，切削温度升高，增加了扩散磨损和氧化磨损的可能性，使得磨损量增大。在刀具磨损到一定程度后，切削能力下降，导致一次进给不能完全去除材料，需要再次或者数次进给，相当于增大了每齿进给量，这会加剧刀具磨损的速度。因此，在切削参数中，每齿进给量对刀具磨损的影响程度最大。

3）轴向切深对刀具径向磨损量的影响

由图 4-32（c）可知，刀具径向磨损量随着轴向切深的增大而增大（轴向切深为20μm 时刀具径向磨损量突然减小除外）。对该点处的数据进行分析，轴向切深为20μm、每齿进给量较大时的切削时间较短。由极差分析可以看出，切削时间对刀具磨损的影响程度要远大于轴向切深对刀具磨损的影响程度，因此会导致出现误差。对轴向切深进行单因素试验，得到如图 4-33 的变化趋势。

由图 4-33 可以看出，排除切削时间和其他因素的影响，刀具径向磨损量随着轴向切深的增大而增大。轴向切深的增加会导致被切削的工件体积增大，但只是增大了轴向长度，增加了螺旋切削刃上部的负担，刀尖部位的负担并未增大太多，因此其影响程度比每齿进给量小。随着轴向切深的增加，切削过程的稳定性增大，Z 向的振动情况有所减缓，使得轴向切深对刀具径向磨损量的影响程度较弱。

4）切削时间对刀具径向磨损量的影响

由图 4-32（d）可知，刀具径向磨损量随着切削时间的增大而增大。通过方差分析和极差分析可以看出，切削时间对刀具磨损的影响程度最大。

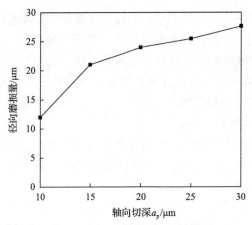

图 4-33　轴向切深与刀具径向磨损量单因素关系

4.4　基于仿真的镍基高温合金微铣削加工刀具磨损预测

微铣削加工有限元模拟仿真具有周期短、成本低等优点，因此在微铣刀磨损、微铣削力和微铣削温度等的研究中应用越来越广泛。本节通过镍基高温合金微铣削过程有限元仿真分析，研究微铣刀磨损及每齿进给量对刀具磨损的影响规律，提出一种微铣刀后刀面磨损预测方法。

4.4.1　微铣削过程仿真软件

目前，应用于金属切削过程模拟仿真的有限元软件有 ANSYS、ABAQUS、AdvantEdge 和 DEFORM 等。ANSYS 能够求解各种结构的静力和动力问题，已经应用于刀具的静力学分析和刀具磨损机理研究，但 ANSYS 在非线性分析方面存在缺陷，且当其应用于微铣刀磨损仿真研究时，对计算机的性能要求较高。ABAQUS 拥有两个主要求解器模块，可以很好地解决工程实际中的线性和非线性问题。ABAQUS 能够很好地模拟切屑的形成过程，但其没有材料库，且仿真参数需要手工输入，因此仿真过程需要花费大量的时间。AdvantEdge 是一款专门应用于金属切削过程有限元分析和金属切削工艺优化的软件，自带丰富的刀具库、材料库和后处理功能，但在微加工领域只支持二维微车削仿真。而微铣削过程中三维切削仿真对微铣刀磨损研究意义重大，二维仿真过程无法实现的变量如切削深度等变化模拟都可以在三维仿真中实现，因此 AdvantEdge 不适用于微铣刀磨损过程仿真研究。

DEFORM 是一款专门用于研究金属切削模拟的软件，它可以有效模拟金属切削过程中的切削温度、切削力、切屑量及刀具磨损量等。DEFORM 本身自带材料数据库，同时能对材料参数进行编辑，它完全支持自适应网格重构，在精度要求较高的区域，可以划分尺寸更小、密度更大的网格，从而降低软件的计算规模，提高软件的计算速率。DEFORM 能够与多种计算机辅助设计(computer aided design，CAD)软件进行数据连接，从而克服软件本身三维建模能力差的弊端。此外，DEFORM 具备丰富的后处理功能，能够对刀具磨损机理进行深入研究。因此，本节选用 DEFORM V11.0 作为微铣刀磨损仿真研究的工具。

DEFORM 具有如下特点：

(1)具备自适应网格重划分技术，无须人工操作；

(2)前处理可根据实际仿真情况手动或自动生成接触和边界条件；

(3)具备多种材料模型，如刚体、塑性体、弹性体、孔隙体和弹塑性体等；

(4)它的二维模型、三维模型可通过 AutoCAD/CAE 软件来建模；

(5)具有二维切片功能，可以显示刀具或工件某一截面状态；

(6)具有云图、曲线图、点迹追踪等后处理输出功能。

DEFORM 的仿真过程分为三个模块，分别为前处理模块、仿真处理模块和后处理模块。可以将由 AutoCAD 或者 Pro/E 等软件三维实体建模的模型导入 DEFORM 中开始前处理。前处理模块需要对工件和刀具进行网格划分，设置材料参数、运动参数及边界条件，并生成".db"文件。在仿真处理模块，可通过 Graphics 和 Message 窗口实时查看仿真情况。在后处理模块，可以查看切削温度、刀具磨损、应力分布等仿真结果。

4.4.2　镍基高温合金微铣削过程三维仿真

1. 材料本构模型

材料本构模型是有限元仿真分析的核心之一，需要考虑流动应力、塑性变形、应变速率、温度变化等因素。能够反映材料真实物理性质变化的本构关系取决于完整的内部状态变量组，该内部状态变量组代表当时材料所处的微结构状态。材料的微结构状态由颗粒尺寸分布、位错密度、位错网格结构以及孪晶的容积比等变量来体现[20]。常用的本构模型有 Zerilli-Armstrong 本构模型、Bodner-Partom 本构模型、J-C 本构模型。

J-C 本构模型是目前金属切削加工有限元仿真应用领域中使用最为广泛的本构模型。该模型在考虑流动应力与塑性应变关系的基础上，引入应变率修正公式和温度修正公式，且本构方程中的参数较少，因此容易测定。本节中镍基高温合金微铣削加工过程有限元仿真选用 J-C 本构模型，公式如下：

$$\sigma=[A+B(\overline{\varepsilon})^n]\left[1+C\ln\left(\frac{\dot{\overline{\varepsilon}}}{\dot{\overline{\varepsilon}}_0}\right)\right]\left[1-\left(\frac{T-T_{room}}{T_{melt}-T_{room}}\right)^m\right] \tag{4-1}$$

式中，σ 为 von Mises 流动应力；A 为屈服应力；B 为应变强化系数；n 为应变硬化指数；C 为应变率常数；$\bar{\varepsilon}$ 为等效塑性应变；$\dot{\bar{\varepsilon}}$ 为等效塑性应变率；$\dot{\bar{\varepsilon}}_0$ 为等效参考应变率；m 为热软化指数；T 为工件温度；T_{melt} 为材料熔点；T_{room} 为室温。

工件材料为镍基高温合金 Inconel 718，其 J-C 本构模型参数如表 3-1 所示。

2. 材料断裂准则

DEFORM 在有限元仿真过程中经常出现迭代计算不收敛或者不断出现重新划分网格的情况，这是由于仿真过程中出现网格畸变过大和切屑不能及时断裂而导致的。因此，选择合理的材料断裂准则是仿真顺利进行的保障。不同材料在不同的加工条件下会产生不同的断裂机制。材料断裂包括脆性断裂和韧性断裂。脆性断裂指的是在较低的载荷作用下，材料不产生或者产生很小的弹塑性变形就发生的断裂。韧性断裂是指材料在外加载荷的作用下，先出现局部塑性变形后出现裂纹，由裂纹发展而导致的材料断裂。目前，尚不存在通用的断裂准则。

在金属切削过程有限元仿真研究中，研究者经常选用的断裂准则包括 Normalized C&L 断裂准则、Cockcroft&Latham 断裂准则以及 McClintock 断裂准则等。镍基高温合金 Inconel 718 在高温和低温条件下都能保持很高的冲击韧性，因此更适用于 Normalized C&L 断裂准则，其表达式如下：

$$S = \int_0^{\bar{\varepsilon}} \frac{\sigma^*}{\bar{\sigma}} \, \mathrm{d}\bar{\varepsilon} \tag{4-2}$$

式中，S 为材料破坏临界值；$\bar{\varepsilon}$ 为等效塑性应变；σ^* 为材料切削时的最大主应力；$\bar{\sigma}$ 为材料等效应力。经计算得到 S 为 0.217。

3. 微铣刀及工件模型

有限元仿真过程需要尽可能地模拟实际加工情况，因此仿真过程中建立的微铣刀几何模型要尽可能地趋近于真实的刀具形状和几何参数。镍基高温合金微铣削加工采用 MX230 型号微铣刀。微铣刀的形状和几何参数可通过 MX230 刀具说明书和微铣刀 SEM 图(图 4-34)来确定。

微铣刀建模采用 AutoCAD 软件。其建模思路如下：

(1)运用螺旋扫掠功能建立基本刀具模型；

(2)运用布尔运算功能修整出刀尖的复杂结构；

(3)将刀具的 SEM 图导入 AutoCAD 软件，并根据比例尺将 SEM 图进行适当的缩放，拟合出螺旋扫掠所需的基础曲线；

(4)使用 AutoCAD 中的螺旋扫掠工具对拟合出的基础曲线进行扫掠建模；

(5)选用 AutoCAD 中的布尔运算功能，根据刀具的 SEM 图和刀具参数表中的参数进行刀尖结构修整。

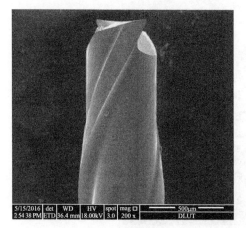

(a) 主视图

(b) 主视图放大图

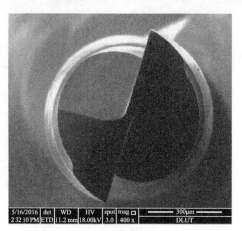

(c) 俯视图

图 4-34　微铣刀 SEM 图

图 4-35 为 AutoCAD 中的微铣刀测绘俯视图。图 4-36 给出了微铣刀模型。

为减少网格数量，降低仿真过程中的计算量，提高仿真效率，本节将微铣刀模型进行简化，仅保留距刀具底部 0.1mm 的部分。对于仿真过程中的工件几何建模，应着重考虑两点：①工件模型应与实际加工的工件形状相同；②在满足第一点要求的前提下，尽量简化工件模型，保证后续的网格数量不至于过多，尽量降低仿真计算量。考虑到微铣削加工过程，将工件形状设计为次摆线环形槽，槽深根据微铣削过程轴向切深确定。尽量减小模型体积，以减少网格数量，从而提高仿真计算效率。本节为了简化工件模型，将工件槽底部挖空[21]，工件 CAD 三维模型如图 4-37 所示。

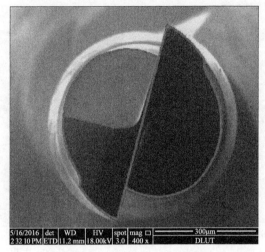

图 4-35　微铣刀测绘俯视图

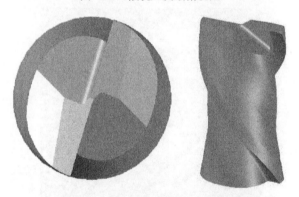

图 4-36　微铣刀模型

图 4-37　工件CAD 三维模型

4. 刀具及工件的参数设置与网格划分

所选用的微铣削刀具材料为 WC/Co，涂层材料为 TiAlN，工件材料为镍基高温合金 Inconel 718，其物理参数如表 4-20 所示[12,22]，表中 T 为温度。

表4-20 Inconel 718 合金、WC/Co 和TiAlN 的物理参数

参数	Inconel 718	WC/Co	TiAlN
热导率/[W/(m·℃)]	$0.0151T+6.86$	55	$0.0081T+11.95$
热膨胀系数/(10^{-6}/℃)	11.2	4.7	9.4
弹性模量/10^5MPa	1.85	5.6	6
比热容/[N/(mm²·℃)]	$0.00174T+2.98$	$0.0005T+2.07$	$0.0003T+0.57$
泊松比	0.33	—	—

网格划分是使用 DEFORM 软件进行切削过程仿真分析研究的重要一环。网格划分方法包括绝对网格划分和相对网格划分两种。绝对网格划分需要设定最小网格尺寸；相对网格划分需要设定网格数量及尺寸比。镍基高温合金微铣削加工过程有限元三维仿真模型选用相对网格划分。DEFORM 软件拥有完整的自动网格重划分技术，能够很好地解决由于网格变形过大导致的计算不收敛的问题。同时，在对刀具和工件进行网格划分时，为避免网格数量过多，加入网格密度窗对刀具和工件进行局部加密，并设置为随刀移动模式。

在 DEFORM 中将刀具和工件进行二次精确定位后，刀具设置为刚体，并打开刀具应力、应变及热传导功能。刀具网格数量设定为 60000，网格尺寸比设定为 2，并对刀具的切削刃进行局部网格加密；网格密度窗数设定为 0.02。图 4-38 为刀具的网格划分。刀具的切削刃表面应加上刀具涂层，材料选择 TiAlN，厚度设定为 2μm。

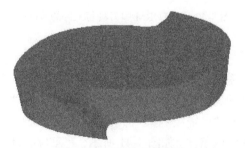

图 4-38 刀具的网格划分

工件类型设置为弹塑性体。工件网格数量设定为 100000，网格尺寸比设定为 2，并对刀具与工件初始接触部位进行局部网格加密；网格密度窗数设定为 0.05，

并选择局部网格加密区域随刀移动功能，可实现仿真过程中工件与刀具接触部分随着微铣刀的转动一直保持局部加密状态。图4-39为工件的网格划分。

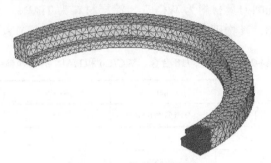

图 4-39　工件的网格划分

在 DEFORM 中，可以通过定位功能中的干涉、旋转、平移等选项对刀具和工件进行精确定位。图4-40为刀具与工件的装配图。

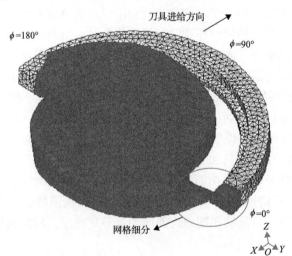

图 4-40　DEFORM 中刀具与工件的装配图

5. 边界条件与接触条件设置

微铣削过程仿真需要对工件和刀具进行边界条件设置。刀具为加工对象，边界条件需要设置刀具的旋转速度和进给速度；同时，与环境热交换定义为刀具整体。工件作为被加工对象，需要约束六个自由度。可以通过设置相应位置不同坐标方向的速度来达到约束条件。如图4-41所示，在工件的外环面添加 X 和 Y 方向上的约束，在工件的底面添加 Z 方向上的约束。在工件与刀具间设置热边界条件，室温设置为 20°。为提高仿真效率，使仿真过程中刀具快速升温，刀具与工件间的热传导系数设置为 $10^7 kW/(m^2 \cdot K)$；外界环境与工件间的热传导系数设置为

$45\text{kW}/(\text{m}^2\cdot\text{K})$。

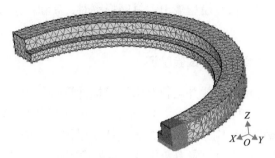

图 4-41　工件约束条件设置

在微铣削加工过程中，微铣刀和切屑、微铣刀和工件以及切屑和工件之间均存在摩擦接触。摩擦产生的切削热分布在工件与刀尖区域，不仅影响工件的加工精度，而且影响微铣刀的磨损程度。因此，建立合适的刀具与工件之间的摩擦模型是微铣削加工过程仿真成功的关键。

在微铣削过程中，在刀具和工件的整个接触过程中存在两种类型的接触，分别为黏结接触和滑动接触。黏结接触主要发生在刀具的刀尖部位。该处刀尖与切屑存在挤压摩擦，散热慢，热传递少，因此温度较高。而在远离刀尖的区域，后刀面与工件处于滑动接触，散热快，温度比刀尖处低。黏结接触和滑动接触表达式分别如式(4-3)和式(4-4)所示：

$$\tau_{\text{f}} = \lambda k, \quad \mu p_i \geqslant \lambda k \tag{4-3}$$

$$\tau_{\text{f}} = \mu p_i, \quad \mu p_i < \lambda k \tag{4-4}$$

式中，τ_{f} 为摩擦应力；λ 为剪切摩擦系数，设为 0.9[23]；k 为剪切屈服应力；μ 为库仑摩擦系数，设为 0.7[23]；p_i 为接触面压力。

刀具与工件间接触设置通过 DEFORM 内置的混合接触函数功能实现，工件与切屑间接触设置为滑动接触，且摩擦系数恒定设为 0.2[23]。

6. 刀具磨损仿真参数设置

为了仿真得到微铣削过程中刀具的磨损情况，选用 DEFORM 内置的 Usui 磨损率模型。Usui 磨损率模型是通过输入界面温度、接触压力和刀具表面滑动速度得到磨损深度的，表达式如下：

$$\frac{\text{d}W}{\text{d}t} = a\sigma_{\text{n}}v_{\text{s}}\text{e}^{-b/T} \tag{4-5}$$

式中，$\text{d}W/\text{d}t$ 为轴向磨损率；σ_{n} 为法向应力；v_{s} 为刀具与工件间的滑动速度；T

为刀具与工件间的界面温度。模型常数 a 和 b 取决于材料，在用 Inconel 718 合金微铣削过程三维有限元仿真模型输出刀具磨损率时，a 和 b 分别设定为 7.8×10^{-9} 和 5302。

4.4.3　微铣刀磨损仿真结果及试验验证

在选择热力耦合计算模式并运行有限元模拟计算过程后，就可以输出微铣削过程刀具磨损情况，如图 4-42 所示。由图可知，仿真结果不仅包括给定切削条件下微铣刀的轴向磨损率、应力分布等，还包括根据仿真图进一步确定的微铣刀后刀面磨损带宽度 VB 和后刀面应力变化转折点处磨损带宽度 $\mathrm{VB_p}$ 等参数。

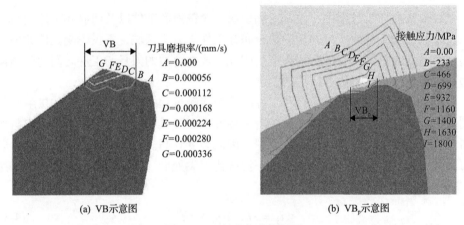

(a) VB示意图　　　　　　　　　　(b) $\mathrm{VB_p}$示意图

图4-42　刀具磨损仿真结果

DEFORM 默认的刀具磨损评价依据为刀具磨损深度，然而直接使用量具测量微铣刀的磨损深度是非常困难的，且目前为止还没有一个明确的、公认的准则来评估微铣削过程中刀具的磨损情况。为验证仿真模型预测刀具磨损结果的有效性，采用 Oliaei 等[12]提出的刀具相对直径减小率来表征微铣刀的磨损情况，如式(4-6)所示：

$$相对直径减小率 = \frac{D_{\mathrm{new}} - D_{\mathrm{worn}}}{D_{\mathrm{new}}} \times 100\% \qquad (4\text{-}6)$$

式中，D_{new} 为新刀直径；D_{worn} 为加工后刀具直径。

设置刀具主轴转速为 60000r/min，每齿进给量为 1.1μm，轴向切深为 35μm，仿真计算得到切削时间分别为 10s、20s、30s 时的刀具相对直径减小率，与试验测得的结果对比如图 4-43 所示。由图可以看出，有限元仿真得到的刀具磨损值与试验测量值基本吻合，验证了仿真模型的准确性。

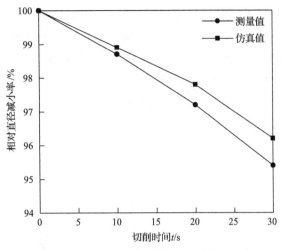

图 4-43　刀具磨损试验结果与仿真结果对比

　　有限元仿真和试验得到的沿切削刃方向上的刀具磨损分布对比如图 4-44 所示。仿真条件为刃口圆弧半径 2μm，每齿进给量 1μm。刀具磨损通常发生在后刀面，且刀尖处的磨损较严重。模拟得到的结果与 Ucun 等[24]基于试验研究的结果一致，进一步验证了本节所建立的镍基高温合金微铣削过程仿真模型的有效性及微铣刀磨损预测结果的准确性。

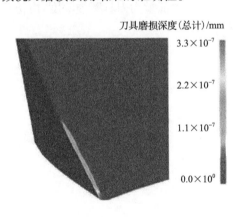

(a) 刀具磨损分布仿真结果

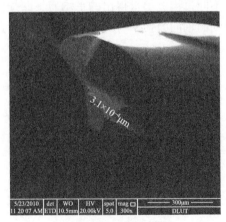

(b) 刀具磨损分布试验结果

图 4-44　刀具磨损分布仿真结果与试验结果对比

4.4.4　每齿进给量对微铣刀磨损的影响

　　在微铣削加工过程中，由于切削厚度与微铣削最小切削厚度之间的大小关系不同，存在不同的效应。当工件发生犁切效应时，产生的挤压效应会导致工件表面形成不连续切屑，且在切削加工过程中会伴随着毛刺的生成。这会影响工件加工表面的质量，也会加快刀具的磨损，甚至引起刀具的突然破损。刀具进给二维平面图如图 4-45 所示，可以通过改变每齿进给量确定微铣削过程中的最小切削厚度。换言之，每齿进给量对微铣削过程中刀具磨损的影响十分显著。因此，本节基于建立的镍基高温合金微铣削过程三维仿真模型研究每齿进给量对刀具磨损的影响规律。

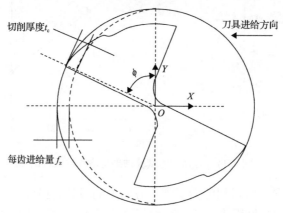

图4-45　刀具进给二维平面图

设置主轴转速为 60000r/min，轴向切深为 35μm，每齿进给量分别为 0.5μm、0.7μm、0.9μm、1.1μm 和 1.3μm，进行 5 组仿真研究。图 4-46 为微铣削过程中采取不同每齿进给量得出的平均刀具磨损深度曲线，表征量为刀具磨损深度(由仿真得到的轴向磨损率与切削时间的积分计算得到)。

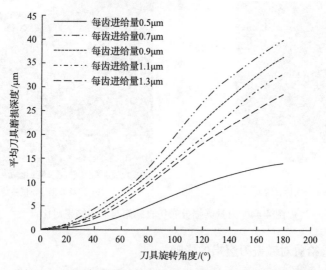

图 4-46　不同每齿进给量下沿切削刃的刀具磨损深度曲线

由图 4-46 可以看出，当每齿进给量大于或等于 0.7μm 时，刀具磨损深度随着每齿进给量的增加而减小。这是因为微铣削加工过程中出现的犁切效应，随着刀具每齿进给量的增加，耕犁效应减小，剪切效应增大，且刀具只需要转过较小的角度即可形成切屑，因此刀具磨损深度减小，该研究结果与 Ucun 等[24]的研究结果一致。

但图 4-46 中显示每齿进给量取 0.5μm 时，并不呈现上述规律，其刀具磨损深度比每齿进给量大于或等于 0.7μm 时的数值更小。研究可知，微铣削加工中的最小切削厚度为 0.7μm[25]。如图 4-47 所示，当刀具每齿进给量小于 0.7μm 时，微铣削加工过程处于耕犁效应阶段，切削力随每齿进给量的增加而增加，当每齿进给量为 0.5μm 时，得到的切削力比每齿进给量大于 0.7μm 时得到的切削力更小，因此刀具磨损量相应减小。当刀具每齿进给量大于 0.7μm 时，切削力随每齿进给量的增加而减小，因此可以解释在每齿进给量大于或等于 0.7μm 时，刀具磨损深度随每齿进给量的增加而减小的现象。

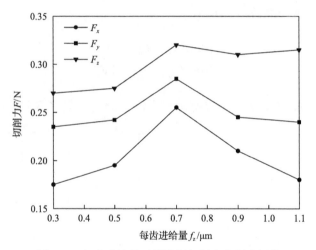

图4-47　每齿进给量对微铣削切削力的影响规律

4.5　微铣刀破损预测

微铣刀的破损失效是微铣削技术发展的瓶颈之一，因此及时开展微铣刀破损预测研究具有十分重要的意义。本节提出一种基于理论模型预测微铣刀破损的新方法。首先，基于建立的微铣削力模型，求取沿微铣刀螺旋刃分布的载荷引起的弯曲应力；然后，通过试验获得硬质合金微铣刀破损的极限应力；最后，利用 MATLAB 编程将通过微铣削力模型推导得到的刀具弯曲应力和微铣刀破损极限应力进行对比，获得横坐标、纵坐标分别为每齿进给量 f_z 和切削深度 a_p 的微铣刀破损曲线。曲线上方为刀具破损区域，曲线下方为刀具安全区域。本节所做的工作弥补了现有微铣刀破损预测的空缺，为微铣削加工过程中的切削参数选择提供了参考。

4.5.1　微铣刀受力分析及破损危险部位确定

通过对微铣刀基体材料硬质合金的机械特性进行试验发现，当硬质合金发生断裂时，塑性变形非常小，可视其为脆性材料，采用拉应力准则对其失效进行判断。本节应用材料力学理论，将微铣刀尖端受力模型简化为悬臂梁受力模型来推导刀具所受的拉应力，假设刀具材料是连续的、各向同性的，并且刀具的微小变形与其总尺寸相比是非常微小的，可以被忽略。由材料力学知识可知，对于梁的弯曲强度问题，Z 方向的轴向力不产生弯曲应力，并且其轴向应力与弯曲应力相比小到可以忽略，因此忽略 Z 方向微铣削力对刀具应力的影响。

下面阐述微铣刀尖端受力模型的应力推导过程。如图 4-48 所示，根据式（4-7），可以将由微铣削力模型推导的分布在切削刃上的微元力 $\mathrm{d}F_{xj}(\theta)$、$\mathrm{d}F_{yj}(\theta)$ 化简为在 X 和 Y 方向的分布力 $W_X(\theta)$、$W_Y(\theta)$。

$$\begin{cases} \mathrm{d}F_{xj}(\theta) = W_X(\theta)\mathrm{d}w \\ \mathrm{d}F_{yj}(\theta) = W_Y(\theta)\mathrm{d}w \end{cases} \tag{4-7}$$

式中，$\mathrm{d}w = \mathrm{d}z / \cos\beta$；$\beta$ 为刀具螺旋刃升角；$\mathrm{d}z$ 为刀具 Z 方向的微元。

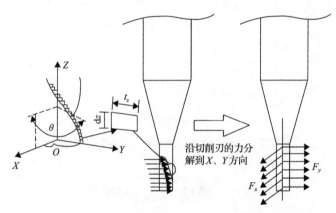

图 4-48　切削刃分布力在 X、Y 方向分解示意图

根据材料力学理论，将微铣刀视为悬臂梁，X 方向分布力 $W_X(\theta)$ 在刀具上每点都会产生弯矩，对分布力 $W_X(\theta)$ 沿着 Z 方向积分即可得到分布力在 X 方向上刀具各点弯矩 $M_X(\theta)$。以切削深度 a_p 为分界，分布力在高度 z 处引起的弯矩为

$$\begin{cases} M_X(\theta) = z\int_0^z W_X(\theta)\mathrm{d}z - \int_0^z W_X(\theta)z\mathrm{d}z, & z < a_p \\ M_X(\theta) = z\int_0^z W_X(\theta)\mathrm{d}z - \int_0^{a_p} W_X(\theta)z\mathrm{d}z, & z \geqslant a_p \end{cases} \tag{4-8}$$

同理，可得到分布力在 Y 方向上刀具各点弯矩 $M_Y(\theta)$ ，如式(4-9)所示：

$$
\begin{cases}
M_Y(\theta) = z\int_0^z W_Y(\theta)\mathrm{d}z - \int_0^z W_Y(\theta)z\mathrm{d}z, & z < a_\mathrm{p} \\
M_Y(\theta) = z\int_0^z W_Y(\theta)\mathrm{d}z - \int_0^{a_\mathrm{p}} W_Y(\theta)z\mathrm{d}z, & z \geqslant a_\mathrm{p}
\end{cases}
\tag{4-9}
$$

根据材料力学的弯曲应力公式(4-10)可以将弯矩换算为弯曲应力：

$$
\sigma_{\max} = \frac{M_{\max}}{W}
\tag{4-10}
$$

式中，$\sigma_{\max}$ 和 $M_{\max}$ 分别为危险点的最大应力和最大弯矩；W 为抗弯截面系数。

如图 4-49 所示，微铣刀在 X 和 Y 方向都会受到弯矩，刀具截面近似为圆形，刀具在 X 方向受力为正，其引起的弯矩会使刀具在第二、第三象限受拉应力；刀具在 Y 方向受力为正，其引起的弯矩会使刀具在第三、第四象限受拉应力，即 X、Y 方向的切削力都在第三象限引起了拉应力。同理，X 和 Y 方向切削力都为负值或一正一负，都会在某个象限上引起拉应力。

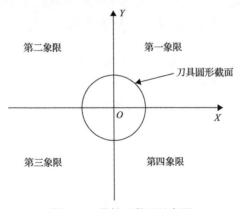

图 4-49　微铣刀截面示意图

在 X 和 Y 方向同为拉应力时，刀具受到的最大弯矩 $M_{\max}$ 可由两个方向的合力矩计算得到：

$$
M_{\max} = \sqrt{M_X^2 + M_Y^2}
\tag{4-11}
$$

圆形截面 $W = \pi d^3/32$ 。对于微铣刀螺旋刃，其截面等效直径 $d(z)$ 可以在长度上分为三个不同的表达式，如式(4-12)所示：

$$
\begin{cases}
d(z) = 0.7d_2, & 0 < z \leqslant l_1 \\
d(z) = d_1 - 2\tan\alpha \cdot (z - l_1), & l_1 < z \leqslant l_2 \\
d(z) = d_1, & l_2 < z \leqslant L
\end{cases}
\tag{4-12}
$$

式中，d_1 为刀柄直径；d_2 为螺旋刃外径；α 为锥台半锥角。

微铣刀结构尺寸与受载荷模型如图 4-50 所示，微铣刀螺旋刃部分等效直径取其直径的 7/10。

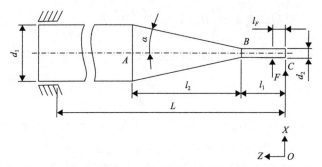

图 4-50　微铣刀结构尺寸与受荷载模型

本节所研究的刀具为日本日进公司生产的微铣刀 MSE230，规格为 $\phi0.6\text{mm} \times 1.5\text{mm}$。刀具结构参数如图 4-50 所示，其中 $d_2=0.6\text{mm}$，$d_1=4\text{mm}$，$\alpha=20°$，$l_1=1.5\text{mm}$，$l_2=10\text{mm}$。根据力学模型及其参数进行 MATLAB 编程，可计算得到微铣刀危险部位及其所受最大应力。微铣刀危险部位是在切削过程中产生刀具破损的断裂点，也是实际切削过程中受到的应力最大处。

本节基于理论和试验两种方法确定微铣刀危险部位。试验部分在 4.5.2 节详细介绍。下面主要通过理论推导求取微铣刀的危险部位。根据式 (4-13) 可以得到最大应力 $\sigma_{\max}$ 关于微铣刀轴向高度 z 的函数关系：

$$\begin{cases} \sigma_{\max}(z) = \dfrac{z\displaystyle\int_0^z W(\theta)\mathrm{d}z - \displaystyle\int_0^z W(\theta)z\mathrm{d}z}{\pi(0.7d_2)^3/32}, & 0 < z \leqslant a_\text{p} \\[4mm] \sigma_{\max}(z) = \dfrac{z\displaystyle\int_0^z W(\theta)\mathrm{d}z - \displaystyle\int_0^{a_\text{p}} W(\theta)z\mathrm{d}z}{\pi(0.7d_2)^3/32}, & a_\text{p} < z \leqslant l_1 \\[4mm] \sigma_{\max}(z) = \dfrac{z\displaystyle\int_0^z W(\theta)\mathrm{d}z - \displaystyle\int_0^{a_\text{p}} W(\theta)z\mathrm{d}z}{\pi[d_1 - 2\tan\alpha \cdot (z-l_1)]^3/32}, & l_1 < z \leqslant l_2 \\[4mm] \sigma_{\max}(z) = \dfrac{z\displaystyle\int_0^z W(\theta)\mathrm{d}z - \displaystyle\int_0^{a_\text{p}} W(\theta)z\mathrm{d}z}{\pi d_1^3/32}, & l_2 < z \leqslant L \end{cases} \quad (4\text{-}13)$$

式中，$\sigma_{\max}(z)$ 为自变量为 z 的函数，对应刀具上不同位置 z 处的弯曲拉应力。利用 MATLAB 对 $\sigma_{\max}(z)$ 求导，即令 $\mathrm{d}\sigma_{\max}(z)/\mathrm{d}z=0$，求出极值即可确定刀具所受

最大应力部位,即危险点。利用 MATLAB 迭代求解可得 $z=1.499$,即 $l_2=1.5\text{mm}$ 处,此处为微铣刀螺旋刃与锥台的过渡位置。与刀尖距离 L 和刀具所受最大应力关系如图 4-51 所示。

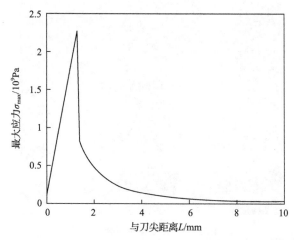

图 4-51　与刀尖距离 L 和刀具所受最大应力关系图(求取微铣刀危险部位)

微铣刀的破损危险部位为螺旋刃与锥台过渡部位,此处结构突变,刚度最小,是应力集中位置,容易因应力过大而折断。

4.5.2　微铣刀破损极限应力

为了验证理论推导求取的微铣刀破损危险点和微铣刀破损极限应力的准确性,本节进行了微铣刀破损试验,以观测刀具破损的位置并测量其破损力。试验刀具为 MX230 平头铣刀,直径为 0.6mm,涂层材料为 TiAlN。工件材料为镍基高温合金 Inconel 718,主轴转速为 40000r/min,切削深度为 0.2mm,每齿进给量为 2μm。进行三组重复试验,并利用 KISTLER 9256C1 测力仪测量每组刀具断裂的切削力,其平均值为刀具极限切削力。微铣刀破损断裂示意图如图 4-52 所示,破裂位置为螺旋刃与锥台过渡处,刀具断口两侧呈现斜坡形式和阶梯形式的裂纹。微铣刀破损危险点试验结果和理论分析结果一致,可以验证刀具破损的原因是刀具螺旋刃与锥台过渡处所受弯曲应力超过刀具极限应力。

三组试验测量得到的刀具极限切削力结果为 $F=6.92\text{N}$,将试验测得的切削力 F 作为集中载荷加载,危险点的悬垂量 $l_F=0.15\text{mm}$。通过式(4-14)可以计算出极限弯曲拉应力 $\sigma'_{\max}$:

$$\sigma'_{\max} = \frac{F \times (l_1 - l_F)}{W} = \frac{\sqrt{F_x^2 + F_y^2} \times (l_1 - l_F)}{W} \tag{4-14}$$

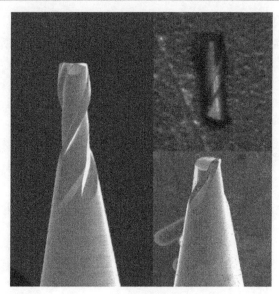

图 4-52　微铣刀破损断裂示意图

计算得到微铣刀的极限应力 σ'_{max} =1.332×10^{9}Pa。在实际微铣削工况下，利用测力仪测量微铣刀破损的极限力 F_x 和 F_y，通过分析切削力信号，可计算刀具所能承受的最大作用力，进而可以得到刀具的极限弯曲拉应力。

4.5.3　微铣刀破损预测曲线及其验证

为了防止由于切削参数选取不当而导致微铣刀破损，本节建立一个以切削深度和每齿进给量为自变量的微铣刀破损预测模型，以对比由微铣削力模型推导得到的刀具弯曲应力和微铣刀破损极限应力：

$$\sigma_{max}(f_z,a_p)=\sigma'_{max} \tag{4-15}$$

根据式(4-15)，利用 MATLAB 编程输出刀具破损曲线，曲线的横坐标、纵坐标分别为每齿进给量 f_z 和切削深度 a_p。为了保证安全，安全系数取为±20%，绘制两条刀具极限破损曲线。MATLAB 程序流程如图 4-53 所示。

输出刀具破损曲线流程具体如下：每齿进给量 f_z 和切削深度 a_p 从初值开始递增，求解该切削参数下的最大拉应力 σ_{max}，首先，σ_{max} 与极限应力 σ'_{max} 的120%相比较，若大于或等于 1.2 σ'_{max}，则刀具必然破损，该切削用量组合为微铣刀早期破损上曲线；然后，σ_{max} 与极限应力 σ'_{max} 的80%相比较，若小于或等于 0.8 σ'_{max}，则微铣刀不会发生破损，该切削用量组合为微铣刀安全曲线；最后，确定 0.8 σ'_{max} < σ_{max} <1.2 σ'_{max} 为微铣刀可能发生破损的危险区域，选取的切削参数可能导致刀具断裂，也可能不会导致刀具断裂。

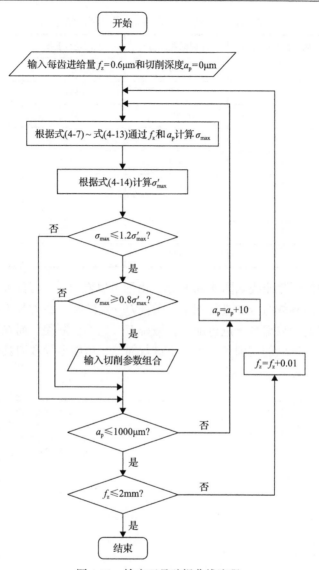

图 4-53　输出刀具破损曲线流程

引起微铣刀破损的主要原因是由切削力载荷引起的最大应力超过了刀具材料的极限强度。刀具材料的极限强度存在差异，导致微铣刀破损具有一定的随机性。微铣刀通常采用硬质合金材料粉末烧结制成，内部会有随机的微观缺陷，并且微铣削本身是断续切削，微铣刀受载状态极其复杂。因此，在这个区域内，切削参数组合对刀具破损具有不确定性。

为了验证微铣刀破损预测曲线的准确性，本节设计了九组微铣削试验，预测结果及试验结论如表 4-21 所示。

表 4-21　微铣刀破损预测结果及试验结论

试验编号	每齿进给量 f_z/μm	切削深度 a_p/μm	预测是否破损	实际是否破损
1	0.8	300	否	否
2	0.8	500	不确定	是
3	0.8	700	是	是
4	1.1	200	否	否
5	1.1	300	不确定	否
6	1.1	400	是	是
7	1.5	150	否	否
8	1.5	200	不确定	是
9	1.5	300	否	否

　　微铣刀破损预测曲线如图 4-54 所示。由图可以看出，在刀具破损上曲线上方区域选取的切削参数组合下进行加工，微铣刀一定断裂；在刀具破损下曲线下方区域选取的切削参数组合下进行加工，微铣刀一定不会断裂；而在刀具破损上曲线和下曲线中间选取的切削参数组合下进行加工，可能会导致刀具断裂，也可能不会导致刀具断裂，结果不确定。

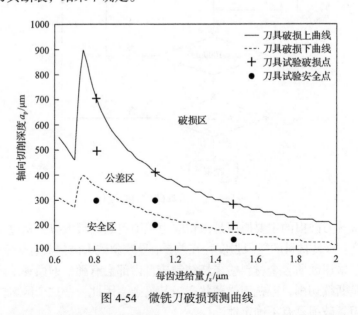

图 4-54　微铣刀破损预测曲线

　　试验结果表明，本节所提出的微铣刀破损预测方法能够有效预测微铣刀破损，为微铣削加工切削参数选择提供依据。

4.6　本　章　小　结

本章探究了镍基高温合金微铣削过程中的刀具磨损机理和切削参数及切削时间对刀具磨损的影响。在微铣削镍基高温合金时，刀具的主要失效形式是前刀面和后刀面的涂层剥落及切削刃微崩，主要磨损区位于刀尖部位，且单齿切削现象的发生会导致两个切削刃磨损程度不同。试验研究发现，在切削三要素中，每齿进给量对刀具磨损的影响程度最大，而主轴转速和轴向切深对刀具磨损的影响较小。实际微铣削加工镍基高温合金时，为保证刀具寿命和加工效率，可以选择较小的每齿进给量、较大的主轴转速和轴向切深。

本章还研究了镍基高温合金微铣削过程中刀具磨损对槽底表面形貌的影响，分析了毛刺的形成过程及特点，发现毛刺随着刀具磨损程度的增加而不断增长，并且由于其根植于槽壁，向槽中心延伸，严重影响槽的尺寸精度。

基于 DEFORM，通过 J-C 本构模型、材料断裂准则、边界条件、接触条件和磨损类型等的选择和设置建立了镍基高温合金 Inconel 718 微铣削过程三维有限元仿真模型，实现了微铣刀磨损预测。基于建立的微铣削过程三维仿真模型，研究了每齿进给量对微铣刀磨损的影响规律。

本章基于材料力学和机械学理论，提出了一种基于载荷沿微铣刀螺旋刃分布加载引起的刀具弯曲应力与刀具极限应力对比的微铣刀破损预测方法。所提出的微铣刀破损预测方法，只需要依靠微切削力模型和刀具弯曲极限拉应力，不需要复杂的仿真，即可获得微铣刀破损极限曲线，进而得到保证微铣刀不破损的切削参数组合。本章所做的研究为微铣削加工切削参数选择提供了参考。

参 考 文 献

[1] 田璐, 韩旭焓, 高峰, 等. 微细铣削技术研究综述[J]. 机械强度, 2019, 41(3): 618-624.

[2] 于天琪, 王忠生, 田兴志, 等. 微铣削 Ti6Al4V 刀具磨损机理研究[J]. 长春理工大学学报(自然科学版), 2017, 40(3): 32-37.

[3] 王文豪, 程祥, 郑光明, 等. 微细铣削 6061 铝合金的刀具磨损试验研究[J]. 制造技术与机床, 2019, (4): 95-99.

[4] Wu X, Li L, He N, et al. Study on the tool wear and its effect of PCD tool in micro milling of tungsten carbide[J]. International Journal of Refractory Metals and Hard Materials, 2018, 77: 61-67.

[5] Vipindas K, Jose M. Wear behavior of TiAlN coated WC tool during micro end milling of Ti6Al4V and analysis of surface roughness[J]. Wear, 2019, 424-425: 165-182.

[6] 李成超. 基于机器视觉的微细铣削刀具磨损在位检测技术研究[D]. 长春: 长春理工大学, 2020.

[7] 何启东, 董志国, 李文斌, 等. 基于 ABAQUS/Explicit 的 AZ31b 镁合金微铣削三维仿真研究 [J]. 工具技术, 2017, 51(4): 18-21.

[8] Thepsonthi T, Özel T. 3-D finite element process simulation of micro-end milling Ti6Al4V titanium alloy: Experimental validations on chip flow and tool wear[J]. Journal of Materials Processing Technology, 2015, 221: 128-145.

[9] 苏玉龙, 董志国, 轧刚, 等. 考虑尺寸效应三维微铣削有限元仿真[J]. 现代制造工程, 2016, (1): 94-99.

[10] Thepsonthi T, Özel T. Experiments and finite element simulation based on investigations on micro-milling Ti6Al4V titanium alloy: Effects of cBN coating on tool wear[J]. Journal of Materials Processing Technology, 2013, 213(4): 532-542.

[11] 冯鸣, 陈永洁, 倪兰. 刀具破损机理国内外研究概况及发展趋势[J]. 硬质合金, 2007, (1): 39-42.

[12] Oliaei S N B, Karpat Y. Influence of tool wear on machining forces and tool deflections during micro milling[J]. International Journal of Advanced Manufacturing Technology, 2016, 84(9-12): 1963-1980.

[13] 严亮, 王学彬, 张利深, 等. 仿真分析微铣刀破损失效的影响因素[J]. 微特电机, 2019, 47(9): 69-72.

[14] 郭林林. 高速切削立铣刀力热耦合作用破损机理研究[D]. 湛江: 广东海洋大学, 2015.

[15] 宋海潮, 冯晓梅, 滕宏春, 等. 涂层硬质合金刀高速铣削 Cr12 模具钢的破损失效分析[J]. 机床与液压, 2010, 38(20): 10-11.

[16] Raja K, Guo C S. On the geometric and stress modeling of taper ball end mills[J]. CIRP Annals—Manufacturing Technology, 2014, 63(1): 117-120.

[17] 何理论. 微细铣刀的失效分析与设计理论研究[D]. 北京: 北京理工大学, 2015.

[18] Mamedov A, Layegh K S, Ismail L. Instantaneous tool deflection model for micro milling[J]. International Journal of Advanced Manufacturing Technology, 2015, 79(5-8): 769-777.

[19] 李建明, 王相宇, 乔阳, 等. 高温合金切削加工的研究进展[J]. 济南大学学报(自然科学版), 2020, 34(3): 203-210.

[20] 卢晓红, 路彦君, 王福瑞, 等. 镍基高温合金 Inconel 718 微铣削加工硬化研究[J]. 组合机床与自动化加工技术, 2016, (7): 4-7.

[21] Wu T, Cheng K. 3D FE-based modelling and simulation of the micro milling process[C]. Key Engineering Materials, 2012, 516: 634-639.

[22] Yadav R K, Abhishek K, Mahapatra S S. A simulation approach for estimating flank wear and material removal rate in turning of Inconel 718[J]. Simulation Modelling Practice and Theory, 2015, 52: 1-14.

[23] Özel T, Arisoy Y M, Guo C. Identification of microstructural model parameters for 3D finite

element simulation of machining Inconel 100 alloy[C]. The 7th HPC-CIRP Conference on High Performance Cutting, 2016, 46: 549-554.

[24] Ucun I, Aslantas K, Bedir F. An experimental investigation of the effect of coating material on tool wear in micro milling of Inconel 718 super alloy[J]. Wear, 2013, 300(1-2): 8-19.

[25] Lu X H, Jia Z Y, Wang F R, et al. Model of the instantaneous undeformed chip thickness in micro-milling based on tooth trajectory[J]. Proceedings of the Institution of Mechanical Engineers, Part B: Journal of Engineering Manufacture, 2018, 232(2): 226-239.

第5章 考虑尺度效应的镍基高温合金微铣削过程仿真

5.1 引　言

微铣削加工可以在毫米量级甚至更小的零件上高效率、高精度地加工出三维复杂结构，因此可以满足微小零部件的加工需求。微铣削加工不是传统铣削加工的简单尺寸缩减，而是呈现出一些不同于传统铣削的特点。微铣削时切削厚度减小到一定程度，会呈现切削力和切削能量增大的异常现象，同时屈服剪切应力也成倍增大，这种异于传统切削过程中的特殊现象称为尺度效应。微铣削加工中的尺度效应无法用传统切削理论来描述，因此一些学者探索应用材料塑性理论来描述尺度效应现象。Gao 等[1]探索出一种应变梯度塑性公式，以泰勒(Taylor)位错模型作为基本原理，从位错相互作用的微观尺度考虑塑性变形理论。Joshi 等[2]将应变梯度表示的材料尺度成功地纳入材料本构模型中，用解析方法计算第一变形区的应变梯度表达式，解释考虑应变梯度塑性模型的正交切削过程。用应变梯度理论可以描述在微观尺度切削试验中观察到的尺度效应，这为考虑尺度效应的微切削过程仿真模型的建立提供了理论基础。

在传统切削过程中，切削刃通常被认为是绝对锋利的，以正前角切削工件，切屑沿刀具前刀面流出。但是，在微铣削加工过程中，刀具的刃口圆弧半径在微米量级，与微切削的切削厚度相近，切削刃不能被视为锋利的，这对切削力、切削温度、切削稳定性等许多因素都会造成影响[3]。Lucca 等[4]通过试验发现，当切削厚度减小至刀具刃口圆弧半径时，切削过程以耕犁效应为主导，会引起尺度效应。Wu 等[5]通过设置不同的刃口圆弧半径进行微车削试验，试验证明切削力随刃口圆弧半径的增大而增大。可见，刃口圆弧半径对考虑尺度效应的微切削过程的影响不可忽略。

考虑尺度效应的微切削过程研究方法主要有理论分析法、试验法和仿真分析法。理论分析法和试验法成本高、难度大。仿真分析法可以考虑微加工过程中的大应变、高应变率、最小切削厚度，且成本低，可得到工件材料的应力-应变分布，适用于考虑尺度效应的微铣削过程研究，因此被众多学者采用。

宋旭[6]以经典的 J-C 本构模型为基础，基于位错机制的应变梯度理论建立能够体现尺度效应的微观尺度切削本构关系，分析应变梯度对切削力、单位切削力以及等效应力的影响。Ding 等[7]研究微铣削加工应变梯度对切削温度及切削应力的影响,发现应变梯度理论能很好地解释微切削尺度效应。孟宪东[8]利用 ABAQUS 对 6061-T6 铝合金进行二维正交切削仿真,发现 6061-T6 铝合金的最小切削厚度约为刀具刃口圆弧半径的 27%,微切削力随圆弧半径的增大而增大。何启东等[9]利用有限元软件 ABAQUS 对 AZ31B 镁合金材料微铣削过程进行三维变切削厚度仿真,采用 ALE 技术控制网格畸变过大问题,建立了反映尺度效应的微铣削模型。Oliveira 等[10]通过对切削力进行方差分析,将其与刃口圆弧半径、工件粗糙度和切屑形成相关联,研究了微铣削中的尺度效应,发现最小未变形切削厚度实际上在刀具切削刃的 1/4~1/3 处变化。

　　综上,学者围绕应变梯度塑性理论、考虑刃口圆弧半径对尺度效应的影响及基于有限元仿真分析的微切削过程进行了研究,为考虑尺度效应的镍基高温合金微铣削过程仿真研究提供了参考。但上述文献没有考虑刃口圆弧半径对刀具前角的影响,仿真过程有待改进。

　　本章首先基于应变梯度塑性理论修正材料 J-C 本构方程来描述材料强化行为,考虑刀具刃口圆弧半径对刀具前角的影响,计算材料的应变梯度;然后,基于修正的 J-C 本构方程进行微铣削过程仿真二次开发,并组织微铣削镍基高温合金 Inconel 718 试验,通过试验测得单位切削力,分别与修正前后的 J-C 本构方程模拟结果进行对比,对所建立的考虑尺度效应的微铣削过程仿真模型的有效性进行验证;最后,基于所建立的微铣削过程仿真模型,探讨不同切削厚度对镍基高温合金微铣削加工切削力大小和切屑形成机理的影响。

5.2　考虑尺度效应的材料本构方程

5.2.1　应变梯度塑性理论

　　学者通过试验研究发现,材料在微米尺度上表现出强烈的尺寸依赖性。例如,在微压痕和纳米压痕硬度试验中,当压痕尺寸降低到微米或亚微米时,其硬度增加了 2 倍甚至 3 倍[11]。在细铜线的微扭转试验中,Fleck 等[12]观察到当铜丝直径从 170μm 下降到 12μm 时,剪切强度增加了一倍。Stolken 等[13]在微弯薄镍箔试验中发现,当薄镍箔厚度从 50μm 降低到 12.5μm 时,有类似强度增加的现象。

　　经典塑性理论的本构模型无法解释材料的尺寸依赖性,有学者提出应变梯度塑性理论,并将其应用于材料结构尺寸大致在 10μm 范围内的塑性变形[14,15]。Taylor 位错理论[16]描述了有效流动应力与位错密度之间的关系,如式(5-1)所示:

$$\sigma = 3\alpha Gb\sqrt{\rho} = 3\alpha Gb\sqrt{\rho_s + \rho_g} \tag{5-1}$$

式中，α 为材料的常系数，塑性材料常取 0.3～0.5；G 为剪切模量；b 为伯格斯矢量的大小；ρ 为总位错密度；ρ_s 为统计存储位错密度；ρ_g 为几何必须位错密度。

应变梯度表示非局部范围内应变模量沿切向的增量，可以用几何必须位错密度加以表征，如式(5-2)所示：

$$\eta = \frac{1}{\bar{r}} \rho_g b \tag{5-2}$$

式中，$\bar{r}$ 为 Nye 因子，可以反映几何必须位错的平均密度与最有效位错排列中几何必须位错密度的比值[17]。

本节已经建立了微尺寸下材料的抗剪强度与应变梯度之间的关系，根据 von Mises 准则，可以推导出剪切应力和拉伸应力之间的关系，其中单轴拉伸应力通过传统塑性力学理论求解：

$$\sigma = \sigma_Y \sqrt{f^2(\varepsilon, \dot{\varepsilon}, T)} \tag{5-3}$$

式中，σ_Y 为流动应力；ε 为剪切应变；$\dot{\varepsilon}$ 为剪切应变率；T 为温度。

综上，基于应变梯度塑性理论建立位错机制的微观尺度塑性本构方程，推导应变梯度和材料应力之间的关系，以描述微加工过程的尺度效应。

5.2.2　基于应变梯度塑性理论的 J-C 本构方程

金属切削仿真过程中，材料的本构方程表征材料变形过程中的力学行为特征。半经验本构方程在切削过程有限元仿真中得到广泛应用[18]。其中，J-C 本构方程因能够准确描述金属材料大应变、高应变率和高温下的材料行为特性而被广泛应用，其表达式参见式(4-1)。

传统的 J-C 本构方程描述的是无量纲的有限元分析过程，其中流动应力与尺度变量无关，不能解释尺度效应。为了建立能够描述镍基高温合金 Inconel 718 微铣削过程尺度效应的材料本构方程，本节基于应变梯度塑性理论，在传统材料 J-C 本构方程中引入尺寸变量使其适用于微铣削修正的 J-C 本构方程。将主变形区特征长度作为衡量应变梯度的量纲，描述材料强度随切削尺寸的减小而增大的现象。修正的 J-C 本构方程建立了尺寸变量与流动应力之间的关系。

将镍基高温合金 Inconel 718 视为各向同性材料，Taylor 位错理论如式(5-1)所示，统计存储位错可与轴拉伸参考流动应力 σ_{J-C} 可建立如下联系：

$$\sigma = 3\alpha G b \sqrt{\rho_s} = \sigma_{J-C} \tag{5-4}$$

几何必须位错密度 ρ_g 可与有效应变梯度 η 建立联系：

$$\rho_g = \frac{2\eta}{b} \tag{5-5}$$

应变梯度 η 通过分析微加工剪切区的位错长度 L 获得，即

$$\eta = \frac{1}{L} \tag{5-6}$$

根据式(5-1)、式(5-4)～式(5-6)，建立有效流动应力 σ 与微加工剪切区位错长度 L 的关系如下：

$$\sigma = \sigma_{J\text{-}C} \sqrt{1 + \left(\frac{18\alpha^2 G^2 b}{\sigma_{J\text{-}C}^2 L}\right)^{\mu}} \tag{5-7}$$

$$\sigma_{J\text{-}C} = \left[A + B(\bar{\varepsilon})^n\right]\left[1 + C\ln\left(\frac{\dot{\bar{\varepsilon}}}{\dot{\varepsilon}_0}\right)\right]\left[1 - \left(\frac{T - T_{\text{room}}}{T_{\text{melt}} - T_{\text{room}}}\right)^m\right] \tag{5-8}$$

式(5-8)为考虑尺度效应的镍基高温合金 Inconel 718 的本构方程。

5.2.3　微铣削过程应变梯度的求解

根据前期研究结论[19]，当镍基高温合金微铣削加工过程中切削厚度小于最小切削厚度时，切削层从刀具侧面划过，工件发生弹性变形并最终变回初始状态，此过程没有切屑产生，并以耕犁效应为主导。当切削厚度大于最小切削厚度时，切削层材料在切削力作用下发生塑性变形，变形的材料作为切屑被移除，即以剪切效应为主导的切削过程。Kim[20]采用分子动力学模拟研究了这种现象，如图 5-1 所示，t_c 为周刃的切削厚度。

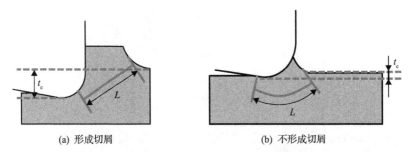

(a) 形成切屑　　　　　　　　　　　　(b) 不形成切屑

图 5-1　考虑微铣削过程刃口圆弧半径和最小切削厚度的影响计算位错长度

当切削厚度 t_c 大于最小切削厚度时，如图 5-1(a)所示，L 表示为

$$L = \frac{t_c}{\sin \phi} \tag{5-9}$$

当切削厚度 t_c 小于最小切削厚度时，如图 5-1(b) 所示，L 表示为

$$L = \frac{\arccos\left(\dfrac{r_e - t_c}{r_e}\right) \pi r_e}{180} \tag{5-10}$$

式 (5-9) 中，ϕ 为剪切角，与切削过程的前角 α 有关，其关系为

$$\phi = \frac{\pi/2 - \beta + \alpha}{2} \tag{5-11}$$

其中，β 为周刃前刀面与切屑间的摩擦角；α 为前角。

　　Vogler 等[21]研究发现，当切削厚度小于或等于刃口圆弧半径时，实际加工过程中的前角大于名义前角。前角的大小对切削过程材料变形有重要影响，进而影响微切削过程剪切区位错长度 L，因此剪切区位错长度 L 的计算需要考虑有效前角。

　　如图 5-2 所示，当切削厚度内某一点的纵坐标小于前刀面与微铣刀刃口圆弧相切点 h_t 的高度时，在该特定位置上的有效前角定义为在该特定点处切边圆弧的切线角。相反，当切削厚度内某一点的纵坐标大于前刀面与微铣刀刃口圆弧相切点 h_t 的高度时，有效前角等于名义前角[22]。

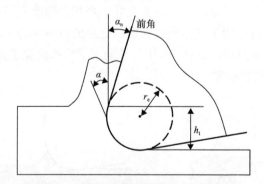

图 5-2　有效前角和切削厚度之间的关系

当 $t_c < r_e\left[1 - \cos\left(\alpha_n + \dfrac{\pi}{2}\right)\right]$ 时，切削前角与名义刀具前角的关系为

$$\alpha = -\frac{\pi}{2} + \arccos\left(1 - \frac{t_c}{r_e}\right) \tag{5-12}$$

当 $t_c > r_e\left[1-\cos\left(\alpha_n+\dfrac{\pi}{2}\right)\right]$ 时，切削前角与名义刀具前角的关系为

$$\alpha = \alpha_n \tag{5-13}$$

将式(5-11)～式(5-13)代入式(5-9)和式(5-10)，可以得到考虑有效前角的剪切区位错长度 L。

5.3　微铣削过程有限元仿真

5.3.1　微铣削过程二维仿真建模

微铣削是非常复杂的切削过程，切削刀齿不断切入和切出工件，因此每一时刻的切削厚度都是不断变化的。通常认为，当微铣削稳定切削时，刀具周刃切削的厚度先从 0 逐渐增大到每齿进给量 f_z，再逐渐减小到 0。本节为了研究和验证考虑尺度效应的材料本构方程，对镍基高温合金微铣削过程仿真进行简化，提出两种假设：

(1)将复杂的三维微铣削过程简化为二维微铣削过程，如图 5-3(a)所示。微铣削加工的切削深度非常小，有时仅十几微米，在这种情况下，微铣削过程中螺旋角的影响很小，可以忽略。因此，将三维微铣削过程中恒定的切削深度简化为二维微切削过程中工件的厚度。

(2)建立简化的二维微铣削过程和正交切削过程之间的关系，如图 5-3 所示。微铣刀的直径通常是几百微米，而加工区的尺寸在微米量级，因此与刀具和工件相比，材料的变形区域要小得多。本章的仿真切削参数每齿进给量小于 1.5μm，

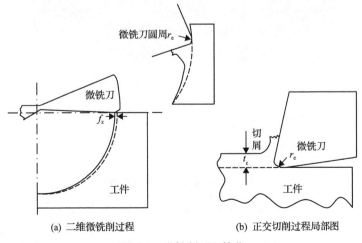

(a) 二维微铣削过程　　　　(b) 正交切削过程局部图

图 5-3　微铣削过程简化

因此可以将变形区域看成图 5-3(b)所示的正交切削过程。正交切削过程中的切削厚度 h 相当于微铣削过程中的每齿进给量 f_z。

5.3.2　几何模型及网格划分

应用 ABAQUS/Explicit 有限元软件对微铣削镍基高温合金微铣削过程进行仿真。使用的微铣刀是直径为 0.6mm 的平头双刃端铣刀。利用扫描电子显微镜(FEI Q45)测得刃口圆弧半径为 1.6μm。微铣刀的几何参数如表 5-1 所示。

表 5-1　微铣刀的几何参数

参数	刃口圆弧半径/μm	刀具刃长/mm	周刃前角/(°)	周刃后角/(°)
数值	1.6	2	–2	9

选取合适的网格类型可以减少计算时间,并可以得到较高的计算精度。采用四节点热耦合平面应变四边形单元 CPE4RT 对工件和刀具进行网格划分,将工件分成两个区,上端加密,切削部分细化最小网格大小为 0.1μm×0.2μm,以保证足够的精度。工件共划分 12500 个网格。采用 ALE 技术对切削过程的网格进行重新划分,防止部分单元产生严重变形和扭曲,保证分析过程中网格的质量,刀具几何模型和工件网格划分如图 5-4 所示。

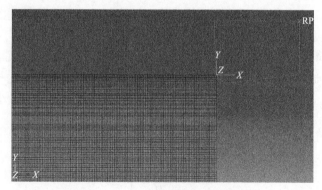

图 5-4　刀具几何模型和工件网格划分

5.3.3　材料参数与断裂准则设置

工件材料为镍基高温合金 Inconel 718,其材料参数如表 5-2 所示。

表 5-2　Inconel 718 材料参数

参数	密度 $\rho/(\text{kg/m}^3)$	弹性模量 E/MPa	泊松比 υ	屈服强度 $\sigma_{0.2}/\text{MPa}$	抗拉强度 σ_b/MPa	拉伸率 $\sigma_5/\%$	收缩率 $\psi/\%$	熔点 /℃
数值	8280	185000	0.33	1260	1430	24	40	1260~1336

　　镍基高温合金 Inconel 718 材料的 J-C 本构方程参数[23]如表 5-3 所示。表中，A 为屈服应力，B 为应变硬化常数，C 为应变率常数，n 为硬化指数，m 为热软化指数，$\bar{\varepsilon}_0$ 为等效参考应变，T_melt 为材料熔点。本节所采用的本构方程是在传统 J-C 本构方程的基础上基于应变梯度塑性理论加入应变梯度所建立的，它不仅保持了宏观下塑性力学公式的基本框架，还能够准确描述金属材料在微切削加工下表现出的尺度效应等力学行为，材料微观参数[24]如表 5-4 所示，其中材料剪切模量 G 随温度而变化，b 为伯格斯常数，υ 为泊松比，a 为经验常数，选为 0.5。

表 5-3　J-C 本构模型中 Inconel 718 材料参数

参数	A/MPa	B	C	n	m	$\dot{\bar{\varepsilon}}_0$ /s^{-1}	T_melt/℃
数值	450	1700	0.02	0.65	1.3	1	1300

表 5-4　工件材料的应变梯度参数

参数	G/GPa	b/nm	a	υ
数值	$-0.0225T+86.003$	0.249	0.5	0.38

　　采用的 J-C 失效准则适用于高应变率下的金属材料。其判断准则依据网格积分节点的等效塑性应变：当失效参数 $\omega \geqslant 1$ 时，网格失效。ω 表示为

$$\omega = \sum \left(\frac{\Delta \bar{\varepsilon}^{\text{pl}}}{\bar{\varepsilon}_\text{f}^{\text{pl}}} \right) \tag{5-14}$$

式中，$\Delta \bar{\varepsilon}^{\text{pl}}$ 为等效塑性应变增量；$\bar{\varepsilon}_\text{f}^{\text{pl}}$ 为单元失效时的应变。

　　J-C 失效准则的表达式为

$$\bar{\varepsilon}_\text{f}^{\text{pl}} = \left[d_1 + d_2 \exp\left(d_3 \frac{p}{q} \right) \right] \left[1 + d_4 \ln\left(\frac{\dot{\bar{\varepsilon}}^{\text{pl}}}{\dot{\varepsilon}_0} \right) \right] \left[1 + d_5 \left(\frac{T - T_\text{room}}{T_\text{melt} - T_\text{room}} \right) \right] \tag{5-15}$$

式中，p 为压应力；q 为 von Mises 应力；$\dot{\bar{\varepsilon}}^{\text{pl}}$ 为等效塑性应变率；$\dot{\varepsilon}_0$ 为参考应变率；失效参数 $d_1 \sim d_5$[25]取值如表 5-5 所示。微铣刀涂层 TiAlN 材料与工件 Inconel 718 材料的滑动摩擦系数为 0.4[26]。

表 5-5　J-C 断裂失效模型参数

参数	d_1	d_2	d_3	d_4	d_5
数值	-0.239	0.456	0.3	0.07	2.5

5.3.4　用户材料子程序二次开发

　　本节主要介绍利用 ABAQUS/Explicit 对镍基高温合金 Inconel 718 微铣削过程

中的本构模型进行二次开发的过程。用户材料子程序 VUMAT 是 ABAQUS 提供给用户用于自定义材料力学本构关系的程序接口，可以采用 Fortran 语言编写程序定义材料本构方程。

采用完全隐式的迭代积分应力更新算法对仿真过程中弹塑性材料镍基高温合金 Inconel 718 进行应力更新[27]，应力更新算法如下：

(1)根据广义胡克定律，计算试探应力增量 $dO_n=Dd\varepsilon_n$。

(2)计算试探应力 $O_{ntrial}=O_{n-1}+dO_n$。

(3)比较试探应力 O_{ntrial} 与屈服应力 σ_{yield}，若 $O_{ntrial}>\sigma_{yield}$，则材料屈服，继续步骤(4)；反之，若 $O_{ntrial}\leqslant\sigma_{yield}$，则材料未屈服，更新应力 $\sigma_e=O_{ntrial}$。

(4)材料发生屈服，将应变增量分为弹性应变和塑性应变两部分，即 $d\varepsilon_n=d\varepsilon_e+d\varepsilon_p$，弹性应变部分按照步骤(1)中的广义胡克定律计算对应的应力增量；塑性应变部分对应的应力增量的计算公式为 $d\sigma_p=\int_0^{d\varepsilon_p}D_{ep}(\sigma,b,\varepsilon)d\varepsilon$，式中，$D_{ep}(\sigma,b,\varepsilon)$ 为弹塑性张量，是应力 σ、背应力 b 和应变 ε 的函数。

(5)弹性和塑性两部分的应力增量和为本增量步的应力增量，通过应力增量来更新应力。

根据应力更新算法的计算步骤，再加上基于塑性应变梯度的本构方程编写 ABAQUS 用户材料子程序 VUMAT，程序流程如图 5-5 所示。

5.3.5 有限元仿真模型的试验验证

基于推导的镍基高温合金 Inconel 718 本构方程建立考虑尺度效应的微铣削过程仿真模型，输入微铣削力。为了验证所建立的仿真模型的有效性和仿真输出结果的准确性，本节分别基于修正的 J-C 本构方程和未修正的 J-C 本构方程进行镍基高温合金 Inconel 718 微铣削过程仿真，通过将仿真输出的力与微铣削试验测得的力进行对比，对所构建的修正的 J-C 本构方程进行验证。

为了更好地验证仿真模型的有效性，本节选取不同的切削参数进行镍基高温合金 Inconel 718 微铣削试验，如表 5-6 所示。使用的微铣刀是带涂层硬质合金平头双刃端铣刀(MSE230)，刀具直径为 0.6mm。

微铣削过程是一个复杂的三维切削过程，切削刀齿不断切入和切出工件，实际切削厚度不断变化。通常认为，当微铣削达到稳定切削时，刀具周刃的切削厚度先从 0 逐渐增大到名义上的每齿进给量 f_z，再逐渐减小到 0。因此试验测得的切削力是随切削厚度不断变化的。而在二维仿真过程中，切削厚度保持为名义上的每齿进给量，并且是不变的，因此对仿真模型进行验证时，需要用周刃的切削厚度达到名义上的每齿进给量 f_z 时的切削力对仿真结果进行验证，即切削力的峰值。

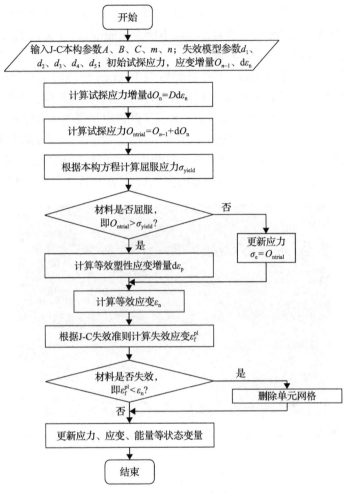

图 5-5　VUMAT 程序流程

表 5-6　微铣削试验切削参数

试验编号	主轴转速 $n/(\text{r/min})$	每齿进给量 $f_z/\mu m$	切削深度 $a_p/\mu m$
1	40000	1.1	35
2	40000	0.9	20
3	50000	0.7	30
4	60000	0.5	15
5	70000	0.3	25

　　基于 5.3.1 节提出的铣削过程简化模型,将三维的微铣削过程看成二维的正交切削过程,将微铣削的每齿进给量简化为正交切削深度。因此,正交切削仿真的 X、Y 方向切削力对应三维微铣削过程是工件侧壁所受的切向力和法向力。测力仪

测得的力为工件坐标系下 X、Y 方向的切削力。正交切削仿真的切削力为转动刀具坐标系下的 X、Y 方向的切削力，因此不能直接验证 X、Y 方向的切削力，但可以通过 X、Y 方向的合力进行验证。

当主轴转速为 40000r/min，每齿进给量为 1.1μm，轴向切深为 35μm 时，对应正交仿真过程切削速度为 1.25m/s，切削厚度为 1.1μm，平面应力-应变厚度为 35μm。考虑尺度效应的镍基高温合金 Inconel 718 微铣削过程仿真的应力分布云图如图 5-6 所示。仿真输出的 X、Y 方向切削力如图 5-7 所示。当切削力达到峰值稳定时，X、Y 方向的切削力分别为 0.41N 和 0.46N，其合力为 0.616N。同理，计算未考虑尺度效应的镍基高温合金 Inconel 718 微铣削过程 X、Y 方向的合力仅为 0.325N。

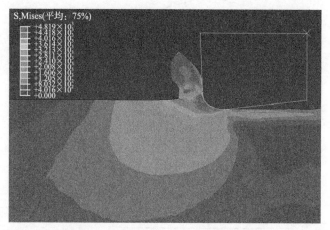

图 5-6　Inconel 718 微切削过程仿真的应力分布云图(单位：MPa)

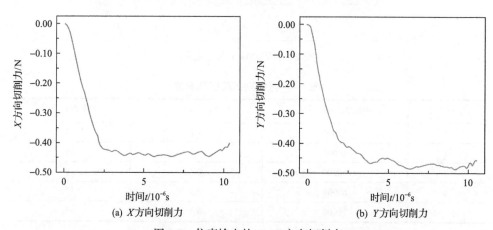

(a) X 方向切削力　　　　　　　　　　(b) Y 方向切削力

图 5-7　仿真输出的 X、Y 方向切削力

当主轴转速为 40000r/min，每齿进给量为 1.1μm，轴向切深为 35μm 时，试验测得的 X、Y 方向切削力如图 5-8 所示。当切削角度为 60°时，切削力达到峰值 0.54N。

考虑尺度效应的镍基高温合金 Inconel 718 微铣削过程仿真模型和未考虑尺度效应的镍基高温合金 Inconel 718 微铣削过程仿真模型输出的切削力合力分别为 0.616N 和 0.325N，相对误差分别为 14.07%和 39.81%。由此可以得出结论，考虑尺度效应的镍基高温合金 Inconel 718 微铣削过程仿真模型输出的切削力相对误差较小。

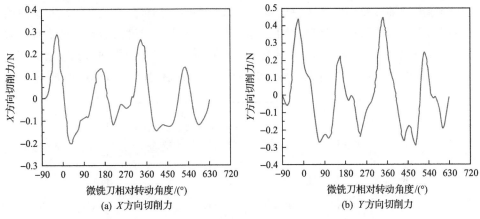

图 5-8　试验测得的 X、Y 方向切削力

在表 5-6 中的切削参数下，考虑和未考虑尺度效应的镍基高温合金 Inconel 718 微铣削过程仿真模型输出的切削力和试验测得的切削力对比结果如表 5-7 所示。由表可以看出，考虑尺度效应的仿真模型输出的切削力相对误差明显小于未考虑尺度效应的仿真模型输出的切削力相对误差。随着切削厚度的减小，基于传统 J-C 本构方程(未考虑尺度效应)的仿真模型输出的切削力相对误差有增大的趋势，这说明传统 J-C 本构方程不能解释微切削过程中的尺度效应，而基于修正的 J-C 本构方程(考虑尺度效应)的仿真模型输出的切削力相对误差整体较小，验证了所建立的考虑尺度效应的镍基高温合金 Inconel 718 微铣削过程仿真模型的有效性，间接验证了所构建的修正的 J-C 本构方程的有效性。

表 5-7　微铣削试验及仿真模型验证结果

试验编号	试验测得的切削力/N	考虑尺度效应的仿真模型输出的切削力/N	未考虑尺度效应的仿真模型输出的切削力/N	考虑尺度效应的仿真模型输出的切削力相对误差/%	未考虑尺度效应的仿真模型输出的切削力相对误差/%
1	0.54	0.616	0.325	14.07	39.81
2	0.259	0.304	0.166	17.37	35.91
3	0.385	0.405	0.237	5.19	38.44
4	0.205	0.230	0.112	12.19	45.37
5	0.351	0.334	0.147	4.78	58.11

切削力 F 除以工件与刀具接触的垂直面积即为单位切削力，单位切削力的计

算公式为

$$p = \frac{F}{t_{c}w} \tag{5-16}$$

式中，w 为切削宽度，在仿真模型与试验中对应的是切削深度；t_{c} 为仿真模型中的切削厚度，即试验中的每齿进给量。用试验和仿真得到的切削力除以每齿进给量与切削深度的积可以得到单位切削力。建立基于考虑尺度效应与不考虑尺度效应的镍基高温合金 Inconel 718 微铣削过程仿真模型，将基于两种情况输出的切削力计算得到的单位切削力与试验得到的单位切削力进行比较，如图 5-9 所示。

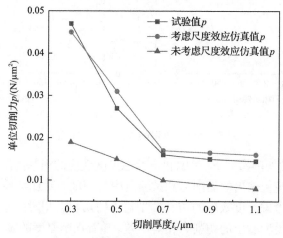

图 5-9　切削厚度对单位切削力的影响

　　在相同的切削条件下，考虑尺度效应(基于修正的 J-C 本构模型)的过程仿真模型计算得到的单位切削力，比未考虑尺度效应(基于传统 J-C 本构模型)的过程仿真模型计算得到的单位切削力更接近于基于试验测得的切削力计算得到的单位切削力。由图 5-9 可以看出，当切削厚度小于最小切削厚度(0.7μm)时，单位切削力随着切削厚度的减小而增大，表现出明显的尺度效应。曲线的斜率代表单位切削力随着切削厚度改变的趋势，通过曲线可以看出，随着切削厚度的减小，单位切削力的斜率增大，尺度效应增强，证明了基于应变梯度塑性理论的材料 J-C 本构模型可以解释微铣削过程中的尺度效应现象。

5.4　切削厚度对切削力和切屑的影响

　　为了探究镍基高温合金 Inconel 718 微铣削过程中切削厚度对切削力和切屑形成的影响，本节利用所建立的考虑尺度效应的镍基高温合金 Inconel 718 微铣削过程仿真模型，对不同切削厚度和应变梯度下的微铣削过程进行模拟。选用的切削厚度(对应于微铣削的每齿进给量)分别为 0.3μm、0.5μm、0.7μm、0.9μm 和 1.1μm，主轴转速为 40000r/min，轴向切深为 35μm。仿真输出的不同切削厚度下的切削力如图 5-10 所示。

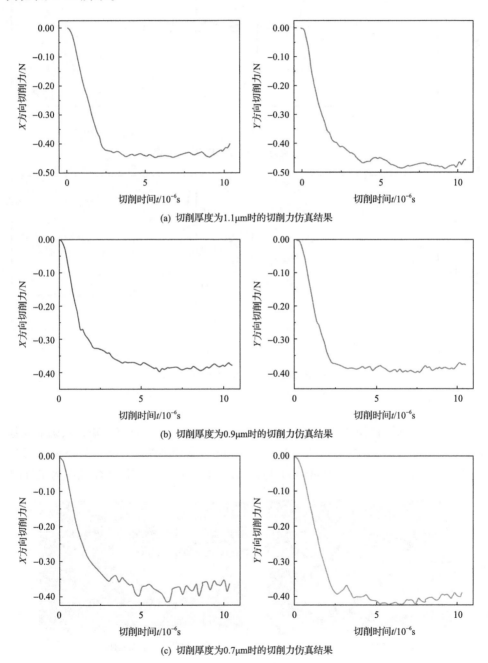

(a) 切削厚度为1.1μm时的切削力仿真结果

(b) 切削厚度为0.9μm时的切削力仿真结果

(c) 切削厚度为0.7μm时的切削力仿真结果

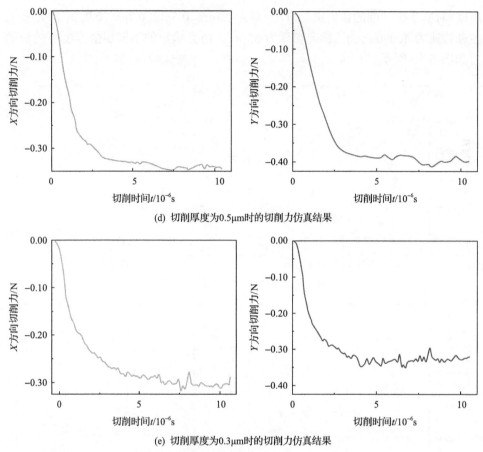

(d) 切削厚度为0.5μm时的切削力仿真结果

(e) 切削厚度为0.3μm时的切削力仿真结果

图 5-10　不同切削厚度下的切削力仿真结果

　　切削厚度对切屑的影响如图 5-11 所示。根据 3.5 节的研究可知，微铣削镍基高温合金 Inconel 718 的最小切削厚度为 0.7μm。当切削厚度小于 0.7μm 时，刀具挤压工件材料，切削层从刀具侧面划过，没有切屑产生，即以耕犁效应为主导的

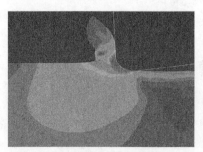

(a) 切削厚度为1.1μm时的切屑

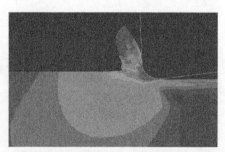

(b) 切削厚度为0.9μm时的切屑

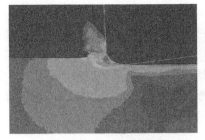
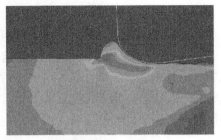

(c) 切削厚度为0.7μm时的切屑　　　　　　　(d) 切削厚度为0.5μm时的切屑

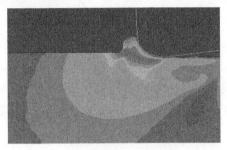

(e) 切削厚度为0.3μm时的切屑

图 5-11　不同切削厚度下的切屑仿真结果

切削过程；当切削厚度大于或等于 0.7μm 时，才有切屑产生。考虑尺度效应的镍基高温合金 Inconel 718 微铣削过程仿真模型输出的切屑形成与试验研究相同。

切削厚度对切削力的影响如图 5-12 所示。由图可以看出，在仿真参数范围内，随着切削厚度的增加，X、Y 方向切削力和切削合力都有先增大后减小再增大

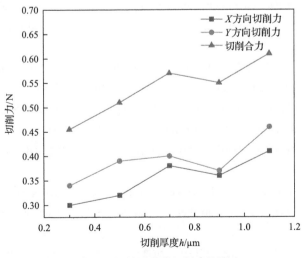

图 5-12　切削厚度对切削力的影响

的趋势。根据本节研究可知，当切削厚度为最小切削厚度 0.7μm 时，切削力有突变；当切削厚度小于 0.7μm 时，没有切屑产生；随着切削厚度的增大，刀具挤压工件材料的厚度也增大，因此切削力随着切削厚度的增大而增加；当切削厚度大于 0.7μm 时，耕犁效应减少，尺度效应对切削力的影响减弱，剪切效应为主导。因此，一开始切削力随着切削厚度的增大而减小，然后随着切削厚度和工件材料剪切层厚度的增加，切削力增大。

5.5　本 章 小 结

本章基于应变梯度塑性理论，考虑刀具刃口圆弧半径对实际前角的影响，研究了微铣削过程中的尺度效应，建立了修正的 J-C 本构方程来描述镍基高温合金 Inconel 718 微观尺度下的强化行为，并建立了考虑尺度效应的微铣削过程二维仿真模型，探讨了尺度效应对切削力及切屑形成的影响，为揭示微切削机理探索了可行之路。

参 考 文 献

[1] Gao H J, Huang Y G. Taylor-based nonlocal theory of plasticity[J]. International Journal of Solids and Structures, 2001, 38(15): 2615-2637.

[2] Joshi S S, Melkote S N. An explanation for the size effect in machining using strain gradient plasticity[J]. Journal of Manufacturing Science and Engineering, 2004, 126(4): 679-684.

[3] Lu X H, Wang H, Jia Z Y, et al. Effects of tool nose corner radius and main cutting-edge radius on cutting temperature in micro-milling inconel 718 process[C]. American Society of Mechanical Engineers 2017 12th International Manufacturing Science and Engineering Conference, 2017: 2997.

[4] Lucca D A, Seo Y W. Effect of tool edge geometry on energy dissipation in ultraprecision machining[J]. CIRP Annals-Manufacturing Technology, 1993, 42(1): 83-86.

[5] Wu X, Li L, He N, et al. Influence of the cutting edge radius and the material grain size on the cutting force in micro cutting[J]. Precision Engineering, 2016, 45: 359-364.

[6] 宋旭. 基于 MSG 理论的 Al7075 介观尺度切削的仿真与试验研究[D]. 北京: 北京理工大学, 2015.

[7] Ding H T, Shen N G, Shin Y C. Experimental evaluation and modeling analysis of micromilling of hardened H13 tool steels[J]. Journal of Manufacturing Science and Engineering, 2011, 133(4): 041007.

[8] 孟宪东. 微铣削加工零件表面形成机理的仿真与试验研究[D]. 长春: 长春理工大学, 2018.

[9] 何启东, 董志国, 李文斌, 等. 基于 ABAQUS/Explicit 的 AZ31b 镁合金微铣削三维仿真研究

[J]. 工具技术, 2017, 51(4): 18-21.

[10] Oliveira F D, Rodrigues A R, Coelho R T, et al. Size effect and minimum chip thickness in micromilling[J]. International Journal of Machine Tools and Manufacture, 2015, 89: 39-54.

[11] Suresh S, Nieh T G, Choi B W. Nano-indentation of copper thin films on silicon substrates[J]. Scripta Materialia, 1999, 41(9): 951-957.

[12] Fleck N A, Muller G M, Ashby M F, et al. Strain gradient plasticity: Theory and experiment[J]. Acta Metallurgica et Materialia, 1994, 42(2): 475-487.

[13] Stolken J S, Evans A G. Amicrobend test method for measuring the plasticity length scale[J]. Acta Materialia, 1998, 46(14): 5109-5115.

[14] Fleck N A, Hutchinson J W. A phenomenological theory for strain gradient effects in plasticity[J]. Journal of the Mechanics and Physics of Solids, 1993, 41(12): 1825-1857.

[15] Nix W D, Gao H J. Indentation size effects in crystalline materials: A law for strain gradient plasticity[J]. Journal of the Mechanics and Physics of Solids, 1998, 46(3): 411-425.

[16] Taylor G I. The mechanism of plastic deformation of crystals. Part I. Theoretical[J]. Proceedings of the Royal Society A, 1934, 145(855): 362-387.

[17] Nye J F. Some geometrical relations in dislocated crystals[J]. Acta Metallurgica, 1953, 1(2): 153-162.

[18] Özel T, Zeren E. Determination of work material flow stress and friction for FEA of machining using orthogonal cutting tests[J]. Journal of Materials Processing Technology, 2004, 153-154(1-3): 1019-1025.

[19] 李光俊. 镍基高温合金微细铣削过程切削力建模研究[D]. 大连: 大连理工大学, 2013.

[20] Kim C J. Mechanism of the chip formation and cutting dynamic of the micro-scale milling process[D]. Michigan: University of Michigan, 2004.

[21] Vogler M P, Kapoor S G, DeVor R E. On the modeling and analysis of machining performance in micro-endmilling, Part II: Cutting force prediction[J]. Journal of Manufacturing Science and Engineering, 2004, 126(4): 695-705.

[22] Lee H U, Cho D W, Ehmann K F. A mechanistic model of cutting forces in micro-end-milling with cutting-condition-independent cutting force coefficients[J]. Journal of Manufacturing Science and Engineering, 2008, 130(3): 0311021-0311029.

[23] Kobayashi T, Simons J W, Brown C S, et al. Plastic flow behavior of Inconel 718 under dynamic shear loads[J]. International Journal of Impact Engineering, 2008, 35(5): 389-396.

[24] Ding H T, Shen N G, Shin Y C. Thermal and mechanical modeling analysis of laser-assisted micro-milling of difficult-to-machine alloys[J]. Journal of Materials Processing Technology, 2012, 212(3): 601-613.

[25] 朱黛茹. 微细铣削表面粗糙度和残余应力的研究[D]. 哈尔滨: 哈尔滨工业大学, 2007.

[26] Sharman A, Dewes R C, Aspinwall D K. Tool life when high speed ball nose end milling Inconel 718™[J]. Journal of Materials Processing Technology, 2001, 118 (1-3): 29-35.

[27] 师超. 微切削过程材料的本构关系建模与尺度效应仿真[D]. 武汉: 华中科技大学, 2012.

第6章　镍基高温合金微铣削加工颤振稳定性

6.1　引　言

在铣削加工过程中，刀具与工件间存在振动，可分为自由振动、强迫振动、自激振动三类。由于振动的存在，当刀具参与切削时，工件已加工表面会留下振纹，当刀具再次切削到这些留有振纹的工件表面时，瞬时切削厚度应是理论切削厚度和动态切削厚度的叠加。在加工系统结构的振动频率附近，瞬时切削厚度呈发散性增长，因瞬时切削力与瞬时切削厚度成正比，切削力也将不断增加，最终整个切削系统呈现发散性的不稳定状态，称为颤振。颤振会明显降低零件的加工质量与加工效率，缩短刀具和机床的使用寿命[1,2]。在铣削加工过程中，不合理的加工参数会导致颤振的发生，从而影响加工精度和生产效率。

切削加工颤振稳定性分析通过预测处于临界稳定性状态的切削参数组合（主轴转速与轴向切深），获得临界稳定性边界，绘制稳定性叶瓣图，划分切削稳定区和颤振区。对镍基高温合金微铣削加工而言，微铣刀直径微小，刚度较低，在加工过程中容易诱发颤振；镍基高温合金材料具有高塑性、存在大量硬质点等特性，加剧了微铣削过程的不稳定性。因此，镍基高温合金微铣削过程颤振稳定性分析较常规铣削更为复杂，更具有挑战性。

根据产生的物理原因，颤振可大致分为三类，即摩擦型颤振、振型耦合型颤振和再生型颤振。再生型颤振是引起铣削过程不稳定状态的主要因素[3,4]。当前微铣削过程稳定性分析研究中，主要集中在再生型颤振。通常是将微铣削动态系统简化为平面上正交的二自由度振动系统模型，以此来构建微铣削动力学模型，求解出切削参数构成的稳定性边界。

目前，铣削动力学模型建模方法大体分为三种，即时域法[5,6]、零阶求解法[7,8]及半离散法[9,10]。时域法是指在时域内数值求解时滞微分方程，获得一段时间范围内的铣削过程响应信号，如铣削力、刀具振动位移等，根据响应信号的时域或频域特征构造稳定判据，进而判断铣削过程的稳定性。时域法考虑了大振幅断续切削等非线性因素，通过实时地计算切削力来降低铣削力的计算误差，其应用范围相当广泛，但计算量庞大。零阶求解法是对时域的运动方程采用傅里叶变换，由时域转化为频域，并对傅里叶级数展开的零次谐波分量进行近似，忽略刀具-工件接触区的交叉传递函数，求解闭环系统特征方程的特征值，得到无颤振条件下的轴向极限切深。该方法所需要的计算条件较少,并且计算效率很高,但由于过于简化,不能预报低径向铣削工况时出现的倍周期分岔,精度较差。半离散法是将时域的运动方程分步离散化,使运动方程转化为常系数微分方程,求解得到所需的物理参数,但其进行零阶半离散化时误差级数较大,往往需要进行多步长的计算才能获得比较精确的稳定性分析结果。

构建微铣削过程动力学模型是进行镍基高温合金 Inconel 718 微铣削加工颤振稳定性分析的前提。系统动态特性分析是动力学建模的关键,而刀尖频响函数反映了整个机床-主轴-刀具系统在刀尖处的动态特性,因此求取微铣削加工系统的刀尖频响函数尤为重要。

微铣刀尺寸微小,刚度较低,很难直接在刀尖上实施力锤锤击试验,无法直接通过模态试验获取微铣刀刀尖频响函数。

子结构响应耦合法通过耦合不同装配子结构的频响函数获得装配结构的动态特性。该方法可将理论计算得到的频响函数与试验获取的频响函数进行耦合,进而获得切削系统动态特性参数,适用于获取微铣刀的刀尖频响函数。Mascardelli 等[8]通过锤击试验获得了刀柄-主轴-机床部分的频响函数,基于 Timoshenko 梁理论,采用有限元法获得了刀柄-刀尖部分的频响函数,最后通过子结构响应耦合法获得了微铣刀刀尖频响函数。

本章针对镍基高温合金 Inconel 718 微铣削过程的颤振问题,基于时域仿真分析理论,采用子结构响应耦合法,实现基于试验的刀柄试验频响函数与基于 Timoshenko 梁、Euler-Bernoulli 梁解析模型的刀尖频响函数耦合。建立考虑离心力和陀螺效应的微铣削颤振理论模型,以旋转 Timoshenko 梁模型为基础,运用子结构响应耦合法的刚性耦合条件,分别得到刀具、夹具及主轴的频响,利用遗传算法(genetic algorithm, GA)获得包括连接刚度和阻尼的连接参数,在子结构响应耦合法的弹性阻尼耦合条件下获得装配结构(刀具-夹具-主轴)的刀尖频响函数。在获得旋转主轴刀尖频响函数的基础上,建立精确的微铣削颤振模型,得到镍基高温合金 Inconel 718 微铣削颤振稳定性叶瓣图。

6.2 微铣削过程动力学建模

铣削过程动力学模型用于描述机床-刀具-工件组成的铣削动态系统中铣削力与刀具-工件间的运动关系。微铣削过程中,由于刀具几何特征与加工尺度的共同影响,会出现一些不同于常规铣削的现象和特点,如最小切削厚度现象。这对微铣削过程有很大的影响,在微铣削过程动力学模型中需要考虑。

6.2.1　微铣削过程分析

微铣削过程中，加工特征尺度的急剧减小使其切削机制更为复杂。常规铣削机理研究中所进行的一些简化假设都需要重新考虑，如刃口圆弧半径、最小切削厚度和已加工表面弹性回复等都对微铣削过程有很大的影响。

1）刃口圆弧半径的影响

在常规铣削中，通常将切削刃看成是绝对锋利的，而忽略刃口圆弧的影响。在微铣削中，刃口圆弧半径在微米量级，与每齿进给量为同一量级，无法再视切削刃为绝对锋利，需要考虑刃口圆弧对切削过程的影响[11]。

如图 6-1 所示，v_c 为切削速度，r_e 为刃口圆弧半径，α_0 为后角，δ 为弹性回复量，t_c 为切削厚度。在刀具与工件间的切削区域内，瞬时切削厚度位置在圆弧形刃口的附近，导致刀具名义切削前角 γ_0 的存在对切削层材料变形不产生直接影响。在刀具与工件间的实际切削区域内，沿切削厚度方向，不同高度的实际前角均不相同，且均为负前角 γ_e。此外，切削厚度越小，负前角越大。当刀具呈负前角切削时，切削刃摩擦挤压切削层材料，切屑沿前刀面的滑出受到阻碍，导致弹塑性变形加剧，同时也会增大刀具后刀面与工件间的耕犁效应。

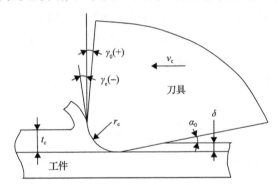

图 6-1　微铣削中圆弧形刃口切削工件材料模型

2）最小切削厚度的影响

微铣削过程中，刃口圆弧引起的实际负前角不利于切削层材料的剪切变形，致使剪切滑移产生的临界点不在切削刃-工件接触区的最低点，而在接触区中工件材料受剪切应力最大的位置。

根据 2.4.1 节的相关论述，最小切削厚度是微铣削过程中以剪切效应和耕犁效应为主导的两种切削状态的分界点，也是形成切屑的临界值。目前，计算最小切削厚度的方法主要有试验法、有限元法和弹塑性理论法。本章所研究的镍基高温合金 Inconel 718 微铣削过程的最小切削厚度为 0.7μm。

3）已加工表面弹性回复的影响

常规铣削中，因每齿进给量和切削力相对较大，耕犁效应对切削过程的影响很小，大部分研究往往将其忽略。但微铣削过程中，因加工尺度的减小，耕犁效应对切削过程的影响十分显著，而耕犁效应引起的已加工表面弹性回复现象会改变本次及之后的刀齿切削周期的瞬时切削厚度，因此在微铣削过程研究中须考虑已加工表面弹性回复的影响。

张福霞[12]根据瞬时切削厚度的大小，将微铣削加工表面的弹性回复分为三种情况：①当瞬时切削厚度小于某标准值 t_{c0}（标准值小于最小切削厚度）时，切削层材料只发生弹性变形，加工后将弹性回复到原来的尺寸；②当瞬时切削厚度在标准值 t_{c0} 和最小切削厚度之间时，切削层材料一部分发生弹性变形，另一部分发生塑性变形，发生弹性变形的材料比例与材料自身属性相关；③当瞬时切削厚度大于最小切削厚度时，切削层材料发生塑性变形，形成切屑，已加工表面弹性回复量为零。

Malekian 等[13]认为，当瞬时切削厚度大于最小切削厚度时，已加工表面弹性回复量为零；当瞬时切削厚度小于最小切削厚度时，已加工表面弹性回复量可表示为 $h_{er} = p_e t_c$，其中 p_e 为与加工材料相关的常数，可通过锥形划痕测试获取，t_c 为静态切削厚度（静态切削厚度为刀具做刚体运动时的瞬时切削厚度）。

本章对微铣削过程的已加工表面弹性回复现象进行如下假设：存在一个与加工材料和刀具相关的最大弹性回复量 δ_{max}，通常小于最小切削厚度，其与工件材料及刀具的几何参数相关，由石文天[14]给出的计算公式（6-1）计算：

$$\begin{cases} \delta = \dfrac{3\sigma_s}{4E} r_e \left[2\exp\left(\dfrac{H}{\sigma_s} - \dfrac{1}{2}\right) - 1 \right], & t_c > t_{cmin} \\ \delta = t_c, & t_c \leqslant t_{cmin} \end{cases} \tag{6-1}$$

式中，σ_s 为工件材料的抗拉强度；E 为工件材料的弹性模量；r_e 为刀具切削刃刃口圆弧半径；H 为工件材料的硬度。

当瞬时切削厚度 t_c 大于最大弹性回复量 δ_{max} 时，已加工表面的弹性回复量为 δ_{max}；当瞬时切削厚度 t_c 小于或等于最大弹性回复量 δ_{max} 时，已加工表面的弹性回复量为瞬时切削厚度。

6.2.2　微铣削系统动力学模型

由机床-刀具-工件组成的铣削动态系统在结构上可分为刀具系统机床主轴-刀具和工件系统工作台-工件两部分。切削过程中，刀具系统与工件系统发生动态交互作用，产生切屑，构成刀具-工件铣削系统。对铣削过程而言，刀具系统与工件系统的动态特性对切削过程动力学特性的影响一般是决定性的，其他机床结构对切削过程动力学特性的影响可以忽略不计[15]。根据铣削系统内各部分的刚度对比，可将系统结构特性的假设分为三种情况：①仅考虑刀具柔性；②仅考虑工件柔性；③同时考虑刀具与工件的柔性。根据微铣床上刀具和工件的装配方式可知，刀具系统的柔性远大于工件系统，因此本章将微铣削动态系统假设为柔性刀具系统。

考虑到刀具在 X 和 Y 方向上的弯曲模态远大于刀具在 Z 方向的振动模态和扭转模态，可将微铣削动态系统简化为平面上正交方向（X 方向和 Y 方向）的二自由度振动系统模型，如图 6-2 所示。图中，ω 为主轴旋转角速度，$\phi_j(t)$ 为瞬时浸入角，$t_{cj}(t)$ 为动态切削厚度。刀具与主轴结合部的动态特性以等效的质量-弹簧-阻尼系统表示。

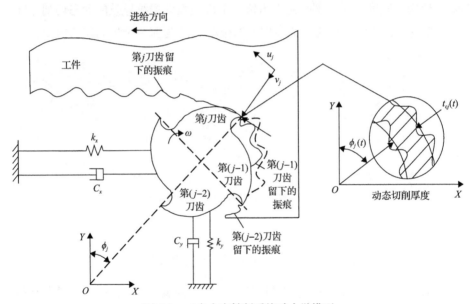

图 6-2　二自由度铣削系统动力学模型

铣削过程中，铣削力激励铣削系统结构，引起的振动位移投影到进给方向（X 方向）和法向（Y 方向）上，得到刀具正交方向上的振动位移 x 和 y。以下动力学方程可描述铣削系统动态交互作用中铣削力与位移的关系：

$$\begin{cases} F_x(t) = \sum_{j=1}^{k}\sum_{l=1}^{M} F_{xjl} = m_x\ddot{x} + c_x\dot{x} + k_x x \\ F_y(t) = \sum_{j=1}^{k}\sum_{l=1}^{M} F_{yjl} = m_y\ddot{y} + c_y\dot{y} + k_y y \end{cases} \tag{6-2}$$

式中，m_x 和 m_y 分别为主轴-刀具系统在 X 和 Y 方向上的质量系数；c_x 和 c_y 分别为主轴-刀具系统在 X 和 Y 方向上的阻尼系数；k_x 和 k_y 分别为主轴-刀具系统在 X 和 Y 方向上的刚度系数；k 为铣刀刀齿数目；M 为刀齿上的轴向微元总数；F_{xjl} 和 F_{yjl} 分别为某时刻铣刀的第 j 刀齿第 l 轴向微元受力在 X 和 Y 方向上的分量。

6.2.3　微铣削过程瞬时切削厚度模型

1. 常规铣削过程瞬时切削厚度模型

在铣削过程中，铣削动态系统的某个模态最初由铣削力所激励，在工件表面上留下振纹，在下一次切削到该留有振纹的工件表面时，同样会留下振纹。连续的两个振纹之间存在相位差，造成铣削过程中瞬时切削厚度发生变化，因此某时刻的瞬时切削厚度应由两部分组成，一部分是刀具做刚体运动时的静态切削厚度，即未变形切削厚度；另一部分是刀齿留在工件表面的振纹导致的动态切削厚度，如图 6-3 所示。图中，v_j 为当前齿周期的振动，v_j' 为前一个齿周期的振动。

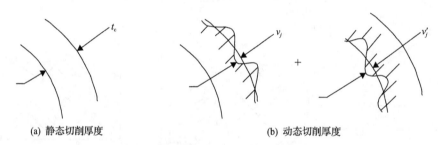

(a) 静态切削厚度　　　　　　　　　　　(b) 动态切削厚度

图 6-3　常规铣削过程中瞬时切削厚度组成

瞬时切削厚度可表示为

$$t_c(\phi_{jl}) = [f_z \sin\phi_{jl} + (v_{jl}^0 - v_{jl})]g(\phi_{jl}) \tag{6-3}$$

式中，f_z 为每齿进给量；由于切削厚度沿刀齿径向度量，v_{jl}^0 和 v_{jl} 分别为刀具在前一刀齿周期和当前刀齿周期中产生的振动位移在第 j 刀齿第 l 轴向微元的切削厚度方向上的投影，即

$$v_{jl} = -x\sin\phi_{jl} - y\cos\phi_{jl} \tag{6-4}$$

函数 $g(\phi_{jl})$ 为单位阶跃函数，用于判断当前时刻刀齿是否切削到工件。

$$\begin{cases} g(\phi_{jl}) = 1, & \phi_{st} \leqslant \phi_{jl} \leqslant \phi_{ex} \\ g(\phi_{jl}) = 0, & \phi_{jl} < \phi_{st} \text{ 或 } \phi_{jl} > \phi_{ex} \end{cases} \tag{6-5}$$

式中，ϕ_{st} 和 ϕ_{ex} 分别为刀具切入工件和切出工件时的齿位角。

常规铣削过程的瞬时切削厚度模型虽然可以体现铣削过程的时滞特性，但仍对铣削过程中瞬时切削厚度的变化做了一定线性的近似。该模型并未考虑铣削过程中的刀齿跳出现象和相应的多重再生效应。若当前刀齿周期的振动位移过大，即 $v_{jl} - v_{jl}^0 > f_z \sin\phi_{jl}$，刀齿将脱离工件表面，跳出切削，则此时的切削厚度和切削力均为零。此外，由于存在刀齿跳出切削现象，当前振动位移并不一定对应上一周期同齿位角刀齿的振动位移，也有可能对应上上周期或更早之前的周期同齿位角刀齿的振动位移，这就是多重再生效应。

2. 微铣削瞬时切削厚度模型

常规铣削过程中，瞬时切削厚度受每齿进给量、瞬时齿位角、铣削过程振动的影响。微铣削过程中，已加工表面弹性回复现象会使先前刀齿切削周期留下的弹性回复层，在下一个刀齿周期被切削。因此，微铣削过程的瞬时切削厚度除了受以上三个因素的影响，还受耕犁效应引起的已加工表面弹性回复的影响。

针对刀齿轴向离散后得到的轴向微元，根据前一刀齿切削周期内刀齿是否跳出切削，将微铣削过程的瞬时切削厚度计算分为以下两种情况。

1) 刀齿未跳出切削

铣削过程瞬时切削厚度如图 6-4 所示。刀齿切削周期 2 未发生刀齿跳出切削，在工件表面上留下了振纹，刀齿切削周期 3 的振纹对应刀齿切削周期 2 的振纹。刀齿切削周期 2 产生的已加工表面弹性回复层实际上增大了刀齿切削周期 3 的瞬

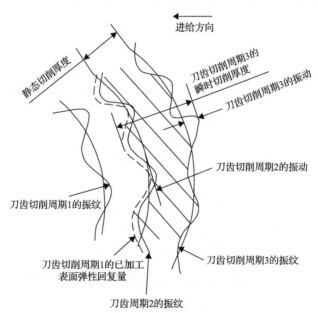

图 6-4　刀齿未跳出切削时的瞬时切削厚度

时切削厚度。刀齿切削周期 2 的已加工表面弹性回复层是在刀齿切削后产生的，已加工表面弹性回复和振纹对切削厚度的影响是彼此独立的。因此，刀齿切削周期 3 的瞬时切削厚度应为

$$t_c^3(\phi_{jl}) = [f_z \sin\phi_{jl} + (v_{jl}^2 - v_{jl}^3) + \delta_{jl}^2]g(\phi_{jl}) \tag{6-6}$$

式中，$t_c^3(\phi_{jl})$ 为第 j 刀齿第 l 轴向微元在刀齿切削周期 3 时的瞬时切削厚度；v_{jl}^2 为第 j 刀齿第 l 轴向微元在刀齿切削周期 2 时的振动位移；v_{jl}^3 为第 j 刀齿第 l 轴向微元在刀齿切削周期 3 时的振动位移；δ_{jl}^2 为第 j 刀齿第 l 轴向微元在刀齿切削周期 2 时的已加工表面弹性回复量。

2) 刀齿跳出切削

这里假设刀齿切削周期 1 未发生刀齿跳出切削。铣削过程瞬时切削厚度如图 6-5 所示。刀齿切削周期 2 发生了刀齿跳出切削，未在工件表面上留下振纹，与刀齿切削周期 3 的振纹距离最近的是刀齿切削周期 1 的振纹。可以看出，由于刀齿切削周期 2 未发生切削，刀齿切削周期 2 内每齿进给量带来的静态切削厚度部分并未被切除，需要由刀齿切削周期 3 切除。在已加工表面弹性回复方面，刀齿切削周期 2 并未发生切削，刀齿切削周期 3 所对应的已加工表面弹性回复层来自刀齿切削周期 1。因此，刀齿切削周期 3 的瞬时切削厚度应为

$$t_c^3(\phi_{jl}) = [f_z \sin\phi_{jl} + (v_{jl}^1 - v_{jl}^3) + \delta_{jl}^1 + f_z \sin\phi_{jl}]g(\phi_{jl}) \tag{6-7}$$

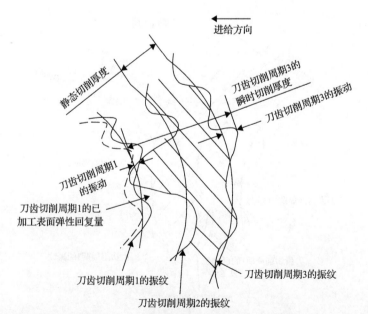

图 6-5　刀齿跳出切削时的瞬时切削厚度(刀齿切削周期 1 未发生刀齿跳出切削)

　　假设刀齿切削周期 1 同样发生了刀齿跳出切削。铣削过程瞬时切削厚度如图 6-6 所示。刀齿切削周期 1 和 2 发生了刀齿跳出切削，未在工件表面上留下振纹，与刀齿切削周期 3 的振纹距离最近的是刀齿切削周期 0 的振纹。由图可以看出，由于刀齿切削周期 1 和 2 均未发生切削，两个切削周期内每齿进给量带来的理论切削厚度部分未被切除，需要由刀齿切削周期 3 切除。在已加工表面弹性回复方面，刀齿切削周期 1 和 2 并未发生切削，刀齿切削周期 3 所对应的已加工表面弹性回复层来自刀齿切削周期 0。因此，刀齿切削周期 3 的瞬时切削厚度应为

$$t_c^3(\phi_{jl}) = [f_z \sin\phi_{jl} + (v_{jl}^0 - v_{jl}^3) + \delta_{jl}^0 + 2f_z \sin\phi_{jl}]g(\phi_{jl}) \tag{6-8}$$

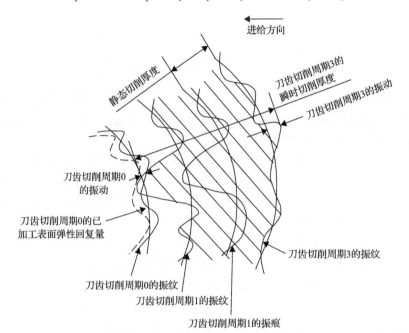

图 6-6　刀齿跳出切削时的瞬时切削厚度（刀齿切削周期 1 发生刀齿跳出切削）

　　将以上两种情况的微铣削过程瞬时切削厚度表达式与常规铣削过程瞬时切削厚度公式进行对比可以发现，微铣削过程瞬时切削厚度除了有静态切削厚度和动态切削厚度两部分，还包含由已加工表面弹性回复或刀齿跳出切削造成的切削厚度增大值，并且该增大值仅与上一刀齿切削周期的切削状态相关。本章将该部分切削厚度增大值称为上一刀齿切削周期的切削厚度残留或当前刀齿切削周期的切削厚度补偿，用 hpr 表示。值得注意的是，当刀齿切削周期 1 和 2 同样发生刀齿跳出切削时，刀齿切削周期 2 本应切除的瞬时切削厚度中的切削厚度补偿部分，是刀齿切削周期 0 留下的已加工表面弹性回复量与这一周期的静态切削厚度，即刀齿切削周期 1 的切削厚度补偿和静态切削厚度，而刀齿切削周期 3 本应切除的瞬

时切削厚度中的切削厚度补偿部分，是刀齿切削周期 0 的已加工表面弹性回复量及刀齿切削周期 1 和 2 的静态切削厚度，即刀齿切削周期 2 的切削厚度补偿和静态切削厚度。

　　总结如下，当上一刀齿切削周期未发生刀齿跳出切削时，上一刀齿发生切削，当前刀齿切削周期的切削厚度补偿值应为上一刀齿周期的已加工表面弹性回复量；当上一刀齿切削周期发生刀齿跳出切削时，当前刀齿切削周期的切削厚度补偿值应为静态切削厚度部分和上一刀齿切削周期的切削厚度补偿。这样通过相邻刀齿周期间的递推关系，可以保证刀齿跳出切削和已加工表面弹性回复造成的瞬时切削厚度增大部分被考虑。微铣削过程中的切削厚度补偿表达式为

$$
\mathrm{hpr}_{jl} = \begin{cases} \delta_{jl}^{0}, & t_{\mathrm{c}}^{0}(\phi_{jl}) > 0 \\ f_{z}\sin\theta_{jl} + \mathrm{hpr}_{jl}^{0}, & t_{\mathrm{c}}^{0}(\phi_{jl}) \leqslant 0 \end{cases} \tag{6-9}
$$

式中，hpr_{jl} 为当前刀齿周期的切削厚度补偿；hpr_{jl}^{0} 为先前刀齿周期的切削厚度补偿；δ_{jl}^{0} 为先前刀齿周期的已加工表面弹性回复量；$t_{\mathrm{c}}^{0}(\phi_{jl})$ 为第 j 刀齿第 l 轴向微元在先前刀齿周期的瞬时切削厚度。

　　在动态切削厚度方面，需要计算当前刀齿切削周期振纹和与其最近的先前刀齿周期振纹之间的距离，以保证参与当前瞬时切削厚度计算的先前刀齿切削周期振纹是距离当前刀齿周期振纹最近的。由于刀齿跳出切削及其导致的多重再生效应现象的存在，当前刀齿切削周期的振纹所对应的先前周期的振纹不一定来自上一周期，也可能来自上上周期或更早之前的周期。与切削厚度补偿的分析类似，可以总结出以下规律：①当上一刀齿切削周期未发生刀齿跳出切削时，刀齿切削到工件并留下振纹，则当前刀齿切削周期的振纹所对应的先前周期的振纹为上一周期留下的振纹；②当上一刀齿切削周期发生刀齿跳出切削时，刀齿未切削到工件，没有留下振纹，则当前刀齿切削周期的振纹所对应的先前周期的振纹应为上一周期所对应的先前刀齿周期的振纹。这样通过相邻刀齿周期间的递推关系，可以考虑到刀齿跳出切削和多重再生效应的影响，保证当前刀齿切削周期的振纹所对应的先前周期的振纹是距离最近的，表示为

$$
\begin{cases} v_{jl}^{0} = v_{jl}(t-T), & t_{\mathrm{c}}^{0}(\phi_{jl}) > 0 \\ v_{jl}^{0} = v_{jl}^{0}(t-T), & t_{\mathrm{c}}^{0}(\phi_{jl}) \leqslant 0 \end{cases} \tag{6-10}
$$

式中，t 为切削时间；T 为刀齿切削周期。

　　微铣削过程瞬时切削厚度公式可表示为

$$
t_{\mathrm{c}}(\phi_{jl}) = [f_{z}\sin\phi_{jl} + (v_{jl}^{0} - v_{jl}) + \mathrm{hpr}_{jl}]g(\phi_{jl}) \tag{6-11}
$$

6.3 微铣削系统动态特性分析

6.3.1 子结构响应耦合法基本理论

根据两子结构连接方式的不同，子结构耦合模型通常可分为刚性连接、弹性连接和弹性阻尼连接三种。其中，刚性连接是最基本的耦合方式。三者的公式结构及推导方式相近，区别在于结合部参数的假设。下面具体说明刚性连接时的动柔度耦合模型。

子结构 A 和 B 为两个自由-自由梁，在各自的一端 B_1、A_2 处，通过刚性连接组成装配结构 C，如图 6-7 所示。本节动柔度耦合法推导中采用的坐标系、剪力、弯矩、转角、挠度的正负及其相应方向的设置与材料力学和结构动力学中研究弯曲梁的设置相同。

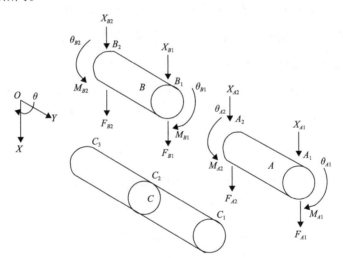

图 6-7 子结构响应耦合法刚性连接示意图

两个自由-自由梁 A 和 B 端点处的频响函数矩阵可分别表示为

$$\begin{bmatrix} X_{A1} \\ X_{A2} \end{bmatrix} = \begin{bmatrix} H_{A11} & H_{A12} \\ H_{A21} & H_{A22} \end{bmatrix} \begin{bmatrix} F_{A1} \\ F_{A2} \end{bmatrix} \tag{6-12}$$

$$\begin{bmatrix} X_{B1} \\ X_{B2} \end{bmatrix} = \begin{bmatrix} H_{B11} & H_{B12} \\ H_{B21} & H_{B22} \end{bmatrix} \begin{bmatrix} F_{B1} \\ F_{B2} \end{bmatrix} \tag{6-13}$$

式中，X 为端点处的位移；F 为端点处所受的力；H_{Aij} 为子结构 A 上激励点为 j、响应点为 i 的频响函数。每个端点的频响函数都包括平动自由度和转动自由度频响函数。

$$\begin{bmatrix} x \\ \theta \end{bmatrix} = \begin{bmatrix} h_{ff} & h_{fm} \\ h_{mf} & h_{mm} \end{bmatrix} \begin{bmatrix} f \\ M \end{bmatrix} \to X = HF \tag{6-14}$$

式中，x 为位移；f 为受力；θ 为梁的转角；M 为梁的转矩。

根据刚性连接的平衡性和相容性条件，可得到以下结合部边界条件：

$$\begin{aligned} F_{C2} &= F_{B1} + F_{A2} \\ X_{C2} &= X_{B1} = X_{A2} \end{aligned} \tag{6-15}$$

由边界条件[16]及频响函数矩阵[17,18]可得

$$\begin{aligned} H_{B11}F_{B1} + H_{B12}F_{B2} &= H_{A21}F_{A1} + H_{A22}F_{A2} \\ &= H_{A21}F_{A1} + H_{A22}(F_{C2} - F_{B1}) \end{aligned} \tag{6-16}$$

整理式(6-16)可得

$$F_{B1} = (H_{B11} + H_{A22})^{-1}(H_{A21}F_{A1} + H_{A22}F_{C2} - H_{B12}F_{B2}) \tag{6-17}$$

可选择任意一个自由-自由梁的端点频响函数进行计算：

$$\begin{aligned} X_{A1} &= H_{A11}F_{A1} + H_{A12}(F_{C2} - F_{B1}) \\ &= H_{A11}F_{A1} + H_{A12}F_{C2} - H_{A12}(H_{B11} + H_{A22})^{-1}(H_{A21}F_{A1} + H_{A22}F_{C2} - H_{B12}F_{B2}) \\ &= [H_{A11} - H_{A12}(H_{B11} + H_{A22})^{-1}H_{A21}]F_{A1} + [H_{A12} - H_{A12}(H_{B11} + H_{A22})^{-1}H_{A22}]F_{C2} \\ &\quad + H_{A12}(H_{B11} + H_{A22})^{-1}H_{B12}F_{B2} \end{aligned}$$

$$\tag{6-18}$$

子结构 A 的 A_1 点和子结构 B 的 B_2 点分别为装配结构 C 的 C_1 点和 C_3 点，因此整理式(6-18)可得装配结构 C 的原点及跨点频响函数表达式：

$$\begin{aligned} H_{C11} &= H_{A11} - H_{A12}(H_{B11} + H_{A22})^{-1}H_{A21} \\ H_{C12} &= H_{A12} - H_{A12}(H_{B11} + H_{A22})^{-1}H_{A22} \\ H_{C13} &= H_{A12}(H_{B11} + H_{A22})^{-1}H_{B12} \end{aligned} \tag{6-19}$$

采用类似的推导方法可以得到剩余的装配结构频响函数表达式：

$$\begin{aligned} H_{C33} &= H_{B22} - H_{B21}(H_{A22} + H_{B11})^{-1}H_{B12} \\ H_{C32} &= H_{B21} - H_{B21}(H_{A22} + H_{B11})^{-1}H_{B11} \\ H_{C31} &= H_{B21}(H_{A22} + H_{B11})^{-1}H_{A21} \end{aligned} \tag{6-20}$$

6.3.2　微铣削系统刀尖频响函数

微铣刀刀尖结构微小，无法直接在刀尖上进行模态试验，因此采用子结构响

应耦合法获取微铣削系统的刀尖频响函数。首先，将微铣削系统沿刀柄适当位置划分为两个部分，刀柄-刀尖部分称为子结构 A，机床-主轴-刀柄部分称为子结构 B，如图 6-8 所示。子结构 A 可视为一个自由-自由梁，其两端频响函数采用 Timoshenko 梁和 Euler-Bernoulli 梁理论解析计算求得，子结构 B 两端的频响函数则通过频响函数试验获得。

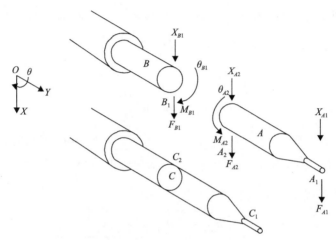

图 6-8　子结构响应耦合法应用于刀尖频响函数获取

子结构 A 和 B 均是沿刀具刀柄处分割得到的，可知子结构 A 和 B 是通过刚性连接组成装配结构 C，二者结合部的位置分别为子结构 A 的 A_2 处和子结构 B 的 B_1 处。子结构 A 和 B 的频响函数矩阵可表示为

$$\begin{bmatrix} X_{A1} \\ X_{A2} \end{bmatrix} = \begin{bmatrix} H_{A11} & H_{A12} \\ H_{A21} & H_{A22} \end{bmatrix} \begin{bmatrix} F_{A1} \\ F_{A2} \end{bmatrix} \tag{6-21}$$
$$X_{B1} = H_{B11}F_{B1}$$

根据结合部边界条件：

$$F_{C2} = F_{B1} + F_{A2} \tag{6-22}$$
$$X_{C2} = X_{B1} = X_{A2}$$

采用与 6.3.1 节类似的推导方法，可得到装配结构 C 的频响函数表达式：

$$H_{C11} = H_{A11} - H_{A12}(H_{B11} + H_{A22})^{-1}H_{A21} \tag{6-23}$$
$$H_{C12} = H_{A12} - H_{A12}(H_{B11} + H_{A22})^{-1}H_{A22}$$

式中，H_{C11} 为刀尖位置的原点频响函数；H_{C12} 为结合部是激励点、刀尖是响应点的跨点频响函数。每个端点频响函数都包含平动自由度和转动自由度频响函数，

假设 $H_{C2} = H_{B11} + H_{A22}$，则 H_{C11}、H_{C12} 可表示为

$$H_{C11} = \begin{bmatrix} h_{A11ff} & h_{A11fM} \\ h_{A11Mf} & h_{A11MM} \end{bmatrix} - \begin{bmatrix} h_{A12ff} & h_{A12fM} \\ h_{A12Mf} & h_{A12MM} \end{bmatrix} H_{C2}^{-1} \begin{bmatrix} h_{A21ff} & h_{A21fM} \\ h_{A21Mf} & h_{A21MM} \end{bmatrix}$$

$$H_{C12} = \begin{bmatrix} h_{A12ff} & h_{A12fM} \\ h_{A12Mf} & h_{A12MM} \end{bmatrix} - \begin{bmatrix} h_{A12ff} & h_{A12fM} \\ h_{A12Mf} & h_{A12MM} \end{bmatrix} H_{C2}^{-1} \begin{bmatrix} h_{A22ff} & h_{A22fM} \\ h_{A22Mf} & h_{A22MM} \end{bmatrix} \tag{6-24}$$

根据频响函数 h 的互易性，H_{C2}^{-1} 可表示为

$$H_{C2}^{-1} = \left\{ \begin{bmatrix} h_{A22ff} & h_{A22fM} \\ h_{A22Mf} & h_{A22MM} \end{bmatrix} + \begin{bmatrix} h_{B11ff} & h_{B11fM} \\ h_{B11Mf} & h_{B11MM} \end{bmatrix} \right\}^{-1}$$

$$= \begin{bmatrix} h_{C2ff} & h_{C2fM} \\ h_{C2Mf} & h_{C2MM} \end{bmatrix}^{-1} = \frac{1}{h^2_{C2Mf} - h_{C2MM}h_{C2ff}} \begin{bmatrix} -h_{C2MM} & h_{C2fM} \\ h_{C2Mf} & -h_{C2ff} \end{bmatrix} \tag{6-25}$$

将式(6-25)代入式(6-24)可得

$$H_{C11} = \begin{bmatrix} h_{A11ff} & h_{A11fM} \\ h_{A11Mf} & h_{A11MM} \end{bmatrix} - \begin{bmatrix} h_{A12ff} & h_{A12fM} \\ h_{A12Mf} & h_{A12MM} \end{bmatrix} \cdot \frac{1}{h^2_{C2Mf} - h_{C2MM}h_{C2ff}}$$

$$\begin{bmatrix} -h_{C2MM} & h_{C2fM} \\ h_{C2Mf} & -h_{C2ff} \end{bmatrix} \begin{bmatrix} h_{A21ff} & h_{A21fM} \\ h_{A21Mf} & h_{A21MM} \end{bmatrix}$$

$$H_{C12} = \begin{bmatrix} h_{A12ff} & h_{A12fM} \\ h_{A12Mf} & h_{A12MM} \end{bmatrix} - \begin{bmatrix} h_{A12ff} & h_{A12fM} \\ h_{A12Mf} & h_{A12MM} \end{bmatrix} \cdot \frac{1}{h^2_{C2Mf} - h_{C2MM}h_{C2ff}} \tag{6-26}$$

$$\begin{bmatrix} -h_{C2MM} & h_{C2fM} \\ h_{C2Mf} & -h_{C2ff} \end{bmatrix} \begin{bmatrix} h_{A22ff} & h_{A22fM} \\ h_{A22Mf} & h_{A22MM} \end{bmatrix}$$

频响函数矩阵 H_{C11} 中的第一个元素为

$$H_{C11}(1,1) = \frac{x_{C1}}{f_{C1}} = h_{A11ff} + \frac{1}{h^2_{C2Mf} - h_{C2MM}h_{C2ff}} [h_{A21Mf}(-h_{C2Mf}h_{A12ff} \tag{6-27}$$
$$+ h_{A12Mf}h_{C2ff}) + h_{A21ff}(-h_{C2Mf}h_{A12Mf} + h_{2MM}h_{A12ff})]$$

$$H_{C12}(1,1) = \frac{x_{C1}}{f_{C2}} = h_{A12ff} + \frac{1}{h^2_{C2Mf} - h_{C2MM}h_{C2ff}} [h_{A22Mf}(-h_{C2Mf}h_{A12ff} \tag{6-28}$$
$$+ h_{A12Mf}h_{C2ff}) + h_{A22ff}(-h_{C2Mf}h_{A12Mf} + h_{2MM}h_{A12ff})]$$

由式(6-27)可得到 $H_{C11}(1,1)$，即微铣削系统的刀尖频响函数[19]。对于式(6-27)和式(6-28)中的变量，子结构 A 两端的频响函数 h_{A11}、h_{A12}、h_{A21}、h_{A22} 均可采用 Timoshenko 梁和 Euler-Bernoulli 梁理论计算得到。由于 $H_{C2} = H_{B11} + H_{A22}$，获取子结构 A 和 B 结合部的频响函数 H_{C2} 实际上是获取子结构 B 端点 B_1 处的频响函数。h_{B11ff} 可通过锤击试验直接得到，而 h_{B11Mf}、h_{B11fM}、h_{B11MM} 的频响函数与转矩和角位移相关，很难直接通过试验直接得到，可根据 $H_{C11}(1,1)$、$H_{C12}(1,1)$ 频响函数公式(6-27)和式(6-28)间接得到它们的解析表达式。

为了方便，将 $H_{C11}(1,1)$、$H_{C12}(1,1)$ 频响函数表示为

$$
\begin{aligned}
u &= a + \frac{f(-\beta b + ek) + c(-\beta e + \delta b)}{\beta^2 - \delta k} \\
v &= b + \frac{g(-\beta b + ek) + d(-\beta e + \delta b)}{\beta^2 - \delta k}
\end{aligned}
\tag{6-29}
$$

其中，

$$
\begin{aligned}
&u = H_{C11}(1,1), \quad v = H_{C12}(1,1), \quad a = h_{A11ff}, \quad b = h_{A12ff} \\
&c = h_{A21ff}, \quad d = h_{A22ff}, \quad e = h_{A12Mf}, \quad f = h_{A21Mf} \\
&g = h_{A22Mf}, \quad k = h_{C2ff}, \quad \beta = h_{C2Mf}, \quad \delta = h_{C2MM}
\end{aligned}
\tag{6-30}
$$

式(6-30)可化简为以下方程组：

$$
\begin{cases}
(\beta^2 - \delta k)(u - a) - f(-\beta b + ek) - c(-\beta e + \delta b) = 0 \\
(\beta^2 - \delta k)(v - b) - g(-\beta b + ek) - d(-\beta e + \delta b) = 0
\end{cases}
\tag{6-31}
$$

β 和 δ 为该方程组所求的两个变量，使用 Mathematica 软件求解得到：

$$
\begin{aligned}
\beta &= (-kug + kfv + kag - kfb + fdb - cbg)/(ad - ud - cb + cv) \\
\delta &= \frac{1}{(ad - ud - cb + cv)^2}[kf^2v^2 + (2kagf + bf^2d - 2kugf - ec^2g \\
&\quad + defc - 2bkf^2 - bfcg)v - d^2efu + d^2efa + g^2ka^2 - decga + decgu \\
&\quad + g^2ku^2 + bdgfa - 2g^2kua + bec^2g - bdgfu - bdefc + 2bkugf \\
&\quad + b^2kf^2 - 2bkagf + bg^2cu + b^2fcg - b^2f^2d - bg^2ca]
\end{aligned}
\tag{6-32}
$$

求解出 β 和 δ 后，可得到子结构 B 的端点 B_1 处转动自由度的频响函数：

$$
\begin{aligned}
h_{B11fM} &= h_{B11Mf} = \beta - h_{A22Mf} \\
h_{B11MM} &= \delta - h_{A22MM}
\end{aligned}
\tag{6-33}
$$

子结构 B 的端点 B_1 处频响函数（h_{B11Mf}，h_{B11fM}，h_{B11MM}）与机床-主轴-刀柄部分的结构状态（包括刀具材料参数、刀柄几何参数和装配方式等）密切相关。基于以上子结构响应耦合法理论推导，可将微铣削系统的刀尖频响函数获取分为以下几个步骤：

（1）参照微铣刀的几何参数和材料性能参数，将其刀柄部分以一定夹持长度装夹至主轴夹具中，利用锤击法测得机床-主轴-刀柄部分（子结构 B）的频响函数；

（2）将一个同材料同横截面直径的较长圆棒以同样长度装夹至主轴夹具中，并将其视为装配结构 C，利用锤击法测得该圆棒激励点为端点、响应点为端点的原点频响函数和激励点为结合部、响应点为端点的跨点频响函数；

（3）利用梁理论计算较长圆棒（装配结构 C）的子结构 A 部分的两端频响函数，将 h_{B11Mf}、h_{B11fM}、h_{B11MM} 求解所需的变量代入式（6-32），得到子结构 B 端点 B_1 处的全部频响函数，并作为已知参数；

（4）利用梁理论计算出刀柄-刀尖部分的频响函数，根据 $H_{C11}(1,1)$ 计算公式（6-27）和子结构 B 端点 B_1 处的频响函数，计算得到微铣削系统的刀尖频响函数。

6.3.3 利用梁理论计算刀具子结构 A 部分的频响函数

在计算子结构 B 端点 B_1 处的频响函数及微铣削系统的刀尖频响函数前，需要计算出子结构 A 的两端点频响函数。子结构 A 部分可认为是一个自由-自由梁状态。在 Schmitz 等[18-20]和 Park 等[21]的子结构响应耦合法的研究中都采用了 Euler-Bernoulli 梁理论计算子结构 A 部分的频响函数，而 Filiz 等[22]和 Ertürk 等[23]在子结构响应耦合法的研究中认为 Timoshenko 梁更适合刀具子结构 A 部分的频响函数计算。Euler-Bernoulli 梁理论是基于材料力学的平截面假定的。在这个假定下，弯曲变形远大于剪力引起的变形，为主要变形，而剪切变形是次要变形，可以忽略不计。Euler-Bernoulli 梁适用于梁的高度远小于跨度的情况，计算量较小。Timoshenko 梁考虑剪切变形与转动惯量，适用于高度相对跨度较大的梁（一些材料中认为高跨比应大于 1/5），计算量较大。本书采用两种梁理论计算子结构 A 的两端点频响函数，并对计算结果进行对比分析，探讨两种梁理论在计算微铣刀子结构频响函数时的差异。

Bishop 等[24]提出了适用于等截面均匀梁频响函数求解的简单解析表达式。对于两端点分别为 j、k 的圆截面自由-自由梁，其原点和跨点频响函数解析表达式如下：

$$h_{jjff} = h_{kkff} = \frac{-F_5}{EI(1+i\gamma)\lambda^3 F_3}, \qquad h_{jkff} = h_{kjff} = \frac{F_8}{EI(1+i\gamma)\lambda^3 F_3}$$

$$h_{jjfM} = -h_{kkfM} = \frac{-F_1}{EI(1+i\gamma)\lambda^2 F_3}, \qquad h_{jkfM} = -h_{kjfM} = \frac{-F_{10}}{EI(1+i\gamma)\lambda^2 F_3}$$

$$h_{jjMf} = -h_{kkMf} = \frac{-F_1}{EI(1+\mathrm{i}\gamma)\lambda^2 F_3}, \quad h_{jkMf} = -h_{kjMf} = \frac{-F_{10}}{EI(1+\mathrm{i}\gamma)\lambda^2 F_3}$$

$$h_{jjMM} = h_{kkMM} = \frac{F_6}{EI(1+\mathrm{i}\gamma)\lambda F_3}, \quad h_{jkMM} = h_{kjMM} = \frac{F_7}{EI(1+\mathrm{i}\gamma)\lambda F_3} \tag{6-34}$$

式中，E 为梁材料的弹性模量；I 为梁的截面二次轴距；h 为频响函数；F 为端点受力；γ 为梁材料结构阻尼的损耗因子(在小阻尼的情况下，结构阻尼的损耗因子一般为阻尼比的 2 倍)。此外，还有表达式：

$$\lambda^4 = \frac{\omega^2 m}{EI(1+\mathrm{i}\gamma)L} \tag{6-35}$$

$$F_1 = \sin(\lambda L)\sinh(\lambda L), \quad F_3 = \cos(\lambda L)\cosh(\lambda L) - 1$$
$$F_5 = \cos(\lambda L)\sinh(\lambda L) - \sin(\lambda L)\cosh(\lambda L), \quad F_6 = \cos(\lambda L)\sinh(\lambda L) + \sin(\lambda L)\cosh(\lambda L)$$
$$F_7 = \sin(\lambda L) + \sinh(\lambda L), \quad F_8 = \sin(\lambda L) - \sinh(\lambda L), \quad F_{10} = \cos(\lambda L) - \cosh(\lambda L)$$
$$\tag{6-36}$$

圆截面梁质量 m 可表示为

$$m = \frac{\omega(d_o^2 - d_i^2)L\rho}{4} \tag{6-37}$$

式中，d_o 为梁截面的外圆半径；d_i 为梁截面的内圆半径(当梁非中空时，该值为 0)；L 为梁的长度；ρ 为梁的密度；ω 为固有圆频率，rad/s。圆截面梁的截面二次轴距为

$$I = \frac{\pi(d_o^2 - d_i^2)}{64} \tag{6-38}$$

Timoshenko 梁的频响函数求解多采用有限元法，该方法比较复杂，计算量较大。Ertürk 等[23]基于任意边界条件均匀 Timoshenko 梁的频率和振型求解方法[25]，给出了自由-自由 Timoshenko 梁的频响函数解析计算方法。

自由-自由 Timoshenko 梁的特征方程可表示为

$$\begin{bmatrix} D_{11} & D_{12} \\ D_{21} & D_{22} \end{bmatrix} = D_{11}D_{22} - D_{12}D_{21} = 0 \tag{6-39}$$

其中，

$$D_{11} = (\alpha - \lambda)(\cos\alpha - \cosh\beta), \quad D_{12} = (\lambda - \alpha)\sin\alpha + \frac{\lambda\alpha}{\beta\delta}(\beta - \delta)\sinh\beta$$
$$\tag{6-40}$$
$$D_{21} = -\lambda\alpha\sin\alpha + \frac{\alpha - \lambda}{\delta - \beta}\delta\beta\sinh\beta, \quad D_{22} = \lambda\alpha(\cosh\beta - \cos\alpha)$$

式中，α 和 β 均为无量纲频率系数，表达式如下：

$$\alpha = \sqrt{\Omega + \varepsilon}, \quad \beta = \sqrt{-\Omega + \varepsilon} \tag{6-41}$$

$$\Omega = \frac{b^2(s^2 + R^2)}{2}, \quad \varepsilon = b\sqrt{\frac{1}{4}b^2(s^2 + R^2)^2 - (b^2 s^2 R^2 - 1)}$$

$$b^2 = \frac{\rho A \omega^2 L^4}{EI}, \quad s^2 = \frac{EI}{k'AGL^2}, \quad R^2 = \frac{I}{AL^2} \tag{6-42}$$

A 为横截面积；G 为梁材料的剪切模量。

当梁的横截面为圆时，梁材料的剪切系数可表示为

$$k' = \frac{6(1+\upsilon)}{7+6\upsilon} \tag{6-43}$$

式中，υ 为梁材料的泊松比。

通过求解自由-自由 Timoshenko 梁的特征方程，可以得到梁的 r 阶固有圆频率及相应的无量纲频率系数 α 和 β。根据上述求得的变量值，可计算梁的特征函数。梁的动态横向挠度特征函数表达式为

$$\phi_r(x) = A_r\left[C_1 \sin\left(\frac{\alpha_r}{L}x\right) + C_2 \cos\left(\frac{\alpha_r}{L}x\right) + C_3 \sinh\left(\frac{\beta_r}{L}x\right) + C_4 \cosh\left(\frac{\beta_r}{L}x\right) \right] \tag{6-44}$$

梁的动态弯曲转角特征函数表达式为

$$\psi_r(x) = \frac{A_r}{L}\left\{ \lambda_r\left[C_1 \cos\left(\frac{\alpha_r}{L}x\right) - C_2 \sin\left(\frac{\alpha_r}{L}x\right) \right] + \delta_r\left[C_3 \cosh\left(\frac{\beta_r}{L}x\right) + C_4 \sinh\left(\frac{\beta_r}{L}x\right) \right] \right\}$$

$$\tag{6-45}$$

其中，

$$C_1 = L, \quad C_2 = -\frac{D_{11}}{D_{12}}C_1$$

$$C_3 = \frac{\alpha_r - \lambda_r}{\delta_r - \beta_r}C_1, \quad C_4 = -\frac{\lambda_r \alpha_r}{\beta_r \delta_r}\frac{D_{11}}{D_{12}}C_1, \quad r = 1, 2, 3, \cdots \tag{6-46}$$

$$\lambda_r = \alpha_r - \frac{b^2 s^2}{\alpha_r}, \quad \delta_r = \beta_r + \frac{b^2 s^2}{\beta_r}$$

A_r 是特征函数质量归一化后得到的常数，质量归一化需要满足以下正交条件：

$$\begin{cases} \int_0^L (U_r(x))^T M(U_s(x)) \mathrm{d}x = 1, & r = s \\ \int_0^L (U_r(x))^T M(U_s(x)) \mathrm{d}x = 0, & r \neq s \end{cases} \tag{6-47}$$

其中，

$$U_r(x) = \begin{Bmatrix} \phi_r(x) \\ \psi_r(x) \end{Bmatrix}, \quad M = \begin{bmatrix} \rho A & 0 \\ 0 & \rho I \end{bmatrix}, \quad U_s(x) = \begin{Bmatrix} \phi_s(x) \\ \psi_s(x) \end{Bmatrix} \tag{6-48}$$

梁的两端均为自由端，因此除了质量归一化后的特征函数，还存在两个刚体模态：

$$\phi_0^{\text{trans}}(x) = \sqrt{\frac{1}{\rho A L}}, \quad \phi_0^{\text{rot}}(x) = \sqrt{\frac{12}{\rho A L^3}} \left(x - \frac{L}{2} \right) \tag{6-49}$$

式中，$\phi_0^{\text{trans}}(x)$ 为平动刚体模态；$\phi_0^{\text{rot}}(x)$ 为转动刚体模态。

梁两端的位移、转角与力和转矩间的频响函数可以通过质量归一化的特征函数得到。假设梁材料结构阻尼的损耗因子为 γ，当激励圆频率为 ω 时，频响函数的公式为

$$h_{jkff} = \sum_{r=0}^{\infty} \frac{\phi_r(x_j)\phi_r(x_k)}{(1+\mathrm{i}\gamma)\omega_r^2 - \omega^2}, \quad h_{jkfM} = \sum_{r=0}^{\infty} \frac{\phi_r(x_j)\phi_r'(x_k)}{(1+\mathrm{i}\gamma)\omega_r^2 - \omega^2}$$

$$h_{jkMf} = \sum_{r=0}^{\infty} \frac{\phi_r'(x_j)\phi_r(x_k)}{(1+\mathrm{i}\gamma)\omega_r^2 - \omega^2}, \quad h_{jkMM} = \sum_{r=0}^{\infty} \frac{\phi_r'(x_j)\phi_r'(x_k)}{(1+\mathrm{i}\gamma)\omega_r^2 - \omega^2} \tag{6-50}$$

式中，j、k 代表梁的任意一端；$\phi_r'(x_k)$ 为 $\phi_r(x)$ 关于 x 的导数。

将梁的动态横向挠度特征函数 (6-44) 及刚体模态 (6-49) 代入频响函数公式 (6-50) 即可得到梁两端的频响函数，如图 6-9 所示。

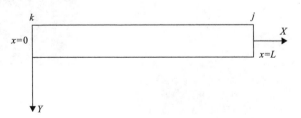

图 6-9　等截面均匀梁坐标示意图

梁 j 端的频响函数可表示为

$$h_{jjff} = \frac{-1}{\rho AL\omega^2} + \frac{-3}{\rho AL\omega^2} + \sum_{r=1}^{\infty} \frac{\phi_r(L)\phi_r(L)}{(1+\mathrm{i}\gamma)\omega_r^2 - \omega^2}$$

$$h_{jjfM} = \frac{-6}{\rho AL^2\omega^2} + \sum_{r=1}^{\infty} \frac{\phi_r(L)\phi_r'(L)}{(1+\mathrm{i}\gamma)\omega_r^2 - \omega^2}$$

$$h_{jjMf} = \frac{-6}{\rho AL^2\omega^2} + \sum_{r=1}^{\infty} \frac{\phi_r'(L)\phi_r(L)}{(1+\mathrm{i}\gamma)\omega_r^2 - \omega^2} \qquad (6\text{-}51)$$

$$h_{jjMM} = \frac{-12}{\rho AL^3\omega^2} + \sum_{r=1}^{\infty} \frac{\phi_r'(L)\phi_r'(L)}{(1+\mathrm{i}\gamma)\omega_r^2 - \omega^2}$$

梁两端余下的频响函数可通过相同的方法获得。

6.3.4　刀尖频响函数试验

在微型数控铣床上开展微铣刀刀尖频响函数试验研究。试验用刀具为日进公司生产的 MSE230 超微粒子超硬合金涂层两刃平头立铣刀。刀具全长为 45mm，有效刃长为 500μm，刀柄直径为 4mm，微铣刀的几何尺寸示意图如图 6-10 所示。使用 SEM 测量微铣刀螺旋刃部分的直径约为 591.4μm，刃口圆弧半径 r_e 为 2.02μm，刀后角 α_0 约为 5°，如图 6-11 所示。

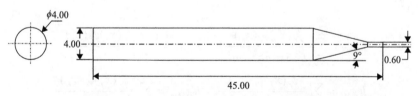

图 6-10　微铣刀几何尺寸示意图(单位：mm)

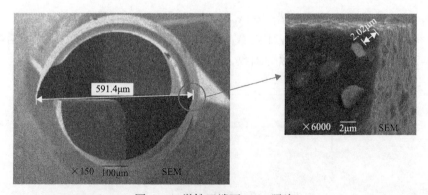

图 6-11　微铣刀端面 SEM 照片

根据 6.3.2 节介绍的微铣削系统的刀尖频响函数获取步骤划分子结构 A 和 B。为获取子结构 B 的平动自由度和转动自由度的频响函数，分析子结构响应耦合法的可行性，进行锤击试验，求取频响函数。应用子结构响应耦合法获取刀尖频响函数试验如图 6-12 所示。

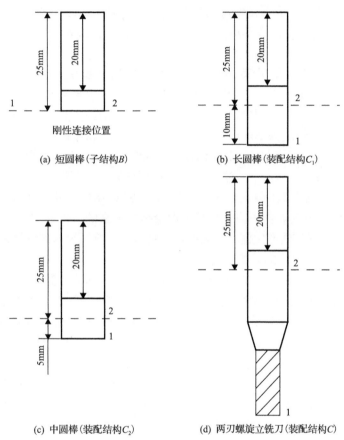

图 6-12　应用子结构响应耦合法获取刀尖频响函数试验

应用子结构响应耦合法获取刀尖频响函数试验具体试验操作如下：

(1)子结构 B，即机床-主轴-刀柄部分的频响函数 h_{B11ff} 测量试验。将一个与刀具材料相同、圆截面尺寸相同的短圆棒(截断切削刃的刀具)装入主轴夹具，激励点为短圆棒悬伸处的 1 点，响应点为短圆棒 1 点，测量 1 点处的原点频响函数。短圆棒总长度为 25mm，夹持长度为 20mm，悬伸长度为 5mm。短圆棒悬伸的一端为子结构 B 与子结构 A 的刚性连接结合部，使用子结构 B 的频响函数耦合的刀具与当前试验使用的刀具材料、圆截面尺寸、夹持长度保持一致。

(2)装配结构 C_1，即机床-主轴-圆棒整体的频响函数 $H_{C11}(1,1)$、$H_{C12}(1,1)$ 测量试验。将一个与刀具材料相同、圆截面尺寸相同的长圆棒装入主轴夹具，激励点为长圆棒悬伸处的 1 点和刚性连接结合部的 2 点，响应点为长圆棒 1 点，测量 1 点处的原点频响函数及 1 点和 2 点之间的跨点频响函数。长圆棒总长度为 35mm，夹持长度为 20mm，悬伸长度为 15mm。将长圆棒 1 点和 2 点之间的部分视为其子结构 A，采用 Euler-Bernoulli 梁和 Timoshenko 梁理论计算其两端频响函数 H_{A11}、H_{A12}、H_{A21}、H_{A22}。根据目前得到的 h_{B11ff}、$H_{C11}(1,1)$、$H_{C12}(1,1)$、H_{A11}、H_{A12}、H_{A21}、H_{A22}、h_{B11Mf}，基于 h_{B11fM}、h_{B11MM} 的计算公式 (6-33)，可得到 h_{B11fM}、h_{B11Mf}、h_{B11MM}。

(3)装配结构 C_2，即机床-主轴-圆棒整体的频响函数 $H_{C11}(1,1)$ 的测量试验。将一个与刀具材料相同、圆截面尺寸相同的中圆棒装入主轴夹具，激励点为中圆棒悬伸处的 1 点，响应点为中圆棒 1 点，测量 1 点处的原点频响函数。长圆棒总长度为 30mm，夹持长度为 20mm，悬伸长度为 10mm。将中圆棒 1 点和 2 点之间的部分视为其子结构 A，采用 Euler-Bernoulli 梁和 Timoshenko 梁理论计算其两端频响函数 H_{A11}、H_{A12}、H_{A21}、H_{A22}，然后根据试验(1)得到的子结构 B 的频响函数，利用子结构响应耦合法(式(6-27))计算出装配结构 C_2(中圆棒)的端点频响函数。虽然子结构响应耦合法公式是基于理论推导出来的，但在实际计算中，试验误差会使结果与真实值产生偏差，因此需要将耦合计算结果与测量结果进行比对，分析子结构响应耦合法的计算精度。

将 Euler-Bernoulli 梁和 Timoshenko 梁理论计算得到的刀具子结构 A 的频响函数分别与子结构 B 的频响函数耦合，最终得到微铣削系统刀尖频响函数。

锤击法频响函数试验采用自主搭建的频响函数测量系统。该系统采用 PCB 公司生产的微型力锤 PCB086E80 激励机床-主轴-刀柄部分结构，使用 Polytec GmbH 公司生产的高性能单点式激光测振仪 OFV-505/5000 采集机床-主轴-刀柄部分结构的响应信号，经美国国家仪器有限公司(National Instruments, NI)数据采集系统，输入工控机中基于 LabVIEW 编写的采集程序，实时获得激励和响应的时域信号及频响函数的频域信号，如图 6-13 所示。

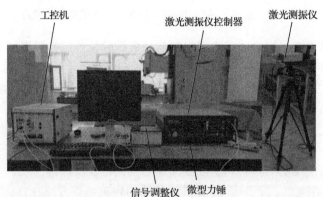

图 6-13　频响函数测量系统

微型力锤 PCB086E80 的灵敏度为 22.5mV/N，测量范围为 0~222N，共振频率大于或等于 100kHz。激光测振仪 OFV-505/5000 采用速度输出，灵敏度为 5mm/(s·V)，最大测量峰值为 0.05m/s，信号频率范围为 0~100kHz。NI 数据采集系统最大采样频率为 204.8kHz。对于微铣削系统的刀尖频响函数，稳定性分析所需要的前三阶模态在 12kHz 以内，因此上述器材设备的性能参数满足试验要求。采用的采样频率为 128kHz，最大分析频率为 12800Hz，频率分辨率为 20Hz，测量持续时间为 0.05s。由于激励信号和响应信号均可在测量时间内衰减至零，窗函数未采用指数窗，避免了附加阻尼给频响函数的子结构响应耦合法计算带来的误差。试验分别在微铣削系统的 X、Y 方向进行。每阶段试验测量三组频响函数，选择质量最好的一组(相干函数质量最好)。每组频响函数敲击五次，取平均。频响函数的实时采集图像如图 6-14 和图 6-15 所示。

子结构响应耦合法计算所使用的频响函数均为位移频响函数，因此需要将三个阶段试验得到的速度频响函数转化成位移频响函数。首先，利用 LMS Test. Lab 软件的多参考点最小二乘频域法对得到的速度频响函数进行复模态识别；然后，将得到的模态参数进行位移频响函数综合，从而将速度频响函数转化为位移频响函数，如图 6-16 所示的子结构 B(主轴-刀柄)部分端点 1 处 Y 方向上的位移频响函数 h_{B11ff}。

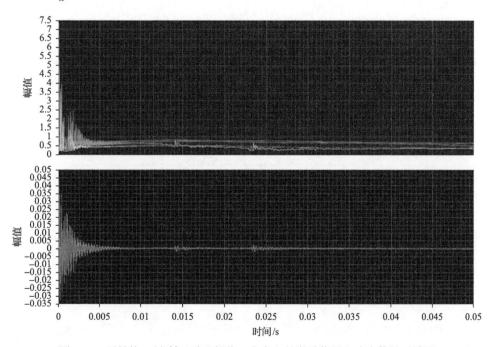

图 6-14　子结构 B(主轴-刀柄)部分 Y 方向上的激励信号和响应信号时域图

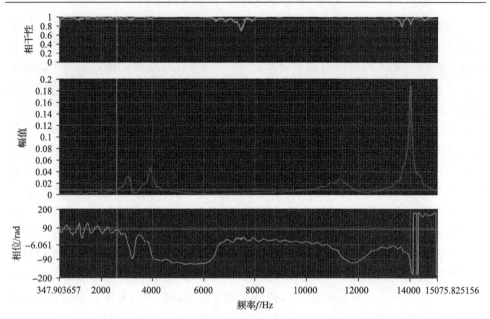

图 6-15　子结构 B（主轴-刀柄）部分 Y 方向上的频响函数

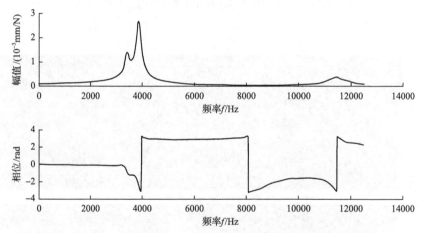

图 6-16　子结构 B（主轴-刀柄）部分端点 1 处 Y 方向上的位移频响函数

频响函数综合公式为

$$H(j\omega)_{N_o \times N_i} = \sum_{r=1}^{N_m} \left\{ \frac{[\Psi]_r \langle L \rangle_r}{j\omega - \lambda_r} + \frac{[\Psi]_r^* \langle L \rangle_r^*}{j\omega - \lambda_r^*} \right\} + [UR] + \frac{[LR]}{\omega^2} \qquad (6\text{-}52)$$

式中，$H(j\omega)$ 为频响函数矩阵；$[\Psi]_r$ 为第 r 阶模态振型；$\langle L \rangle_r$ 为第 r 阶模态的参与因子向量；λ_r 为第 r 阶模态的系统极点；$[UR]$ 为上剩余项矩阵；$[LR]$ 为下剩余项矩阵；N_o、N_i 分别为频响函数矩阵的行数和列数；N_m 为求和上限；ω 为固有圆频率。

　　经过试验(1)和(2)的计算，可分别得到子结构 B 部分 X 和 Y 方向上的 h_{B11fM}、h_{B11MM}，如图 6-17 和图 6-18 所示。

　　图 6-17 和图 6-18 中虚线代表使用 Timoshenko 梁理论计算得到的频响函数，点线代表使用 Euler-Bernoulli 梁理论计算得到的频响函数。由图可以看出，使用 Timoshenko 梁理论和 Euler-Bernoulli 梁理论计算得到的子结构 B 端点处的频响函数区别很小，二者几乎是重合的。在使用 Timoshenko 梁理论时，所计算的模态阶数为 33。计算的模态阶数越多，频响函数精度越高，计算量相应越大。

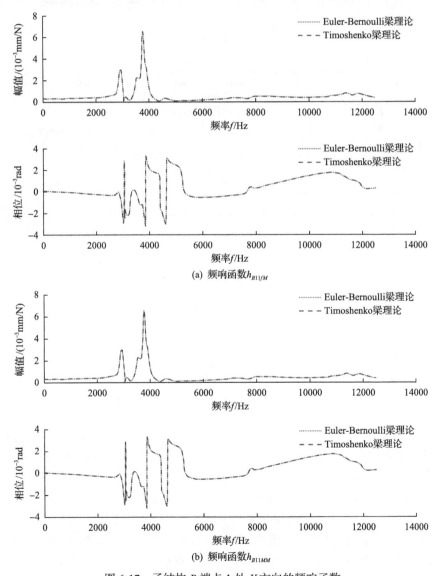

图 6-17　子结构 B 端点 1 处 X 方向的频响函数

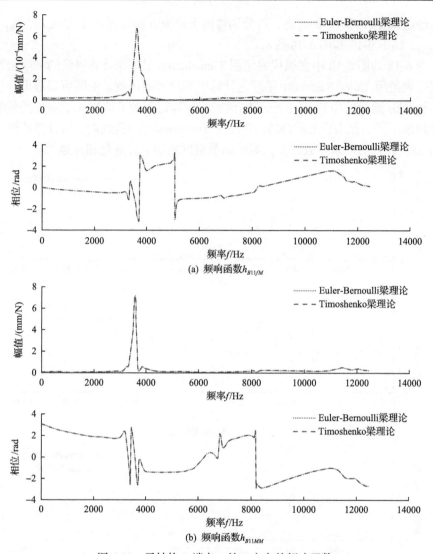

图 6-18　子结构 B 端点 1 处 Y 方向的频响函数

　　基于得到的子结构 B 端点处的频响函数 h_{B11ff}、h_{B11fM}、h_{B11Mf}、h_{B11MM}，使用动柔度耦合公式计算出中圆棒（试验（3）的装配结构 C_2）的频响函数，并与试验测量值进行对比，如图 6-19 和图 6-20 所示。

　　图 6-19 和图 6-20 中虚线代表使用 Timoshenko 梁理论计算得到的频响函数，点线代表使用 Euler-Bernoulli 梁理论计算得到的频响函数，实线代表锤击试验测量的频响函数。通过观察发现，使用 Timoshenko 梁理论和 Euler-Bernoulli 梁理论计算得到的结果差别极小：①计算值和测量值在 6000Hz 前较吻合，在峰值的幅值上有一定的误差，表现为计算值峰值普遍高于测量值；②计算值和测量值在 6000Hz

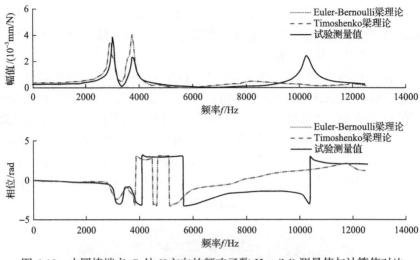

图 6-19　中圆棒端点 C_1 处 X 方向的频响函数 $H_{C11}(1,1)$ 测量值与计算值对比

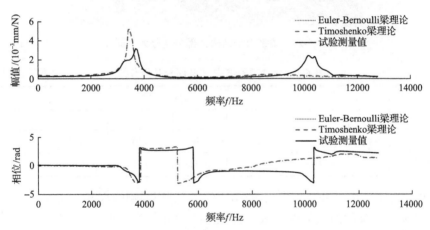

图 6-20　中圆棒端点 C_1 处 Y 方向的频响函数 $H_{C11}(1,1)$ 测量值与计算值对比

后误差较大。造成此现象可能的原因包括锤击试验中敲击位置不准确；每次更换圆棒后夹具与圆棒间装配状态很难保持不变，导致测试结构特性发生变化；激光测振仪的激光难以完全垂直于圆棒的纵截面，造成响应信号测量不准确。本节在分析微铣削过程稳定性时，使用的微铣削系统动态特性为第一阶模态参数，其固有频率在 6000Hz 以内，因此该方法计算的频响函数精度基本满足要求。

6.3.5　微铣削系统刀尖频响函数计算

由于螺旋切削刃的存在，微铣刀的结构比较复杂。考虑到需要计算的频率范围，若以微铣刀的真实结构计算其频响函数，则计算量是庞大的，因此本章将微铣刀的子结构 A 部分简化为 Timoshenko 梁和 Euler-Bernoulli 梁。Park 等[26]在微铣刀频响函数的研究中，基于 Kops 等[27]的理论，将螺旋切削刃部分简化为模态特性相近的圆柱体。经过模态分析发现，当圆柱体的直径为螺旋切削刃直径的 68%时，二者的模态特性最为一致。

图 6.3.3 节介绍的梁理论计算频响函数的方法仅适用于等截面均匀梁，本节将微铣刀子结构 A 部分划分为 7 部分，如图 6-21 所示。将刀具螺旋切削刃简化成直径为切削刃直径 68%的圆柱体，将刀具螺旋切削刃与刀柄间的截锥体部分简化为由 5 个直径递减的圆柱体组成的阶梯轴，这样可将复杂的微铣刀结构简化为由 7 个自由-自由梁组成的阶梯轴结构。利用 Timoshenko 梁理论和 Euler-Bernoulli 梁理论计算每个部分的两端端点频响函数，根据动柔度耦合公式计算子结构 A 整体的频响函数。子结构 A 不同部分的几何参数如表 6-1 所示。

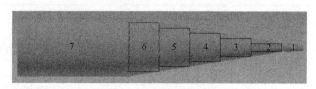

图 6-21　微铣刀子结构 A 部分划分为 7 部分

表 6-1　微铣刀子结构 A 各部分几何参数　　　　　　　　（单位：mm）

参数	编号						
	1	2	3	4	5	6	7
直径	0.408	0.6	1.28	1.96	2.64	3.32	4
长度	1.5	2.14668	2.14668	2.14668	2.14668	2.14668	7.76662

在获得子结构 A 和 B 的所有频响函数后，利用频响函数 $H_{C11}(1,1)$ 公式（6-27）计算微铣削系统的刀尖频响函数，如图 6-22 和图 6-23 所示。由图可以发现，

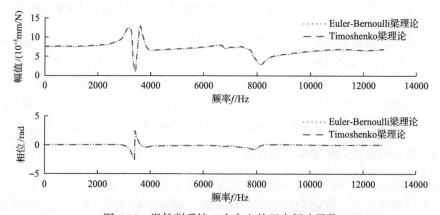

图 6-22　微铣削系统 Y 方向上的刀尖频响函数

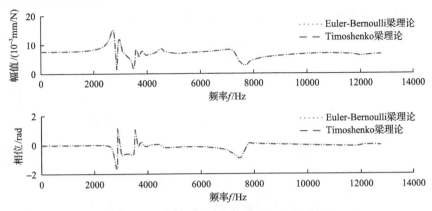

图 6-23　微铣削系统 X 方向上的刀尖频响函数

Timoshenko 梁理论计算出的刀尖频响函数在幅值上略大于 Euler-Bernoulli 梁理论计算出的结果，但二者的相位基本一致。刀尖频响函数前三阶模态的固有频率均小于 4000Hz，而先前的分析中受试验误差的影响，动柔度耦合法计算精度在 6000Hz 时满足要求，大于 6000Hz 后准确性大幅降低，因此刀尖频响函数计算精度满足后续微铣削过程稳定性分析的要求。

6.3.6　刀具的等效结构物理系统参数转化

在获得微铣削系统 X、Y 方向上的刀尖频响函数后，使用 LMS Test.Lab 软件的多参考点最小二乘复频域法识别模态参数。为了求解铣削过程的二自由度动力学方程，需要将微铣削系统的刀尖模态参数转化为等效的物理参数，即将模态刚度、模态质量等模态参数转化为等效质量、等效刚度等物理参数。

在物理坐标系中，N 自由度线性定常系统的动力学方程可表示为

$$M\{\ddot{x}\} + C\{\dot{x}\} + K\{x\} = \{f\} \tag{6-53}$$

式中，M、C、K 分别为质量矩阵、阻尼矩阵和刚度矩阵；x 为系统位移；f 为系统所受的力。

假设在物理坐标系中，系统的固有频率矩阵和振型矩阵为

$$\Omega = \mathrm{diag}[\Omega_1,\ \Omega_2,\ \cdots,\ \Omega_N],\quad \Phi = [\phi_1,\ \phi_2,\ \cdots,\ \phi_N] \tag{6-54}$$

以 Φ 作为坐标系空间的基向量矩阵，将物理坐标系转化为模态坐标系，即令

$$\{x\} = \Phi\{q\} \tag{6-55}$$

式中，q 为模态坐标向量。

可将 N 自由度系统动力学方程转化为系统模态方程:

$$m_i \ddot{q}_i + c_i \dot{q}_i + k_i q_i = \{\phi_i\}^{\mathrm{T}} \{f\}, \quad i=1,2,3,\cdots,N \tag{6-56}$$

其中,

$$m_r = \mathrm{diag}[m_1,\ m_2,\ \cdots,\ m_N],\quad m_i = \{\phi_i\}^{\mathrm{T}} M \{\phi_i\}$$
$$c_r = \mathrm{diag}[c_1,\ c_2,\ \cdots,\ c_N],\quad c_i = \{\phi_i\}^{\mathrm{T}} C \{\phi_i\} \tag{6-57}$$
$$k_r = \mathrm{diag}[k_1,\ k_2,\ \cdots,\ k_N],\quad k_i = \{\phi_i\}^{\mathrm{T}} K \{\phi_i\}$$

式中,m_r、c_r 和 k_r 分别为模态质量矩阵、模态阻尼矩阵和模态刚度矩阵,它们均为对角阵。该系统中 j 点和 k 点间的频响函数可表示为

$$\begin{aligned} H_{jk}(\omega) &= \sum_{i=1}^{N} \frac{\phi_{ji}\phi_{ki}}{k_i - \omega^2 m_i + \mathrm{j}\omega c_i} \\ &= \sum_{i=1}^{N} \frac{\phi_{ji}\phi_{ki}}{k_i(1-\lambda_i^2 + \mathrm{j}2\xi_i\lambda_i)} \end{aligned} \tag{6-58}$$

将式(6-58)的分子、分母同时除以 $\phi_{ji}\phi_{ki}$,可得

$$H_{jk}(\omega) = \sum_{i=1}^{N} \frac{1}{k_{ei}(1-\lambda_i^2 + \mathrm{j}2\xi_i\lambda_i)} \tag{6-59}$$

式中,k_{ei} 为等效刚度;λ_i 为频率比。同理,可得等效质量 m_{ei}。它们的计算公式为

$$k_{ei} = \frac{k_i}{\phi_{ji}\phi_{ki}},\quad \lambda_i = \frac{\omega}{\omega_i},\quad m_{ei} = \frac{m_i}{\phi_{ji}\phi_{ki}} \tag{6-60}$$

对于第 i 阶模态,等效刚度 k_{ei} 和等效质量 m_{ei} 有以下关系:

$$\omega_i^2 = \frac{k_{ei}}{m_{ei}} \tag{6-61}$$

计算得到的微铣削系统动态特性物理参数如表 6-2 和表 6-3 所示。

表 6-2 微铣削系统动态特性物理参数(X 方向)

阶数	参数		
	刚度/(MN/m)	阻尼比	有阻尼自然频率/Hz
第一阶	1.45508	0.0335	2767.88
第二阶	−7.30008	0.0189	2927.85

表 6-3　微铣削系统动态特性物理参数（Y方向）

阶数	参数		
	刚度/(MN/m)	阻尼比	有阻尼自然频率/Hz
第一阶	2.2177	0.0311	3209.09
第二阶	9.10405	0.0142	3247.72

6.4　镍基高温合金微铣削颤振稳定性

本节综合 2.4.3 节的微铣削力模型、6.2.2 节的微铣削系统动力学模型、6.2.3 节的微铣削瞬时切削厚度模型以及 6.3.6 节求得的微铣削系统动态特性物理参数，利用四阶 Runge-Kutta（龙格-库塔）法求解微铣削系统动力学方程，采用 MATLAB 编程建模，完成微铣削过程的时域仿真。基于微铣削过程瞬时切削厚度，以柔刚性系统的最大瞬时切削厚度之比作为微铣削过程稳定性判据，预测一定主轴转速范围内的临界轴向切深，绘制微铣削过程稳定性叶瓣图；基于加工后工件表面形貌及微铣削过程中力信号的频域特征，判定实际微铣削加工状态，对稳定性叶瓣图的有效性进行对比验证。

6.4.1　微铣削动态系统

在微铣削过程中，机床-主轴-刀具系统与工件-工作台系统经刀尖与工件之间的剪切效应及耕犁效应发生动态交互作用，组成微铣削动态系统。微铣削系统内动态交互作用主要表现为刀具与工件的相互作用力及作用力引起的振动位移，本章以一个二自由度的运动微分方程式(6-2)简化描述。该方程组等号左端表示微铣削力，右端表示微铣削系统中刀具位移、速度、加速度的相应变化。参照该动力学方程组，可以总结出微铣削过程中四个主要因素间的相互关系：①在微铣削动态系统内，瞬时切削厚度(式(6-11))与设置的加工参数和加工过程中刀具的振动相关；②微铣削力表示为瞬时切削厚度的函数(式(2-39)和式(2-52))；③微铣削力引起微铣削过程振动；④微铣削力与振动的关系用微铣削系统动态特性(参数如表 6-2 和表 6-3 所示)描述。因此，微铣削过程可视为一个闭环系统，四个影响因素彼此间相互依赖、相互影响，如图 6-24 所示。

6.4.2　利用数值积分法求解微铣削系统动力学模型

为了将已建立的微铣削过程数学模型转换成仿真运算模型，需要确定求解微铣削动力学方程组的方法。动力学方程组中的力模型部分是一个分段函数，因此很难直接得到动力学方程组的解析解，需要借助数值积分法进行计算。

图 6-24　微铣削动态系统各因素影响关系

可将仿真系统表示为一阶微分方程组或状态方程的形式，一阶向量微分方程及初值可表示为

$$\begin{cases} \dot{Y} = F(t,Y) \\ Y(t_0) = Y_0 \end{cases} \tag{6-62}$$

式中，Y 为 n 维状态向量；$F(t,Y)$ 为 n 维向量函数。设该方程在 $t = t_0, t_1, \cdots, t_n, t_{n+1}$ 形式上的连续解为

$$Y(t_{n+1}) = Y(t_0) + \int_{t_0}^{t_{n+1}} F(t,Y) \mathrm{d}t = Y(t_n) + \int_{t_n}^{t_{n+1}} F(t,Y) \mathrm{d}t \tag{6-63}$$

再设 $Y_n = Y(t_n)$，令

$$Y_{n+1} = Y_n + Q_n \tag{6-64}$$

则有

$$Y_{n+1} = Y(t_n + 1) \tag{6-65}$$

可得

$$Q_n \approx \int_{t_m}^{t_{n+1}} F(t,Y) \mathrm{d}t \tag{6-66}$$

式中，Y_{n+1} 为准确解 $Y(t_n + 1)$ 的近似值；Q_n 为准确积分值的近似值。因此，可将连续系统的数值解转化为相邻时间点上的数值积分问题，即将寻求一阶向量微分方程组的初值问题转化为寻求该微分方程组在一系列离散点 $t = t_0, t_1, \cdots, t_n, t_{n+1}$ 上的近似解问题，根据已知的初始条件 $Y(t_0)$，逐步递推计算后续离散点的数值解。

相邻两个时间离散点的间隔 $h_n = t_{n+1} - t_n$，称为步长。

本节采用四阶 Runge-Kutta 法。该方法的基本思想是在 t 步长范围内，先选择几个点上的 $y(t)$ 的一阶导数函数值的线性组合来近似代替 $y(t)$ 在步长范围终止端的各阶导数，然后用 Taylor 级数展开式确定线性组合中步长的加权系数，这样既能够简化高阶导数的计算，又可以提高数值积分的精度。

理论上可构造任意阶数的计算方法，截断误差的阶数与所需每步积分计算 f 的次数之间并非是线性关系。四阶 Runge-Kutta 法截断误差阶数与每步积分计算 f 的次数关系如表 6-4 所示。

表 6-4　四阶 Runge-Kutta 法截断误差阶数与每步积分计算 f 的次数关系

参数	数值						n 取值
每步积分计算 f 的次数	2	3	4	5	6	7	$n \geqslant 8$
精度阶数	2	3	4	4	5	6	$n-2$

由表 6-4 可知，四阶 Runge-Kutta 精度阶数与计算量相对比较平衡，因此选用四阶 Runge-Kutta 法计算微铣削过程离散时间的振动位移及速度，可兼顾计算精度和计算效率。

6.4.3　微铣削过程仿真设置

为了近似模拟实际微铣削过程中各变量的变化，需要将微铣削过程在时间和空间上分别离散化。依据实际加工情况，可将微铣削过程在时空上从整体到局部划分为四层循环。

(1) 主轴转动循环。根据微铣削时间长度，可得到具体的主轴转动圈数。假定主轴转速为 n，单位为 r/min，仿真模拟总时间为 t，则该仿真模拟中主轴转动次数(需为正整数)为

$$C = \left[t \cdot \frac{n}{60} - \frac{1}{2} \right] \tag{6-67}$$

式中，[ ]表示取整。

(2) 刀具转动循环。每一次主轴转动对应刀具转动的一周期，而一周期内刀具角位移由 0 变换为 2π。将刀具角位移变化范围划分为 i_{max} 微元，以刀具第一个进入切削的刀齿端面瞬时齿位角 $\mathrm{d}\phi$ 作为刀具的瞬时角位移，假定时间离散微元的大小为 $\mathrm{d}t$，可得到三者的关系为

$$\mathrm{d}\phi = \frac{2\pi}{i_{max}} \tag{6-68}$$

$$\mathrm{d}t = \frac{60\mathrm{d}\phi}{2\pi n} \tag{6-69}$$

$$\mathrm{d}t = \frac{60}{ni_{\max}} \tag{6-70}$$

刀具角位移微元总数需为正整数，因此有

$$i_{\max} = \left[\frac{60}{\mathrm{d}t \cdot n} - \frac{1}{2}\right] \tag{6-71}$$

(3)刀齿遍历循环。每一刀齿单位角位移所对应的时刻都有若干刀齿同时切削，而每一刀齿端面瞬时齿位角相差一个齿间角 ϕ_{p}。此时，刀具所受的力为刀齿的合力，刀具整体的振动位移及振动速度即各刀齿的振动位移及振动速度。

(4)轴向微元遍历循环。由于螺旋角的存在，每一刀齿不同高度的刀齿微元对应的瞬时齿位角及瞬时切削厚度均不同。将刀齿沿高度方向划分为 M 个轴向微元，假定轴向切深为 a_{p}，单位轴向微元高度为 $\mathrm{d}z$，则轴向微元总数可表示为

$$M = \left[\frac{a_{\mathrm{p}}}{\mathrm{d}z} - \frac{1}{2}\right] \tag{6-72}$$

轴向微元的瞬时齿位角如式(6-73)所示。在微铣削过程中，由于微铣刀螺旋升角的存在，刀齿沿轴向每一点的齿位角根据主轴旋转方向的不同，相对于刀齿端面处的齿位角有一个超前或滞后的差值，因此在同一时刻，同一刀齿上不同轴向高度的齿位角不同。本节将刀齿沿轴向划分为 M 个高度为 $\mathrm{d}z$ 的微元。在单个轴向微元内忽略螺旋角的影响。若沿刀齿端面向上进行度量，则编号为 j 的刀齿上第 l 个微元的齿位角可表示为

$$\phi_{jl} = \phi - (j-1)\phi_{\mathrm{p}} - \frac{(l-1) \cdot \mathrm{d}z \cdot \tan\beta}{R} \tag{6-73}$$

式中，ϕ 为编号为 1 的刀齿齿位角；β 为刀具螺旋升角；R 为刀具半径；$\dfrac{(l-1) \cdot \mathrm{d}z \cdot \tan\beta}{R}$ 为当前刀齿微元相对于刀齿端面处微元的齿位角差值。因此，微铣削过程中某时刻某轴向微元的齿位角为该微元该时刻的瞬时齿位角。

设计微铣削过程仿真模拟流程如图 6-25 所示。对某一切削参数组合下的微铣削过程设置为四层循环嵌套，分别为主轴转动次数循环、刀具角位移循环、刀齿编号循环及轴向微元编号循环。

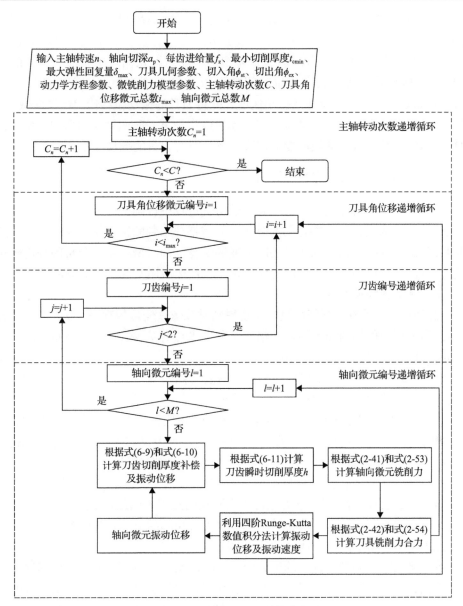

图 6-25　微铣削过程时域仿真流程

　　轴向微元编号递增循环内，首先，根据式(6-73)计算轴向微元的瞬时齿位角；然后，基于上刀齿周期的切削状态，计算参与瞬时切削厚度计算的切削厚度补偿和振动位移(式(6-9)和式(6-10))；其次，根据式(6-11)计算轴向微元的瞬时切削厚度，进而依据瞬时切削厚度与最小切削厚度及已加工表面最大弹性回复量的数值关系，判断当前刀齿周期的切削状态，并存储于轴向微元切削状态数据库中；

最后，根据式(2-41)和式(2-53)计算轴向微元的瞬时微铣削力，以计算此刻的合力。

刀具角位移递增循环内，根据刀齿循环和轴向微元循环中累加所得到的当前时刻刀具所受合力，假设单位时间微元 dt 内微铣削力恒定不变，使用四阶 Runge-Kutta 法计算振动位移及振动速度，并将刀具的振动位移传递给轴向微元。将这一时间微元求解出的振动位移和振动速度作为下一时间微元的振动初始值，即每一瞬时刀具求解出的振动变化都决定下一瞬时刀具的振动位置。

6.4.4 微铣削过程颤振稳定性叶瓣图

时域稳定性分析方法通过监测微铣削仿真过程中铣削力、瞬时切削厚度、振动位移等变量的变化，根据它们的时域或频域特征来判断某一切削参数组合下的切削过程是否发生颤振。该变量的时域或频域特征即时域稳定性分析的理论颤振判据。目前，微铣削并没有通用的颤振判据，依然沿用常规铣削的颤振判据。

常规铣削的颤振判据主要包括以下几种：

(1)傅里叶变换法，利用傅里叶变换得到时域仿真变量的频谱，以主轴转动频率及其谐波频率的幅值与频谱内的幅值总和之比 n_p 作为颤振发生的标准，当 $n_p <$ 0.8 时，认为铣削过程中发生颤振。

(2)峰值力变化法，当切削状态达到颤振临界时，切削力的峰值会陡然增长，以切削力两个峰值间的变化作为颤振发生的标准。

(3)柔刚性切削系统对比法，刚性切削系统是假设刀具和工件均为刚性的系统，切削过程中并不发生振动；柔性切削系统是假设刀具和工件均为柔性的系统，在切削过程中发生振动。Campomanes 等[28]使用相同切削参数下的柔刚性切削系统最大切削厚度之比 η_h 作为颤振判据，当 $\eta_h > 1.25$ 时，认为切削过程中发生颤振。

(4)刀尖位移统计方法。该方法源于实际铣削过程中的颤振识别。主轴每转动一周期，即采集一次铣刀刀尖位移数据。将刀尖位移的方差作为颤振判据标准，当方差大于 $1.0\mu m^2$ 时，认为切削过程中发生颤振。

本章将柔刚性切削系统下的最大切削厚度之比 η_h 作为颤振判据。该判据为无量纲判据，不受铣削过程的尺度限制，且易于在时域仿真中实现。铣削过程的颤振判据是考虑铣削过程中振动的影响而设置的，而在微铣削过程中，耕犁效应带来的已加工表面弹性回复，同样会影响柔性切削系统的切削厚度变化，因此需要在柔性切削系统的最大切削厚度计算中，排除耕犁效应的影响。

时域稳定性分析算法设置如下：以柔刚性切削系统下的最大切削厚度之比 η_h 作为颤振判据，当 $\eta_h > 1.25$ 时，认为切削过程中发生颤振；采用冒泡法寻找切削过程中的最大切削厚度；当前一刀齿切削周期未发生刀齿跳出切削现象时，瞬时切削厚度需要先减去切削厚度补偿 hpr，排除耕犁效应的影响，再进行冒泡法比较；当前一刀齿切削周期发生刀齿跳出切削现象时，切削厚度补偿 hpr 的来源是刀齿大振幅振动，瞬时切削厚度不需要减去切削厚度补偿 hpr，直接进行冒泡法比较。当切削过程出现刀齿跳出切削现象时，该切削过程已经发生颤振。在不考虑刀具径向跳动且刀具齿间角是等距时，刚性系统的最大切削厚度等于瞬时齿位角为 $\pi/2$ 时的静态切削厚度，即每齿进给量 f_z。

在确立理论颤振判据后，即可在图 6-25 展示的微铣削过程时域仿真流程的基础上进行一定主轴转速范围内的时域稳定性分析。

微铣削过程时域稳定性分析程序流程如下：

(1) 初始化微铣削过程仿真模型参数，输入时域仿真时间、时间微元、刀齿轴向微元高度、微铣削力模型参数、刀具几何参数、动力学方程参数、切入/切出角、最小切削厚度、已加工表面最大弹性回复量、主轴转速扫描范围以及主轴转速扫描步长等。

(2) 对主轴转速进行遍历扫描，并搜索每个主轴转速下的临界颤振轴向切深。主轴转速与临界颤振轴向切深是一一对应的，并且轴向切深越大，切削过程稳定性越差。

为了提高程序运行效率，并未对轴向切深进行遍历扫描，而是采用一种类似二分法的方法。在开始搜索某主轴转速下的临界颤振轴向切深时，选取一个初始轴向切深。若采用该初始轴向切深，微铣削过程为不稳定状态，则将该初始轴向切深设为轴向切深搜索范围的下边界 a_{pmax}，设定下一个轴向切深为下边界 a_{pmax} 的 1/2；若微铣削过程为稳定状态，则将该初始轴向切深设为轴向切深搜索范围的上边界 a_{pmin}，设定下一个轴向切深为上边界 a_{pmin} 的 2 倍。轴向切深搜索范围的上下边界全部确定后，以上下边界之和的 1/2，即 $(a_{pmax}+a_{pmin})/2$ 为轴向切深搜索值，若微铣削过程为稳定状态，则使用 $(a_{pmax}+a_{pmin})/2$ 替换 a_{pmin}；若微铣削过程为不稳定状态，则使用 $(a_{pmax}+a_{pmin})/2$ 替换 a_{pmax}。当 $|a_{pmax}-a_{pmin}|$ 小于刀齿轴向微元高度时，判断当前的轴向切深是否为该主轴转速下的临界颤振轴向切深。

(3) 以当前的切削参数组合仿真微铣削过程，并监测微铣削过程中最大切削厚度 (排除耕犁效应的影响) 与每齿进给量之比的变化。为与临界颤振轴向切深搜索方式相对应，设置一个切削过程标识符，即 StableState，在使用某一切削参数组合进行微铣削过程仿真前，将 StableState 设置为 0；当该微铣削过程表现为不稳定状态时，将 StableState 设置为 1，跳出该次微铣削过程仿真；当该微铣削过程表现为稳定状态时，将 StableState 设置为 2。

为提高程序运行效率，需要设计一个稳定状态判据。在微铣削过程仿真中，当主轴转动次数超过 30 时，可认为微铣削过程已进入稳定阶段。当最大切削厚度之比 η_h 的数值变化连续 10 次小于 10^{-5} 时，可认为微铣削过程振动未发散，呈现为稳定状态，将 StableState 设置为 2，跳出该次微铣削过程仿真。

（4）当主轴转速范围遍历扫描结束时，将主轴转速作为 x 轴，将该主轴转速下的临界颤振轴向切深作为 y 轴，绘制稳定性叶瓣图。

对铣槽工况下（$\phi_{st}=0$，$\phi_{ex}=\pi$）的镍基高温合金微铣削过程进行时域稳定性分析，得到的稳定性叶瓣图如图 6-26 所示。具体的时域稳定性分析模型参数如表 6-5 所示。更长的仿真时间和更为精细的时间与空间微元划分可以提高仿真的求解精度，但会增加计算量和程序运行时间。单位时间微元 $\mathrm{d}t < 2\pi/(10\omega_{\max})$，其中 $\omega_{\max}$ 为微铣削系统的最高固有圆频率。

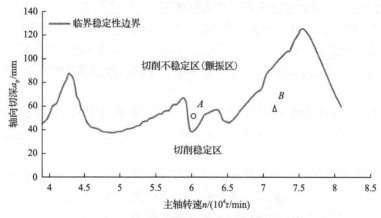

图 6-26　镍基高温合金微铣削过程稳定性叶瓣图

A、B 分别为处于颤振区和切削稳定区的两个点

表 6-5　时域稳定性分析模型参数

参数	数值
主轴转速 $n/(\mathrm{r/min})$	40000～80000
主轴转速增量 $\Delta n/(\mathrm{r/min})$	100
仿真时间 t/s	0.5
时间微元增量 $\Delta t/\mathrm{s}$	10^{-5}
初始轴向切深 $a_{p0}/\mu\mathrm{m}$	30
轴向微元高度 $\mathrm{d}z/\mu\mathrm{m}$	1
每齿进给量 $f_z/\mu\mathrm{m}$	1.1

使用 MATLAB 编程求解，得到稳定性叶瓣图，如图 6-26 所示。处于切削稳定状态和颤振状态的切削过程，其振动位移、切削力等会呈现不同的时域和频域特性。一般来说，若切削过程处于稳定状态，则其信号频域内峰值最高的频率为主轴转动频率及谐波；若切削过程处于颤振状态，则其信号频域内峰值最高的频率为颤振频率。

图 6-26 中 *A*、*B* 两点分别处于颤振区和切削稳定区。*A* 点主轴转速为 60000r/min，轴向切深为 50μm；*B* 点主轴转速为 72000r/min，轴向切深为 50μm。*A* 点和 *B* 点分别仿真计算可得，*A* 点 *Y* 方向的仿真振动位移曲线如图 6-27 所示，*Y* 方向仿真振动位移的功率谱曲线如图 6-28 所示；*B* 点 *Y* 方向的仿真振动位移曲线如图 6-29 所示，*Y* 方向仿真振动位移的功率谱曲线如图 6-30 所示。

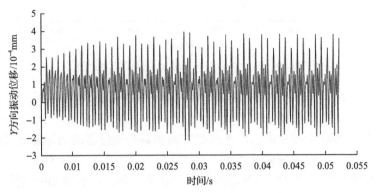

图 6-27　*A* 点 *Y* 方向仿真振动位移曲线

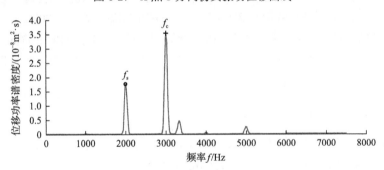

图 6-28　*A* 点 *Y* 方向仿真振动位移的功率谱曲线

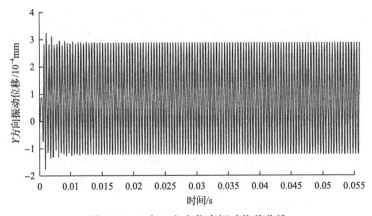

图 6-29　*B* 点 *Y* 方向仿真振动位移曲线

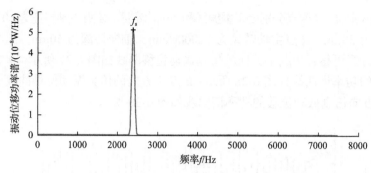

图 6-30　B 点 Y 方向仿真振动位移的功率谱曲线

对比 A、B 点 Y 方向的仿真振动位移曲线可以发现，切削稳定点 B 的振动位移峰值于 0.05s 之后就处在一个固定的水平线上，且波动很小，而颤振点 A 的振动位移峰值一直处于波动中。A、B 点 Y 方向仿真振动位移的功率谱曲线也体现了二者的不同。以 f_s 表示主轴转动频率及其倍频，以 f_c 表示颤振频率。切削稳定点 B 的 Y 方向仿真振动位移的功率谱的主要频率成分只有处于 2400Hz 左右的切削频率（主轴转动频率与刀齿数的积），而颤振点 A 的 Y 方向仿真振动位移的功率谱中处于 2000Hz 的切削频率幅值与 3000Hz 的频率幅值相近。虽然 3000Hz 处于主轴转动频率的谐波位置，但时域稳定性分析中微铣削系统 X、Y 方向的一阶固有频率也在 3000Hz 左右，因此认为颤振点 A 的 Y 方向仿真振动位移的功率谱中处于 3000Hz 的频率成分主要是颤振造成的。

6.4.5　颤振稳定性预测及试验验证

本节将切削过程中的力信号频域特征分析与已加工表面形貌观测相结合，以判断镍基高温合金微铣削加工过程的稳定性状态。

颤振稳定性预测具体试验流程为：首先，在稳定性叶瓣图中不同稳定性区域选取若干点，以这些点所代表的切削参数组合进行槽铣试验，利用 KISTLER 9256C1 测力仪采集加工过程中的微铣削力信号，使用 SEM 观察不同切削参数组合对应的已加工表面形貌；然后，计算铣削力信号的功率谱，分析力信号的频率组成成分，对比主轴转动频率及其谐波频率与颤振频率间的幅值大小；最后，综合力信号频域特征分析和加工表面形貌观测结果，判断镍基高温合金微铣削加工状态。

在稳定性叶瓣图中选择 20 个点，其中 12 个点处于切削稳定区，8 个点处于颤振区，具体试验设计如表 6-6 所示。镍基高温合金微铣削稳定性叶瓣图验证试验使用与 6.3.4 节相同的机床和刀具，刀具夹持长度均为 20mm，主轴转速最高为 80000r/min，微铣刀为 2 个齿，对应主轴转动频率为 1333.33Hz，切削力的频率为 2667Hz，采样频率为 15000Hz。

表 6-6　镍基高温合金微铣削稳定性叶瓣图验证试验设计

编号	主轴转速 $n/(\text{r/min})$	轴向切深 $a_p/\mu m$	每齿进给量 $f_z/\mu m$
1	40000	50	1.1
2	40000	54	1.1
3	40000	60	1.1
4	50000	20	1.1
5	50000	30	1.1
6	50000	37	1.1
7	50000	50	1.1
8	50000	60	1.1
9	60000	20	1.1
10	60000	30	1.1
11	60000	35	1.1
12	60000	40	1.1
13	60000	50	1.1
14	65000	40	1.1
15	65000	46	1.1
16	65000	50	1.1
17	70000	40	1.1
18	70000	50	1.1
19	80000	40	1.1
20	80000	50	1.1

　　镍基高温合金微铣削稳定性叶瓣图验证试验结果如图 6-31 所示。时域稳定性分析与试验验证结果基本一致，试验编号 1、2、3、7、8、12、13 和 16 处于颤振区；试验编号 4、5、6、9、10、11、14、15、17、18、19 和 20 处于稳定区。

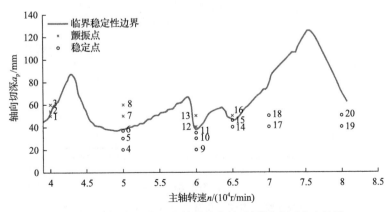

图 6-31　镍基高温合金微铣削稳定性叶瓣图验证试验结果

20 组验证试验的已加工表面形貌及 X 和 Y 方向的功率谱密度(power spectral density, PSD)如图 6-32～图 6-51 所示。在颤振发生时，已加工表面形貌呈现出比较杂乱的切削痕迹，加工表面粗糙；X 和 Y 方向功率谱密度的主要频率成分将出现在颤振频率上，如图 6-34 所示。在稳定切削时，已加工表面形貌切削痕迹规则清晰，加工质量较好；X 和 Y 方向功率谱密度的主要频率成分将出现在主轴转动频率及其倍频上，如图 6-35 所示。

(a) 已加工表面形貌

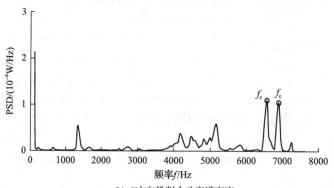

(b) X 方向铣削力功率谱密度

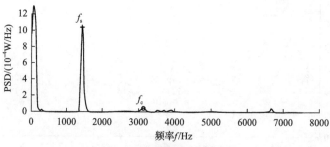

(c) Y 方向铣削力功率谱密度

图 6-32　试验 1 槽底表面形貌及 X 和 Y 方向铣削力功率谱密度

(a) 已加工表面形貌

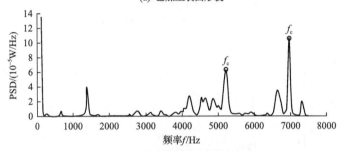

(b) X方向铣削力功率谱密度

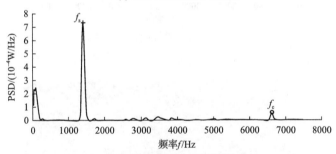

(c) Y方向铣削力功率谱密度

图 6-33　试验 2 槽底表面形貌及 X 和 Y 方向铣削力功率谱密度

(a) 已加工表面形貌

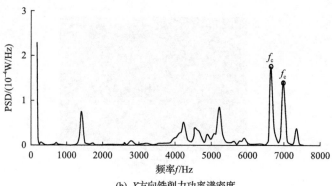

(b) X方向铣削力功率谱密度

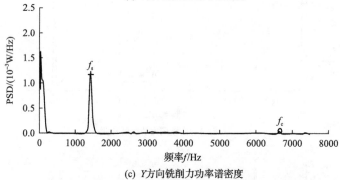

(c) Y方向铣削力功率谱密度

图 6-34　试验 3 槽底表面形貌及 X 和 Y 方向铣削力功率谱密度

(a) 已加工表面形貌

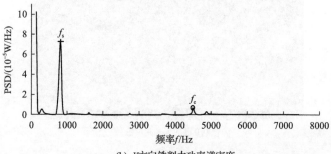

(b) X方向铣削力功率谱密度

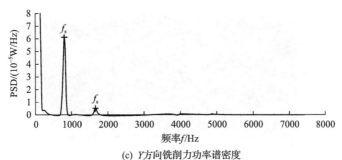

(c) Y方向铣削力功率谱密度

图 6-35　试验 4 槽底表面形貌及 X 和 Y 方向铣削力功率谱密度

(a) 已加工表面形貌

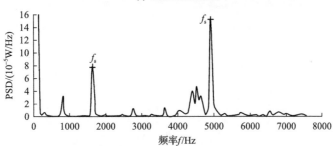

(b) X方向铣削力功率谱密度

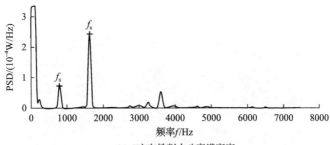

(c) Y方向铣削力功率谱密度

图 6-36　试验 5 槽底表面形貌及 X 和 Y 方向铣削力功率谱密度

(a) 已加工表面形貌

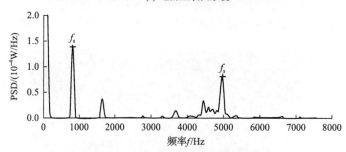

(b) X方向铣削力功率谱密度

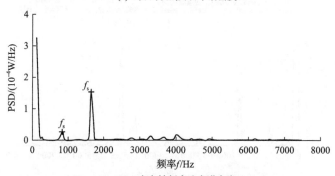

(c) Y方向铣削力功率谱密度

图 6-37　试验 6 槽底表面形貌及 X 和 Y 方向铣削力功率谱密度

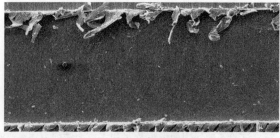

(a) 已加工表面形貌

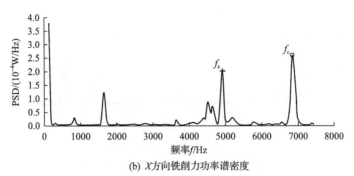

(b) X方向铣削力功率谱密度

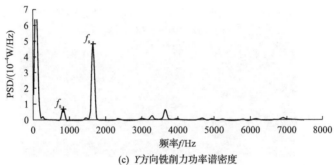

(c) Y方向铣削力功率谱密度

图 6-38　试验 7 槽底表面形貌及 X 和 Y 方向铣削力功率谱密度

(a) 已加工表面形貌

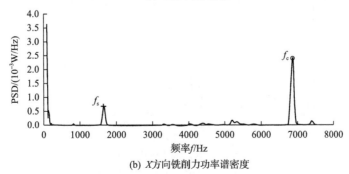

(b) X方向铣削力功率谱密度

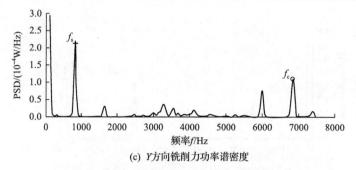

(c) Y 方向铣削力功率谱密度

图 6-39　试验 8 槽底表面形貌及 X 和 Y 方向铣削力功率谱密度

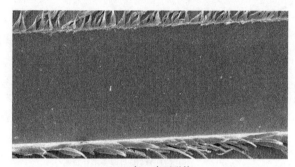

(a) 已加工表面形貌

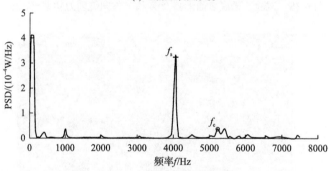

(b) X 方向铣削力功率谱密度

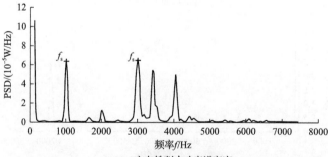

(c) Y 方向铣削力功率谱密度

图 6-40　试验 9 槽底表面形貌及 X 和 Y 方向铣削力功率谱密度

(a) 已加工表面形貌

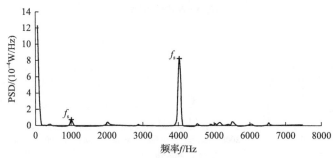

(b) X 方向铣削力功率谱密度

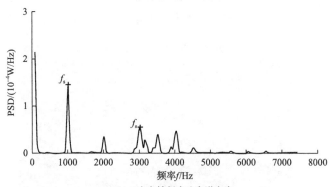

(c) Y 方向铣削力功率谱密度

图 6-41　试验 10 槽底表面形貌及 X 和 Y 方向铣削力功率谱密度

(a) 已加工表面形貌

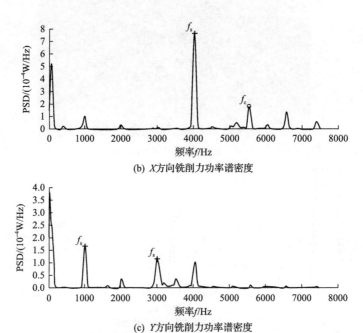

(b) X方向铣削力功率谱密度

(c) Y方向铣削力功率谱密度

图 6-42　试验 11 槽底表面形貌及 X 和 Y 方向铣削力功率谱密度

(a) 已加工表面形貌

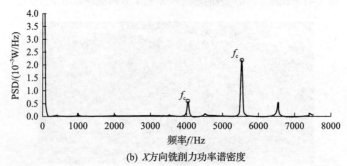

(b) X方向铣削力功率谱密度

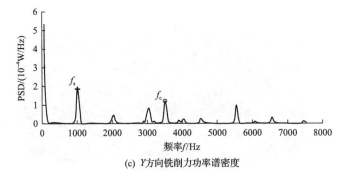

(c) Y 方向铣削力功率谱密度

图 6-43　试验 12 槽底表面形貌及 X 和 Y 方向铣削力功率谱密度

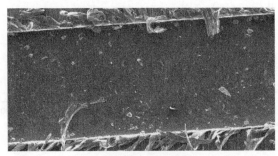

(a) 已加工表面形貌

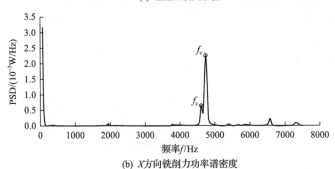

(b) X 方向铣削力功率谱密度

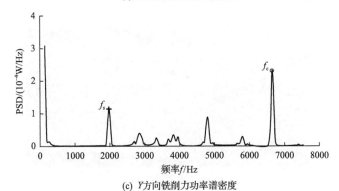

(c) Y 方向铣削力功率谱密度

图 6-44　试验 13 槽底表面形貌及 X 和 Y 方向铣削力功率谱密度

(a) 已加工表面形貌

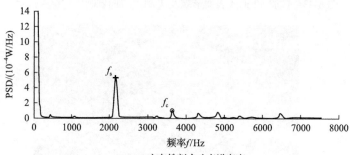

(b) X 方向铣削力功率谱密度

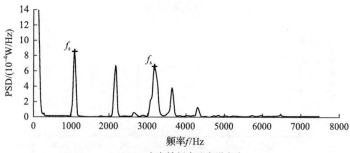

(c) Y 方向铣削力功率谱密度

图 6-45　试验 14 槽底表面形貌及 X 和 Y 方向铣削力功率谱密度

(a) 已加工表面形貌

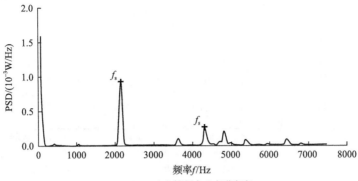

(b) X方向铣削力功率谱密度

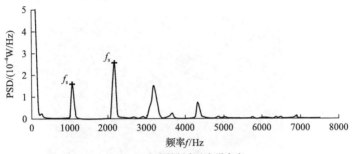

(c) Y方向铣削力功率谱密度

图 6-46　试验 15 槽底表面形貌及 X 和 Y 方向铣削力功率谱密度

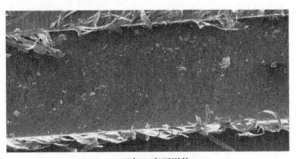

(a) 已加工表面形貌

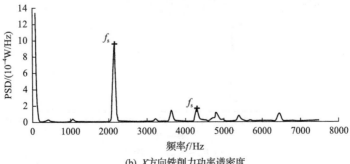

(b) X方向铣削力功率谱密度

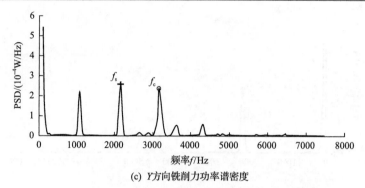

(c) Y 方向铣削功率谱密度

图 6-47 试验 16 槽底表面形貌及 X 和 Y 方向铣削力功率谱密度

(a) 已加工表面形貌

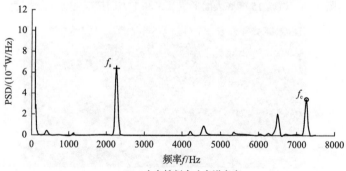

(b) X 方向铣削力功率谱密度

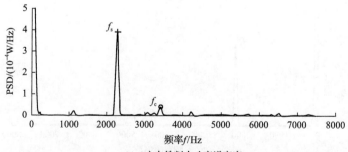

(c) Y 方向铣削力功率谱密度

图 6-48 试验 17 槽底表面形貌及 X 和 Y 方向铣削力功率谱密度

(a) 已加工表面形貌

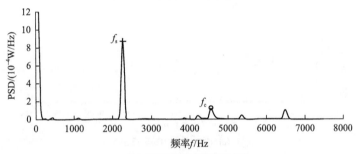

(b) X方向铣削力功率谱密度

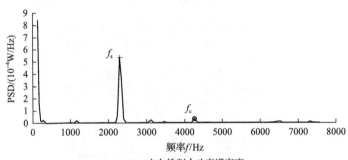

(c) Y方向铣削力功率谱密度

图 6-49　试验 18 槽底表面形貌及 X 和 Y 方向铣削力功率谱密度

(a) 已加工表面形貌

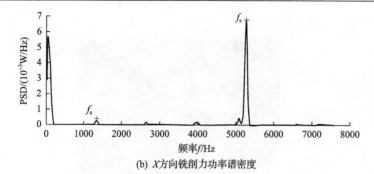

(b) X方向铣削力功率谱密度

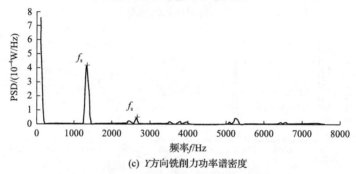

(c) Y方向铣削力功率谱密度

图 6-50　试验 19 槽底表面形貌及 X 和 Y 方向铣削力功率谱密度

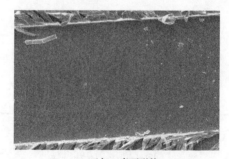

(a) 已加工表面形貌

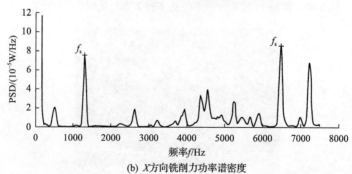

(b) X方向铣削力功率谱密度

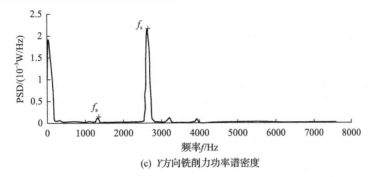

(c) Y 方向铣削力功率谱密度

图 6-51　试验 20 槽底表面形貌及 X 和 Y 方向铣削力功率谱密度

在稳定性叶瓣图的切削稳定区内选择适当的切削参数组合，即可避免颤振，实现稳定切削，从而获得较好的加工质量。

6.5　考虑离心力和陀螺效应的微铣削颤振稳定性

高速铣削中，主轴系统的动力学特性直接影响铣削稳定性。主轴静止和运转时，其动力学特性是不同的[29,30]。主轴系统(主轴转子-轴承)在高速旋转时产生的陀螺效应和离心力使高速铣削主轴系统动力学特性和稳定性发生改变，尤其是主轴轴承的动力学特性发生较大的变化[31]。

分析离心力和陀螺效应对高速铣削动力学特性和稳定性的影响已成为国内外的研究热点。胡腾等[32]在扩展 Harris 滚动轴承非线性分析模型、滚动轴承耦合刚度矩阵的基础上，建立了综合考虑主轴离心力效应和陀螺力矩效应的"主轴-轴承"系统动力学模型，分析发现主轴的高速效应(包括陀螺力矩效应和离心力效应)是"主轴-轴承"系统高速工况下动力学特性的关键影响因素。Cao 等[33]通过在运动方程中添加旋转轴的斜对称陀螺矩阵和离心力，对质量的影响矩阵进行研究，进而研究离心力和陀螺效应对稳定性的影响。

铣削稳定性叶瓣图预测不准确的原因主要为稳定性叶瓣图是基于主轴系统静止假设下获得的，因此考虑主轴高速旋转引起的陀螺效应和离心力是提高稳定性叶瓣图预测准确性的一种有效方式，进而分析其对稳定性的影响。Gagnol 等[34]建立了主轴旋转的有限元模型，并结合滚动轴承模型求得了旋转主轴的频响函数和稳定性叶瓣图，相比于静止主轴的稳定性叶瓣图，其更能准确预测极限切深。Gagnol 等[35]依据 Timoshenko 梁理论建立了旋转刀具的动力学模型，当考虑陀螺效应时，系统自然频率分为前向频率和后向频率。

微铣削稳定性叶瓣图的求解过程中需要求解系统的动态特性和刀尖频响函数，目前绝大多数的研究都是在主轴静止假设下，通过试验法、有限元法、理论建模法等获得系统的动态特性参数和刀尖频响函数。系统的动态特性参数会随着主轴高速旋转引起的离心力和陀螺效应的改变而发生变化，主轴转速越高，影响越大。微铣削的刀具直径很小，为提高切削速度，主轴转速高达每分钟几万转甚至十几万转，因此需要考虑由主轴高速旋转引起的离心力和陀螺效应对微铣削稳定性的影响。本节首先建立考虑离心力和陀螺效应的微铣削颤振理论模型，针对微铣削系统颤振稳定性的问题，以旋转 Timoshenko 梁模型为基础，运用子结构响应耦合法，分别得到刀具、夹具及主轴的频响函数，再利用遗传算法获得包括连接刚度和阻尼的连接参数，在子结构响应耦合法的弹性阻尼耦合条件下获得装配结构(刀具-夹具-主轴)的刀尖频响函数。在获得旋转主轴刀尖频响函数的基础上，绘制预测精度更高的微铣削稳定性叶瓣图。

6.5.1　考虑离心力和陀螺效应的微铣刀刀尖频响函数

1. 旋转 Timoshenko 梁及其频响函数

1) 旋转 Timoshenko 梁的运动方程及其特征函数

为了获得主轴系统的频响函数，可以将其简化为若干段阶梯轴，如图 6-52 所示。任意一段阶梯轴都可简化为一段长度和直径固定的旋转 Timoshenko 梁单元模型，进而求解出该段轴的各段频响函数，具体如下[36]。

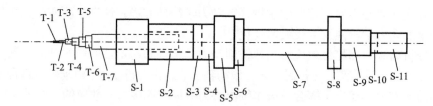

图 6-52　旋转部分简化为阶梯轴示意图

旋转 Timoshenko 梁单元在图 6-53 中的广义三维坐标系下是一段长度为 L，直径为 d 的梁单元模型，其中 u_x、u_y 为横向位移，u_z 为轴向位移，ϕ_x、ϕ_y、ϕ_z 分别为相对于 X、Y、Z 轴的转角。因此，旋转 Timoshenko 梁的运动方程可以表示为

$$
\begin{cases}
\rho A \dfrac{\partial^2 u_x}{\partial t^2} - kAG\left(-\dfrac{\partial \phi_y}{\partial z} + \dfrac{\partial^2 u_x}{\partial z^2}\right) = 0 \\[3mm]
\rho A \dfrac{\partial^2 u_y}{\partial t^2} - kAG\left(\dfrac{\partial \phi_x}{\partial z} + \dfrac{\partial^2 u_y}{\partial z^2}\right) = 0 \\[3mm]
\rho I \dfrac{\partial^2 \phi_x}{\partial t^2} + 2\Omega I \rho \dfrac{\partial \phi_y}{\partial t} - EI \dfrac{\partial^2 \phi_x}{\partial z^2} + kAG\left(\phi_x + \dfrac{\partial u_y}{\partial z}\right) = 0 \\[3mm]
\rho I \dfrac{\partial^2 \phi_y}{\partial t^2} - 2\Omega I \rho \dfrac{\partial \phi_x}{\partial t} - EI \dfrac{\partial^2 \phi_y}{\partial z^2} + kAG\left(\phi_y - \dfrac{\partial u_x}{\partial z}\right) = 0
\end{cases}
\tag{6-74}
$$

式中，ρ、A、I 分别为梁单元的密度、横截面积和截面惯性矩；k、G、E 分别为梁单元的剪切系数、剪切模量和弹性模量；Ω 为梁单元的旋转速度。

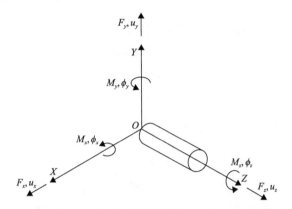

图 6-53　广义三维坐标系下的旋转 Timoshenko 梁单元

当梁为实心梁，即梁单元的截面为直径为 d 的圆时，有

$$A = \frac{\pi d^2}{4} \tag{6-75}$$

$$I = \frac{\pi d^4}{64} \tag{6-76}$$

$$k = \frac{6(1+\upsilon)}{7+6\upsilon} \tag{6-77}$$

$$G = \frac{E}{2(1+\upsilon)} \tag{6-78}$$

式中，υ 为材料的泊松比，当梁为空心，即梁单元的截面外径为 d_2，内径为 d_1 的圆环时，A、I、k 的表达式分别变为

$$A = \frac{\pi\left(d_2^2 - d_1^2\right)}{4} \tag{6-79}$$

$$I = \frac{\pi\left(d_2^4 - d_1^4\right)}{64} \tag{6-80}$$

$$k = \frac{6(1+\upsilon)\left[1+\left(d_1/d_2\right)^2\right]^2}{7+6\upsilon+\left[1+\left(d_1/d_2\right)^2\right]^2+(20+12\upsilon)\left(d_1/d_2\right)^2} \tag{6-81}$$

旋转 Timoshenko 梁自由-自由端的边界条件(以 Y 方向为例，X 方向与 Y 方向类似)为梁两端的转矩和剪切力为零，如式(6-82)所示：

$$\begin{cases} M_y\left(0,t\right)=\left(EI\dfrac{\partial \phi_y}{\partial z}\right)_{z=0}=0 \\[3mm] M_y\left(L,t\right)=\left(EI\dfrac{\partial \phi_y}{\partial z}\right)_{z=L}=0 \\[3mm] S_y\left(0,t\right)=\left[kAG\left(\dfrac{\partial u_x}{\partial z}-\phi_y\right)\right]_{z=0}=0 \\[3mm] S_y\left(L,t\right)=\left[kAG\left(\dfrac{\partial u_x}{\partial z}-\phi_y\right)\right]_{z=L}=0 \end{cases} \tag{6-82}$$

根据边界条件，消去弯曲角 ϕ_x 和 ϕ_y，Y 方向旋转 Timoshenko 梁的运动方程整理为

$$\begin{aligned} & EI_x\frac{\partial^4 u_y}{\partial z^4}+\rho A\frac{\partial^2 u_y}{\partial t^2}-\rho I_y\left(1+\frac{E}{kG}\right)\frac{\partial^4 u_y}{\partial z^2\partial t^2}+\frac{\rho^2 I}{kG}\frac{\partial^4 u_y}{\partial t^4} \\ & +2\rho I_y\Omega\left[\frac{\partial^2}{\partial z^2}\left(\frac{\partial u_x}{\partial t}\right)-\frac{\rho}{kG}\frac{\partial^3 u_x}{\partial t^3}\right]=0 \end{aligned} \tag{6-83}$$

可以看出，由于存在梁单元旋转速度 Ω，X 和 Y 方向均存在耦合，经典解决方法不再适用于旋转梁。为了解决这一问题，假设 X、Y 方向做简谐运动，并应用分离变量法，即

$$\begin{cases} u_y\left(z,t\right)=U_y\left(z\right)\mathrm{e}^{\mathrm{j}\omega t} \\ u_x\left(z,t\right)=U_x\left(z\right)\mathrm{e}^{\mathrm{j}\omega t} \\ \phi_x\left(z,t\right)=\theta_x\left(z\right)\mathrm{e}^{\mathrm{j}\omega t} \end{cases} \tag{6-84}$$

由于梁具有对称性，在梁单元的自由振动分析中，正交平面振型之间的关系为

$$\begin{cases} U_x^{\mathrm{f}}\left(z\right)=\mathrm{i}U_y^{\mathrm{f}}\left(z\right) \\ U_x^{\mathrm{b}}\left(z\right)=-\mathrm{i}U_y^{\mathrm{b}}\left(z\right) \end{cases} \tag{6-85}$$

式中，f、b 分别表示前向振型和后向振型。

将式(6-84)和式(6-85)代入式(6-83)中，解耦正交平面的微分方程，运动方程为前向振型和后向振型的常微分方程，如式(6-86)和式(6-87)所示：

$$EI\frac{\mathrm{d}^4U_y^{\mathrm{b}}}{\mathrm{d}z^4}+\left[\left(\rho I+\frac{E\rho I}{kG}\right)\omega^2-2\rho I\Omega\omega\right]\frac{\mathrm{d}^2U_y^{\mathrm{b}}}{\mathrm{d}z^2}+\left(\frac{\rho^2 I}{kG}\omega^4-2\frac{\rho^2 I}{kG}\Omega\omega^3-\rho A\omega^2\right)U_y^{\mathrm{b}}=0$$

$$(6\text{-}86)$$

$$EI\frac{\mathrm{d}^4U_y^{\mathrm{f}}}{\mathrm{d}z^4}+\left[\left(\rho I+\frac{E\rho I}{kG}\right)\omega^2+2\rho I\Omega\omega\right]\frac{\mathrm{d}^2U_y^{\mathrm{f}}}{\mathrm{d}z^2}+\left[\frac{\rho^2 I}{kG}\omega^4+2\frac{\rho^2 I}{kG}\Omega\omega^3-\rho A\omega^2\right]U_y^{\mathrm{f}}=0$$

$$(6\text{-}87)$$

旋转 Timoshenko 梁的本征解参照非旋转 Timoshenko 梁，对于自由-自由端的条件，旋转 Timoshenko 梁后向振型的特征方程为

$$\begin{vmatrix} D_{11} & D_{12} \\ D_{21} & D_{22} \end{vmatrix}=D_{11}D_{22}-D_{12}D_{21}=0 \tag{6-88}$$

其中，

$$D_{11}=(\alpha-\lambda)\cos(\alpha L)+(\lambda-\alpha)\cosh(\beta L) \tag{6-89}$$

$$D_{12}=(\lambda-\alpha)\sin(\alpha L)+\frac{\lambda\alpha}{\delta\beta}(\beta-\delta)\sinh(\beta L) \tag{6-90}$$

$$D_{21}=\delta\beta\frac{\lambda-\alpha}{\beta-\delta}\sinh(\beta L)-\lambda\alpha\sin(\alpha L) \tag{6-91}$$

$$D_{22}=\lambda\alpha\cosh(\beta L)-\cos(\alpha L) \tag{6-92}$$

$$\lambda=\frac{\alpha^2-K}{\alpha},\quad \delta=\frac{\beta^2+K}{\beta} \tag{6-93}$$

$$K=\frac{\rho A\omega^2}{kAG},\quad \alpha=\sqrt{\eta+\varepsilon},\quad \beta=\sqrt{-\eta+\varepsilon} \tag{6-94}$$

$$\eta=\frac{b}{2},\quad \varepsilon=\frac{\sqrt{b^2-4d}}{2} \tag{6-95}$$

$$b=\frac{\left(\rho I+\dfrac{E\rho I}{kG}\right)\omega^2-2\rho I\Omega\omega}{EI},\quad d=\frac{\dfrac{\rho^2 I}{kG}\omega^4-2\dfrac{\rho^2 I}{kG}\Omega\omega^3-\rho A\omega^2}{EI} \tag{6-96}$$

最终得到与旋转速度相关的动态横向挠度和弯曲角度的特征函数表达式：

$$U_y^b(z) = A_r \left[C_1 \sin(\alpha_r z) + C_2 \cos(\alpha_r z) + C_3 \sinh(\beta_r z) + C_4 \cosh(\beta_r z) \right] \tag{6-97}$$

$$\theta_x^b(z) = A_r \left\{ \lambda_r \left[C_1 \cos(\alpha_r z) - C_2 \sin(\alpha_r z) \right] + \delta_r \left[C_3 \cosh(\beta_r z) + C_4 \sinh(\beta_r z) \right] \right\} \tag{6-98}$$

其中，

$$C_1 = L, \quad C_2 = -C_1 \frac{D_{11}}{D_{12}}, \quad C_3 = C_1 \frac{\alpha_r - \lambda_r}{\delta_r - \beta_r}, \quad C_4 = -C_1 \frac{\alpha_r \lambda_r}{\delta_r \beta_r} \frac{D_{11}}{D_{12}} \tag{6-99}$$

式中，A_r 为特征函数归一化得到的常数。

对于前向振型，只需要将 b、d 变为

$$b = \frac{\left(\rho I + \dfrac{E \rho I}{kG} \right) \omega^2 + 2 \rho I \Omega \omega}{EI}, \quad d = \frac{\dfrac{\rho^2 I}{kG} \omega^4 + 2 \dfrac{\rho^2 I}{kG} \Omega \omega^3 - \rho A \omega^2}{EI} \tag{6-100}$$

2）旋转 Timoshenko 梁的频响函数

在求解出旋转 Timoshenko 梁的特征函数后，代入频响函数公式可得

$$h_{gkff} = \frac{y_g}{f_k} = \sum_{l=b,f} \sum_{r=0}^{\infty} \frac{\phi_r(Z_g) \phi_r(Z_k)}{(1 + \mathrm{i}\gamma) \omega_r^2 - \omega^2} \tag{6-101}$$

$$l_{gkfM} = \frac{y_g}{m_k} = \sum_{l=b,f} \sum_{r=0}^{\infty} \frac{\phi_r(Z_g) \phi_r'(Z_k)}{(1 + \mathrm{i}\gamma) \omega_r^2 - \omega^2} \tag{6-102}$$

$$n_{gkMf} = \frac{\theta_g}{f_k} = \sum_{l=b,f} \sum_{r=0}^{\infty} \frac{\phi_r'(Z_g) \phi_r(Z_k)}{(1 + \mathrm{i}\gamma) \omega_r^2 - \omega^2} \tag{6-103}$$

$$p_{gkMM} = \frac{\theta_g}{m_k} = \sum_{l=b,f} \sum_{r=0}^{\infty} \frac{\phi_r'(Z_g) \phi_r'(Z_k)}{(1 + \mathrm{i}\gamma) \omega_r^2 - \omega^2} \tag{6-104}$$

式中，g 和 k 表示梁的端点（图 6-54）；y 为线性位移；θ 为角位移；f_k 为力；m_k 为力矩；h_{gk}（l_{gk}、n_{gk}、p_{gk}）表示以 k 为激励点、g 为响应点的频响函数；γ 为损耗因子；r 为阶数；ω_r 为 r 阶固有频率。

当 $r = 0$ 时，有

$$\phi_0^{\mathrm{trans}}(Z) = \sqrt{\frac{1}{\rho AL}}, \quad \phi_0^{\mathrm{rot}}(Z) = \sqrt{\frac{12}{\rho AL^2}} \left(Z - \frac{L}{2} \right) \tag{6-105}$$

分别令 Z 为 0 和 L，即可求得 h_{00}、h_{0L}、h_{L0}、h_{LL}（此处 Z 为 Z 轴上带有方向和长度的变量，长度为 L；h_{00} 指的是与 F_k（激励点 k 的力）和 y（线性位移）相关的响应点为 $j=0$、激励点为 $k=0$ 的频响函数；h_{0L} 则是 $j=0$，$k=L$，以此类推），同样可以求得相应的 l_{gk}、n_{gk}、p_{gk} 项。这样就可求解出半径、长度固定的任意一段旋转 Timoshenko 梁单元两端的频响函数。

图 6-54　自由端情况下的梁单元

2. 微铣削主轴系统模型及其耦合

1) 微铣削主轴系统简化模型

如图 6-55 所示，将高速铣削主轴系统分为主轴、夹具和刀具三部分，各部分都可简化为若干段阶梯轴，每一部分都可利用梁理论方法求解其频响函数。图 6-55(c) 中，K_{sh} 为主轴和夹具之间的弹簧刚度，K_{ht} 为夹具和刀具之间的弹簧刚度。由图可以看出，高速铣削主轴系统的夹具是一个相对独立、尺寸较大的重要部件，有较长部分与主轴过盈配合；刀具的一部分也与夹具过盈配合。但是在拆分过程中，认为夹具和主轴过盈配合部分与主轴为一体（材料属性也相同），刀具和夹具

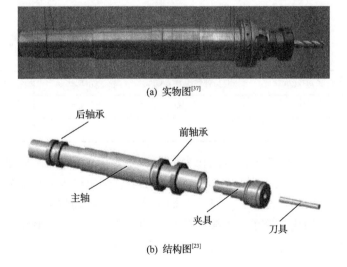

(a) 实物图[37]

(b) 结构图[23]

(c) 耦合拆分图[23]

图 6-55　高速铣削主轴系统

过盈配合部分与夹具为一体(材料属性也相同)，这是因为子结构响应耦合法耦合计算过程中，耦合的平衡条件和相容性条件假设两部分接触部分为平面；在利用梁理论求解各个部分频响函数时，梁理论计算的是材料、长度、内外径固定的梁结构频响函数。本节依据高速铣削主轴系统模型简化方法对微铣削主轴系统进行简化。

　　所研究的微铣床采用的是瑞士 IBAG 电主轴公司生产的 HT42S120C 电主轴，图 6-56 为包含冷却系统、润滑系统和壳体的主轴系统示意图。主轴最低转速为40000r/min，最高转速为 140000r/min，采用油气混合润滑，陶瓷球轴承提供支撑刚度。图中，微铣刀虚线右侧为插入主轴部分，在主轴正常运行时，微铣刀和主轴转子为旋转部分，其材料特性如表 6-7 所示。

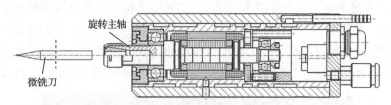

图 6-56　微铣削主轴系统示意图

表 6-7　刀具和主轴的材料特性

部位	密度 ρ/(kg/m^3)	弹性模量 E/GPa	泊松比 υ	损耗因子 γ
刀具	14300	580	0.28	0.02
主轴	7860	200	0.30	0.06

　　将微铣削主轴系统旋转部分简化为如图 6-52 所示的阶梯轴，各部分的几何尺寸如表 6-8 所示。图 6-52 中，粗实线为主轴部分，细实线为刀具部分。由图 6-56可以看出，电主轴尺寸较小，微铣刀刀柄尺寸很小，主轴与微铣刀刀柄的连接通过夹头实现，结构比较简单，夹头内环与主轴实体固定，连接紧密，夹头大部分长度在主轴内部，因此假设主轴与刀柄为一体进行建模。

表 6-8　微铣削电主轴各旋转部分尺寸 （单位：mm）

编号	长度	外径	内径
T-1	1.5	0.41	0
T-2	2.15	0.6	0
T-3	2.15	1.28	0
T-4	2.15	1.96	0
T-5	2.15	2.64	0
T-6	2.15	3.32	0
T-7	7.77	4	0
S-1	10	12.3	0
S-2	15	10	5
S-3	2.9	10	0
S-4	4	10	0
S-5	6	14.6	0
S-6	3.2	13.5	0
S-7	26.4	7.36	0
S-8	4	14	0
S-9	9.5	7.7	0
S-10	3	6	0
S-11	8.3	6	0

　　将主轴-夹头部分简化为 11 段阶梯轴。S-3 和 S-4 之间、S-10 和 S-11 之间为轴承位置，由于要添加轴承特性，这里将其分别看成两段。本节假设 S-1 段实体的材料特性与主轴相同，S-1 段刀具外径小于主轴内径，因此假设为空心；微铣刀刀尖与刀柄之间存在横截面积为圆形的截锥体，其运动控制方程为变系数的微分方程组，无法利用解析法求解其自由振动的解。因此，将微铣刀依据 6.3.5 节划分为 7 部分，对应 T-1～T-7。这样整个主轴系统转子部分就分为 18 段阶梯轴，每一段阶梯轴都可看成一段旋转 Timoshenko 梁模型，根据 6.5.1 节旋转 Timoshenko 梁频响函数计算公式(6-73)～式(6-105)，即可求解出主轴系统简化模型各段的频响函数。

　　2) 主轴模型的子结构响应耦合法

　　(1)子结构响应耦合法推导。

　　在求解出各段梁的频响函数后，采用子结构响应耦合法将各段进行耦合计算，求解出系统的频响函数。子结构响应耦合法包含三种耦合方式，即刚性耦合、弹性耦合和弹性阻尼耦合，本节以弹性耦合为例推导耦合公式。图 6-57 中，C_1、

C_2 分别为梁单元 A、B 组成的自由梁结构 C 的两端，A_1 和 A_2、B_1 和 B_2 分别为自由梁单元 A 和 B 两端，X 为位移，F 为力。在 C 的一端(如 C_1 端)施加力 F_{C1}，测得 C_1、C_2 端的位移，即可得到 C_1 端的原点、跨点频响函数为

$$X_{C1} = H_{C11}F_{C1} \tag{6-106}$$

$$X_{C2} = H_{C21}F_{C1} \tag{6-107}$$

其中，每个端点的原点、跨点频响函数均可表示为

$$\begin{bmatrix} x \\ \theta \end{bmatrix} = \begin{bmatrix} h_{ff} & l_{fM} \\ n_{Mf} & p_{MM} \end{bmatrix} \begin{bmatrix} f \\ M \end{bmatrix} \Rightarrow X = HF \tag{6-108}$$

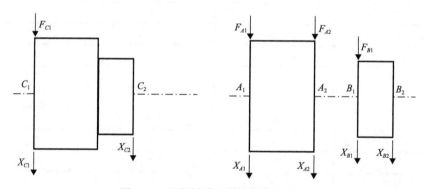

图 6-57　两段梁单元弹性耦合示意图

h_{ff}、n_{Mf}、l_{fM}、p_{MM} 利用式(6-100)~式(6-103)求解，H_{Xjk} 为 X 结构频响，k 为激励点，j 为响应点的频响函数。

现假设将梁结构 C 拆分为 A、B 两个梁单元，并假设二者之间由一个刚度为 K 的弹簧相连，拆分前后平衡条件为

$$F_{A1} = F_{C1}, \quad F_{A2} + F_{B1} = 0 \tag{6-109}$$

兼容性方程为

$$K(X_{A2} - X_{B1}) = -F_{A2} \tag{6-110}$$

单独分析 A、B 结构有

$$X_{A2} = H_{A21}F_{A1} + H_{A22}F_{A2} \tag{6-111}$$

$$X_{A1} = H_{A11}F_{A1} + H_{A12}F_{A2} \tag{6-112}$$

$$\begin{cases} X_{B1} = H_{B11}F_{B1} \\ X_{B2} = H_{B21}F_{B1} \end{cases} \tag{6-113}$$

将式(6-111)代入式(6-110)，并利用平衡条件可以得到

$$F_{A2} = -\left(H_{A22} + H_{B11} + K^{-1}\right)^{-1} H_{A21}F_{A1}$$
$$F_{B1} = \left(H_{A22} + H_{B11} + K^{-1}\right)^{-1} H_{A21}F_{A1}$$

式(6-106)和式(6-107)可变为

$$
\begin{aligned}
H_{C11} &= \frac{X_{C1}}{F_{C1}} = \frac{X_{A1}}{F_{A1}} = \frac{H_{A11}F_{A1} + H_{A12}F_{A2}}{F_{A1}} \\
&= \frac{H_{A11}F_{A1} - H_{A12}\left(H_{A22} + H_{B11} + K^{-1}\right)^{-1} H_{A21}F_{A2}}{F_{A1}} \\
&= H_{A11} - H_{A12}\left(H_{A22} + H_{B11} + K^{-1}\right)^{-1} H_{A21}
\end{aligned}
\tag{6-115}
$$

$$
\begin{aligned}
H_{C21} &= \frac{X_{C2}}{F_{C1}} = \frac{X_{B1}}{F_{A1}} = \frac{X_{B2}F_{B1}}{F_{B1}F_{A1}} \\
&= H_{B21}\frac{\left(H_{A22} + H_{B11} + K^{-1}\right)^{-1} H_{A21}F_{A1}}{F_{A1}} \\
&= H_{B21}\left(H_{A22} + H_{B11} + K^{-1}\right)^{-1} H_{A21}
\end{aligned}
\tag{6-116}
$$

本节以在 C_1 点施加力 F_{C1} 为例求解 H_{C11}、H_{C12}，当在 C_2 点施加力 F_{C2} 时，类似可以得到

$$H_{C22} = H_{B22} - H_{B21}\left(H_{A22} + H_{B11} + K^{-1}\right)^{-1} H_{B12}$$
$$H_{C12} = H_{A12}\left(H_{A22} + H_{B11} + K^{-1}\right)^{-1} H_{B12}$$

整理可以得到

$$H_{C11} = H_{A11} - H_{A12}\left(H_{A22} + H_{B11} + K^{-1}\right)^{-1} H_{A21}$$
$$H_{C12} = H_{A12}\left(H_{A22} + H_{B11} + K^{-1}\right)^{-1} H_{B12}$$
$$H_{C21} = H_{B21}\left(H_{A22} + H_{B11} + K^{-1}\right)^{-1} H_{A21}$$
$$H_{C22} = H_{B22} - H_{B21}\left(H_{A22} + H_{B11} + K^{-1}\right)^{-1} H_{B12}$$

对于刚性耦合、弹性阻尼耦合，也可以得到相似结论。刚性耦合时，相当于

A、B 结构之间弹簧刚度 K 无穷大，因此 K^{-1} 趋于 0；弹性阻尼耦合时，相当于 A、B 结构之间弹簧变为弹簧-阻尼器，将实矩阵 K 变为相应复矩阵即可。

（2）刀具和主轴各自刚性耦合。

将刀具分成如图 6-58 所示的 T-1、T-2、T-3、T-4、T-5、T-6 和 T-7 等 7 段阶梯轴，刚性耦合计算得到的频响函数曲线如图 6-59 所示。

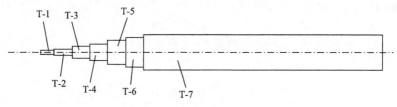

图 6-58　刀具部分简化图

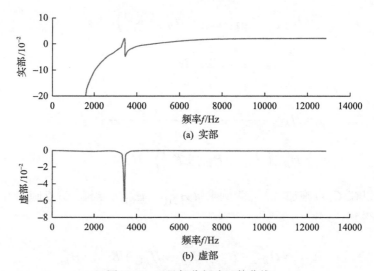

(a) 实部

(b) 虚部

图 6-59　刀具部分频响函数曲线

将主轴分成如图 6-60 所示的 S-1、S-2、S-3、S-4、S-5、S-6、S-7、S-8、S-9、S-10 和 S-11 等 11 段阶梯轴，耦合计算得到的频响函数曲线如图 6-61 所示。

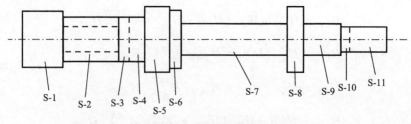

图 6-60　主轴部分简化图

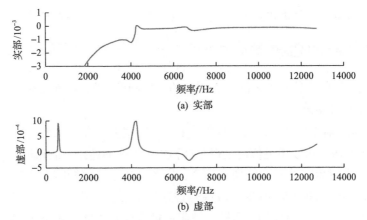

图 6-61　主轴部分频响函数曲线

(3)刀具和主轴之间弹性阻尼耦合。

刀具和主轴之间的耦合方式采用弹性阻尼耦合，对于弹性耦合和弹性阻尼耦合，只需要将刚性耦合公式中的矩阵 $H_{A22} + H_{B11}$ 变为 $H_{A22} + H_{B11} + K^{-1}$ 即可，即

$$
\begin{aligned}
H_{C11} &= H_{A11} - H_{A12}\left(H_{A22} + H_{B11} + K^{-1}\right)^{-1} H_{A21} \\
H_{C12} &= H_{A12}\left(H_{A22} + H_{B11} + K^{-1}\right)^{-1} H_{B12} \\
H_{C21} &= H_{B21}\left(H_{A22} + H_{B11} + K^{-1}\right)^{-1} H_{A21} \\
H_{C22} &= H_{B22} - H_{B21}\left(H_{A22} + H_{B11} + K^{-1}\right)^{-1} H_{B12}
\end{aligned}
\tag{6-119}
$$

弹性耦合时，有

$$
K = \begin{bmatrix} k_{yf} & 0 \\ 0 & k_{\theta m} \end{bmatrix}
$$

弹性阻尼耦合时，有

$$
K = \begin{bmatrix} k_{yf} + \mathrm{i}\omega c_{yf} & 0 \\ 0 & k_{\theta m} + \mathrm{i}\omega c_{\theta m} \end{bmatrix}, \qquad
K = \begin{bmatrix} k_{yf} + \mathrm{i}\omega c_{yf} & k_{ym} + \mathrm{i}\omega c_{ym} \\ k_{\theta f} + \mathrm{i}\omega c_{\theta f} & k_{\theta m} + \mathrm{i}\omega c_{\theta m} \end{bmatrix}
$$

式中，k_{yf}、k_{ym}、$k_{\theta f}$、$k_{\theta m}$ 分别为力对位移、位移对力矩、角位移对力、角位移对力矩的刚度；c_{yf}、c_{ym}、$c_{\theta f}$、$c_{\theta m}$ 分别为力对位移、位移对力矩、角位移对力、角位移对力矩的阻尼。

K 的非对角元素为零是连接刚度矩阵的经典形式，刚度矩阵 K 只有对角元素，因此在连接处的线性位移和力矩之间、角位移和力之间不存在耦合计算。考虑力矩引起的线性位移和力引起的角位移，采用 $K = \begin{bmatrix} k_{yf} + i\omega c_{yf} & k_{ym} + i\omega c_{ym} \\ k_{\theta f} + i\omega c_{\theta f} & k_{\theta m} + i\omega c_{\theta m} \end{bmatrix}$（考虑线性位移和力矩之间、角位移和力之间动态耦合的连接刚度矩阵）矩阵元素都不为零的矩阵作为连接特性矩阵。

在刀具-主轴连接处采用考虑线性位移和力矩之间、角位移和力之间动态耦合的连接刚度矩阵，可以更近似地模拟刀具和主轴之间的连接。但此时，一方面，未知数的个数由对角阵的 4 个增加到 8 个，因此造成了连接矩阵未知数求解困难；另一方面，为了满足 Maxwell-Betti 线弹性互易定理，希望 $k_{ym} = k_{\theta f}$，$c_{ym} = c_{\theta f}$，即连接刚度矩阵 K 是对称的，否则弹性阻尼耦合公式可能产生不对称的刀尖频响矩阵[37]。本节采用全部填充的考虑线性位移和力矩之间、角位移和力之间动态耦合的连接刚度矩阵，且假定 $k_{ym} = k_{\theta f}$，$c_{ym} = c_{\theta f}$，即连接矩阵中存在 6 个待求解未知参数。

3. 主轴轴承等效参数

通过上述求解，可以得到刀具和主轴的频响函数，在已知二者之间的连接特性后，将其耦合就可以得到刀尖频响函数，但得到的刀尖频响函数是主轴刀具模型自由-自由端的结果，而实际上主轴依靠轴承连接固定，且轴承是主轴系统重要组成部分，不同主轴转速下其动态特性不同。轴承参数对主轴系统动力学特性有重要影响。本节采用 Özgüven[38]提出的结构修改法，将与主轴转速相关的主轴轴承特性引入主轴系统频响函数求解中。

如图 6-62 所示，C 为一段阶梯轴梁单元模型（耦合单元），利用旋转 Timoshenko 梁频响函数公式（6-101）～（6-104）可以求解出其频响函数矩阵。结构修改法中，将轴承等效为平动刚度、平动阻尼、转动刚度和转动阻尼等参数，这与 ANSYS 等有限元软件将轴承等效为弹簧阻尼器一致，现将轴承等效特性添加到耦合单元 C 中，C_1 为轴承与主轴的等效耦合点，且为耦合单元的左端，C_2 为耦合单元的右端。需要注意的是，一个轴承一般位于同一段阶梯轴上，但为了将轴承特性利用结构修改法添加到主轴频响函数中，需要将此段阶梯轴拆分为两段（两段梁单元模型），在两段之间添加轴承。在利用结构修改法时，可将轴承特性添加到其任意一侧梁单元频响矩阵中，应用结构修改法可得到耦合后新的梁单元 C' 的频响函数矩阵为

$$\alpha_{C'} = [I + \alpha_C D] \alpha_C \tag{6-120}$$

式中，I 为单位矩阵；D 为与转速有关的轴承特性单元；α_C 为耦合前频响矩阵；$\alpha_{C'}$ 为耦合后的频响矩阵。

其中，

$$
\alpha_C = \begin{bmatrix} h_{C1C1} & h_{C1C2} & l_{C1C1} & l_{C1C2} \\ h_{C2C1} & h_{C2C2} & l_{C2C1} & l_{C2C2} \\ n_{C1C1} & n_{C1C2} & p_{C1C1} & p_{C1C2} \\ n_{C2C1} & n_{C2C2} & p_{C2C1} & p_{C2C2} \end{bmatrix} \tag{6-121}
$$

$$
\alpha_{C'} = \begin{bmatrix} h'_{C1C1} & h'_{C1C2} & l'_{C1C1} & l'_{C1C2} \\ h'_{C2C1} & h'_{C2C2} & l'_{C2C1} & l'_{C2C2} \\ n'_{C1C1} & n'_{C1C2} & p'_{C1C1} & p'_{C1C2} \\ n'_{C2C1} & n'_{C2C2} & p'_{C2C1} & p'_{C2C2} \end{bmatrix} \tag{6-122}
$$

$$
D = \begin{bmatrix} 0 & 0 & 0 & 0 \\ 0 & K_y + \mathrm{i}\omega C_y & 0 & 0 \\ 0 & 0 & 0 & 0 \\ 0 & 0 & 0 & K_\theta + \mathrm{i}\omega C_\theta \end{bmatrix} \tag{6-123}
$$

式中，K_y、K_θ、C_y、C_θ 分别为平动刚度、平动阻尼、转动刚度和转动阻尼，且它们均与转速有关。

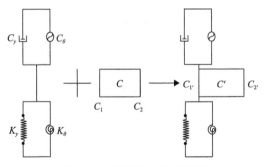

图 6-62　结构修改法示意图

为了准确求得主轴系统频响函数，需要求解准确的轴承特性参数。本节采用理论解析和经验公式相结合的方法获得轴承特性参数。参照相关文献[39]，轴承平动刚度包括接触刚度 k_c 和油膜刚度 k_z，求解公式为

$$
k_c = \frac{A Q_{0i}^{1-t}}{t \left[k_i + k_e (1 + F_C / Q_{0i})^{t-1} \right]} \tag{6-124}
$$

式中，A 为滚动轴承运转时外载荷与滚动体最大接触负荷之间的关系系数，它与轴承的集合物理参数、径向载荷及转速有关；Q_{0i} 为滚动体最大接触负荷；t 为指数

系数，点接触一般取为 2/3，线接触一般取为 0.9；k_i 为内圈接触系数；k_e 为外圈接触系数；F_C 为滚动体的离心力，其与转速有关。

$$k_{zj} = \frac{Q_{zj}^{1-t_1}}{t_1 \left[d_{ji} + d_{je}(1 + F_C/Q_{zj})^{t_1-1} \right]} \tag{6-125}$$

式中，k_{zj} 为承载区内标号为 j 的滚动体的油膜刚度；t_1 为弹流理论中的负荷指数，点接触一般取为 0.16，线接触一般取为 0.073；d_{ji} 为承载区内标号为 j 的滚动体与内圈接触的油膜系数；d_{je} 为承载区内标号为 j 的滚动体与外圈接触的油膜系数；Q_{zj} 为作用于第 j 个滚动体的径向载荷。

根据轴承滚动体数量和各个滚动体的角度即可计算出油膜刚度 k_z，将轴承的综合刚度定义为

$$\frac{1}{k_y} = \frac{1}{k_c} + \frac{1}{k_z} \tag{6-126}$$

对于平动阻尼、转动刚度和转动阻尼，根据经验公式，参照《机床滚动轴承应用手册》[40]进行求解，具体参数如表 6-9 所示。

表 6-9 轴承特性参数

部位	K_y /(N/m)	K_θ /(N·m/rad)	C_y /(N·s/m)	C_θ /(N·m·s/rad)
前轴承	3.0×10^7	67	9.5	0.042
后轴承	8.7×10^6	19	0.026	0.00011

主轴添加轴承特性后，主轴部分的频响函数如图 6-63 所示。

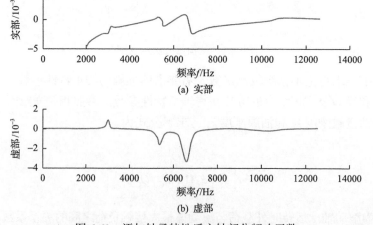

(a) 实部

(b) 虚部

图 6-63 添加轴承特性后主轴部分频响函数

4. 连接矩阵未知参数求解

子结构响应耦合法广泛应用于刀尖频响函数的求解，但其在微铣刀刀尖频响函数求解时受到一定的限制，一个重要的原因为目前微铣削中刀具与主轴之间的连接参数未知，借鉴高速铣削中的连接参数会给微铣削频响函数带来一定的误差，本节运用子结构响应耦合法求解微铣刀刀尖频响函数，并得到适用于子结构响应耦合法求解微铣刀刀尖频响函数的刀具-主轴连接参数。由式(6-118)推导可得

$$K_{TS}^{-1} = T_{21}\left[T_{11} - \mathrm{TT}_{11}\right]^{-1} T_{12} - T_{22} - S_{11} \tag{6-127}$$

式中，K_{TS} 为主轴和刀具之间的连接参数，为待求解项；T_{11}、T_{12}、T_{21}、T_{22} 均为刀具部分的导纳频响函数，通过旋转 Timoshenko 梁理论计算得到；S_{11} 为主轴部分的导纳频响函数，通过旋转 Timoshenko 梁理论计算得到；TT_{11} 为刀尖频响函数，通过试验等方法获得。连接矩阵 K_{TS} 表达式已知，因此应用逆响应耦合子结构分析(inverse receptance coupling substructure analysis, IRCSA)等反演方法在理论上可以求解得到连接矩阵，但是在求解过程中会出现低秩矩阵和矩阵单元很小的转置和求逆等问题，也有可能出现在求解反问题时经常出现的病态矩阵问题，这些问题对试验数据中一定存在的误差和噪声是非常敏感的，一个很小的干扰就会造成求解结果发生很大的变化，目前并没有很好的解决办法。因此，本节不进行矩阵推导运算，而是看成非线性优化问题，式(6-127)可变为

$$\mathrm{TT}_{11} = T_{11} - T_{12}\left[T_{22} + K_{TS}^{-1} + S_{11}\right]^{-1} T_{21} \tag{6-128}$$

式(6-128)中各项符号与式(6-127)相同，非线性优化的目标函数可表示为

$$\mathrm{Obj}\left(K_{TS}\right) = \left\|\begin{array}{c} \mathrm{Re}\left(H_\mathrm{p} - H_\mathrm{m}\right) \\ \mathrm{Im}\left(H_\mathrm{p} - H_\mathrm{m}\right) \end{array}\right\|_F \tag{6-129}$$

式中，H_p、H_m 分别为预测的频响函数和试验获得的频响函数，是矩阵 TT_{11} 第一行、第一列的元素。求解类似非线性优化问题的方法有很多。例如，Matthias 等[41]在求解夹具和刀具之间的连接参数时，采用拟合算法；李孝茹等[42]、Movahhedy 等[43]采用遗传算法优化拟合预测的频响函数，并得到了较好的预测结果。第 10 章采用遗传算法求解微铣削夹具和刀具之间的连接参数。遗传算法相对于其他经典优化算法，其求解过程中无须设置初值，且对初值不敏感，因此初值对计算结果的影响很小；经典算法有时容易收敛到局部最小值，而遗传算法很少收敛到局部最小值，尤其是一些高级的改进遗传算法；遗传算法可接受的解空间较大，可以

使目标函数找到最小值。

　　遗传算法需要通过试验获得频响函数 H_p。在高速铣削加工中，常采用的办法是在不安装刀具的情况下在夹具处进行锤击试验，获得刀柄处的频响函数，求解出主轴和夹具之间的连接参数；在刀尖处进行锤击试验，获得刀尖处的频响函数，求解出夹具和刀具之间的连接参数。在微铣削过程中对主轴和夹具进行一体化建模，因此只需要求解刀具和主轴之间的连接参数，但是微铣削刀尖结构微小，无法进行锤击试验。本节利用去除微铣刀截锥体和螺旋刃部分的微铣刀剩余部分（直径固定圆柱体圆棒，如图 6-64 所示）进行锤击试验，得到试验频响函数 H_p，如图 6-65 所示。

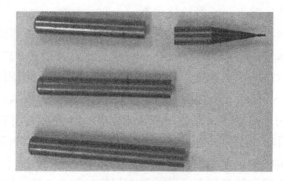

图 6-64　短圆棒

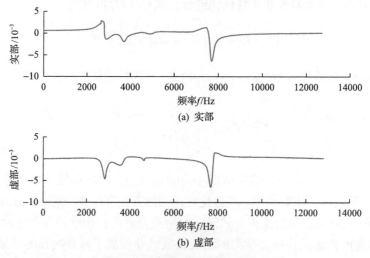

(a) 实部

(b) 虚部

图 6-65　圆棒试验频响函数曲线

　　采用 MATLAB 软件编程实现遗传算法计算。理论上，对于式(6-129)，应将计算出的所有已知频率下的值作为目标函数，这样得到的多目标优化的结果最准确。在多目标优化中，目标函数的个数大于 4 即高维多目标优化，目标个数的增加使计算量大大加大，且多目标优化算法的性能会明显下降，因此多目标优化算法对于 2～3 个目标的优化问题性能较为优异。并不是所有频率下的频响函数都能体现系统的动态特性，只有在固有频率及其附近点的频响函数才是描述系统动态特性的关键点。因此，选取试验频响函数的第一阶、第二阶固有频率附近已知频响的频率点作为 2 个目标函数值。遗传算法的 Pareto 前端如图 6-66 所示。由图可以看出，曲线均匀光滑，优化结果较好，得到的连接特性参数如表 6-10 所示。

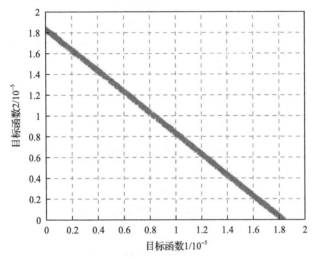

图 6-66　遗传算法 Pareto 前端

表 6-10　连接特性参数

参数	k_{yf}	$k_{\theta m}$	$k_{\theta f}(k_{ym})$	c_{yf}	$c_{ym}(c_{\theta f})$	$c_{\theta m}$
数值	2.57×10^9	6.09×10^9	3.96×10^9	410	315	1.26

5. 刀尖频响函数及其验证

为了验证提出方法的正确性，将此结果与 6.3.5 节进行对比，如图 6-67 所示。6.3.5 节是将去除微铣刀刀尖和截锥体的具有相同半径的微铣刀柄代替微铣刀，先将其安装在微铣床上进行锤击试验（主轴静止），然后利用子结构响应耦合法将其与采用 Timoshenko 梁理论获得的微铣刀刀尖和截锥体部分的频响函数耦合，进而获得微铣刀刀尖频响函数。利用 LMS Test. Lab 软件的最小二乘法对获得的频响函数进行模态识别，二者的分析结果和误差如表 6-11 所示。由图 6-67 和表 6-11 可以看出，计算结果对于前两阶低模态的预测与试验结果较为准确，但是第三阶和第四阶明显小于试验结果。这个结果与文献[33,44-46]得到的主轴高速旋转对低阶固有频率影响较小，并且明显降低固有频率的结论相一致。

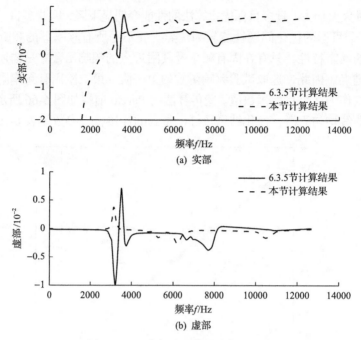

(a) 实部

(b) 虚部

图 6-67　刀尖频响函数的实部和虚部

表 6-11　固有频率对比

模态阶数	计算结果/Hz	试验结果/Hz	误差/%
1	3154	3209	1.74
2	3572	3571	0.028
3	5314	6666	25.44
4	6236	6874	10.23

6.5.2　微铣削稳定性叶瓣图

1. 微铣削动力学模型

本节先利用 LMS Test. Lab 软件识别模态参数,然后将模态参数转化为等效结构物理系统参数,经计算得到的微铣削主轴系统动态特性物理参数如表 6-12 所示。

表 6-12　微铣削主轴系统动态特性物理参数

阶数	刚度/(MN/m)	阻尼比	有阻尼自然频率/Hz
第一阶	2.21389	0.02998	3154.39
第二阶	1.17624	0.00998	3572.14

在获得微铣削动态特性参数后,就得到了微铣削动力学模型中的所有系数

项，微铣削二维动力学模型如式(6-130)所示：

$$\begin{bmatrix} m_x & 0 \\ 0 & m_y \end{bmatrix}\begin{bmatrix} x'' \\ y'' \end{bmatrix} + \begin{bmatrix} c_x & 0 \\ 0 & c_y \end{bmatrix}\begin{bmatrix} x' \\ y' \end{bmatrix} + \begin{bmatrix} k_x & 0 \\ 0 & k_y \end{bmatrix}\begin{bmatrix} x \\ y \end{bmatrix} = \begin{bmatrix} F_x \\ F_y \end{bmatrix} \tag{6-130}$$

式中，m_x、m_y 分别为 X、Y 方向的质量；c_x、c_y 分别为 X、Y 方向的阻尼；k_x、k_y 分别为 X、Y 方向的刚度；x、y 分别为 X、Y 方向的位移。

微铣削二维动力学模型也可表达为

$$\begin{cases} f_x = m_x \cdot x'' + c_x \cdot x' + k_x \cdot x \\ f_y = m_y \cdot y'' + c_y \cdot y' + k_y \cdot y \end{cases} \tag{6-131}$$

式中，f_x、f_y 分别为 X、Y 方向的铣削力。

2. 微铣削稳定性叶瓣图

利用 6.2.2 节建立的微铣削系统动力学模型，求解微铣削稳定性叶瓣图。在获得微铣削动力学特性后，微铣削系统动力学模型中仅微铣削振动位移和微铣削力未知，微铣削振动位移和微铣削力都随时间不断发生变化。微铣削振动位移的变化决定了微铣削瞬时切削厚度的大小，而微铣削瞬时切削厚度与微铣削力成比例，微铣削力的改变又使其动力学方程发生改变，二者在整个切削过程中不断耦合。利用 6.2 节的微铣削瞬时切削厚度模型和 2.4 节的微铣削力模型，求解微铣削动力学模型，获得微铣削振动位移。

微铣削动力学方程的求解可利用 MATLAB 实现，其中的 ode45 函数采用高阶数 Runge-Kutta 法求解常系数微分方程，精度较高，能够获得较好的数值解，需要将式(6-131)二阶常微分方程转换为一阶常微分方程，本节以 Y 方向为例进行说明。

Y 方向运动方程为

$$f_y = m_y \cdot y'' + c_y \cdot y' + k_y \cdot y \tag{6-132}$$

令 $y_1 = y$，$y_2 = y'$，式(6-132)可变为

$$\begin{aligned} y_1' &= y_2 \\ y_2' &= \frac{f_y}{m_y} - \frac{c_y}{m_y} \cdot y_2 - \frac{k_y}{m_y} \cdot y_1 \end{aligned} \tag{6-133}$$

式中，f_y 为 Y 方向的铣削力；m_y 为 Y 方向的质量；c_y 为 Y 方向的阻尼；k_y 为 Y 方向的刚度。

对式(6-132)进行傅里叶变换，有

$$F_y(s) = m_y \cdot s^2 \cdot Y(s) + c_y \cdot s \cdot Y(s) + k_y \cdot Y(s) \tag{6-134}$$

等式两侧同时除以 $Y(s)$，并取倒数，有

$$\frac{Y(s)}{F_y(s)} = \frac{1}{k_y}\frac{k_y/m_y}{s^2 + c_y/m_y \cdot s + k_y/m_y} = k'\frac{\omega_n^2}{s^2 + 2\xi\omega_n s + \omega_n^2} \tag{6-135}$$

可得

$$\begin{cases} 2\xi\omega_n = \dfrac{c_y}{m_y} \\[3mm] \omega_n^2 = \dfrac{k_y}{m_y} \end{cases} \tag{6-136}$$

则式(6-133)中的系数变为

$$\begin{cases} \dfrac{f_y}{m_y} = f_y\dfrac{\omega_n^2}{k_y} \\[3mm] \dfrac{c_y}{m_y} = 2\xi\omega_n \\[3mm] \dfrac{k_y}{m_y} = \omega_n^2 \end{cases} \tag{6-137}$$

　　用相同的办法，可以得到 X 方向类似的关系。然后以柔刚性切削系统最大瞬时切削厚度之比大于 1.25 作为微铣削稳定性判据，应用 MATLAB 对微铣削进行时域仿真，求解稳定性叶瓣图。颤振仿真程序流程如图 6-68 所示。获得的微铣削稳定性叶瓣图如图 6-69 所示。曲线为稳定性极限，曲线上方为颤振区域，下方为稳定区域。

3. 稳定性叶瓣图的验证

　　为了验证获得的稳定性叶瓣图的正确性，组织微铣削试验。选择主轴转速为40000r/min、50000r/min、60000r/min、65000r/min 时，稳定性叶瓣图中的稳定极限点(表 6-13)、极限正上方点和极限正下方点进行微铣削试验(表 6-14)，利用SEM 观测微铣削加工表面形貌；利用 KISTLER 9256C1 测力仪测得微铣削力，对数据进行处理，得到微铣削力功率谱密度。将加工表面形貌与微铣削力功率谱密度相结合，判断微铣削加工状态。

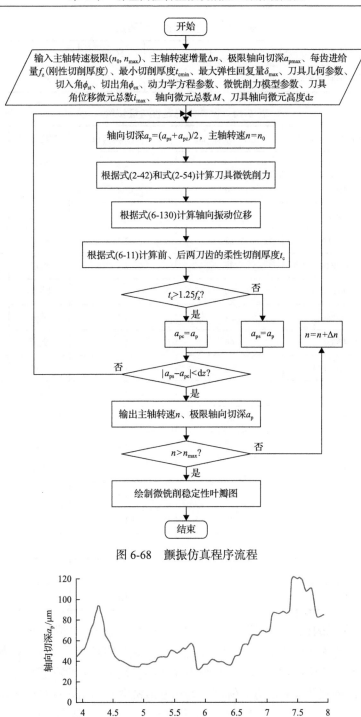

图 6-68 颤振仿真程序流程

图 6-69 微铣削稳定性叶瓣图

表 6-13   微铣削稳定极限点

主轴转速 n/(r/min)	40000	50000	60000	65000
极限轴向切深 a_{pmax}/μm	50	37	37	46

表 6-14   微铣削稳定性验证试验

编号	主轴转速 n/(r/min)	轴向切深 a_p/μm	每齿进给量 f_z/μm	理论结果	试验结果
1	40000	20	1.1	稳定	稳定
2	40000	30	1.1	稳定	稳定
3	40000	40	1.1	稳定	稳定
4	40000	45	1.1	稳定	稳定
5	40000	48	1.1	稳定	颤振
6	40000	50	1.1	极限点	颤振
7	40000	54	1.1	颤振	颤振
8	40000	60	1.1	颤振	颤振
9	50000	30	1.1	稳定	稳定
10	50000	37	1.1	极限点	颤振
11	50000	40	1.1	颤振	颤振
12	50000	42	1.1	颤振	颤振
13	50000	45	1.1	颤振	颤振
14	60000	35	1.1	稳定	稳定
15	60000	37	1.1	极限点	颤振
16	60000	40	1.1	颤振	颤振
17	65000	46	1.1	极限点	稳定
18	65000	50	1.1	颤振	颤振

图 6-69 所示的稳定性叶瓣图是在主轴转速为 40000r/min 情况下获得的，因此试验点主轴转速为 40000r/min 的轴向切深距离稳定极限较近，试验点较为密集。试验结果如表 6-14 和图 6-70 所示。18 组不同切削参数组合下的镍基高温合金微铣削加工槽底表面形貌及 X 和 Y 方向铣削力的功率谱密度分别如图 6-71～图 6-88 所示。

由表 6-14 和图 6-70 可以看出，理论结果与试验结果基本一致，证明了所得稳定性叶瓣图的有效性。在远离稳定极限的试验点，理论结果和试验结果准确一致，但在稳定极限附近的试验点，理论结果和试验结果可能存在偏差。这是因为试验点的轴向切深仅有几微米差距，而由于工件不平及对刀误差，试验点的切深可能存在误差。

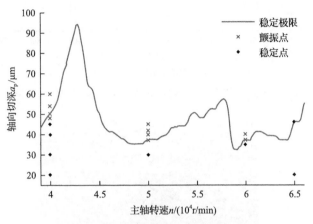

图 6-70　微铣削稳定性验证曲线

(a) 已加工表面形貌

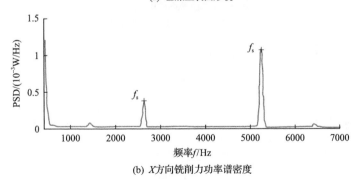

(b) X 方向铣削力功率谱密度

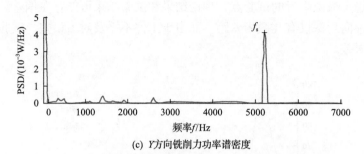

(c) Y方向铣削力功率谱密度

图 6-71　试验 1 槽底表面形貌及 X 和 Y 方向铣削力的功率谱密度

(a) 已加工表面形貌

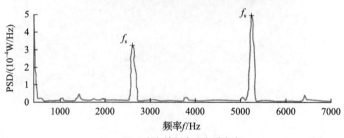

(b) X方向铣削力功率谱密度

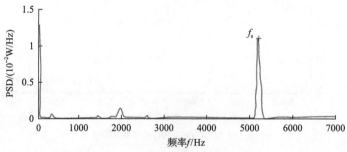

(c) Y方向铣削力功率谱密度

图 6-72　试验 2 槽底表面形貌及 X 和 Y 方向铣削力的功率谱密度

(a) 已加工表面形貌

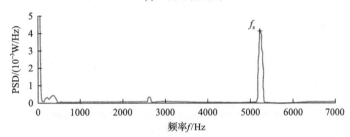

(b) X方向铣削力功率谱密度

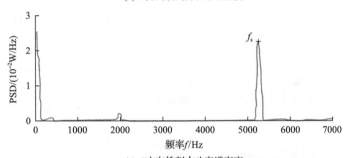

(c) Y方向铣削力功率谱密度

图 6-73　试验 3 槽底表面形貌及 X 和 Y 方向铣削力的功率谱密度

(a) 已加工表面形貌

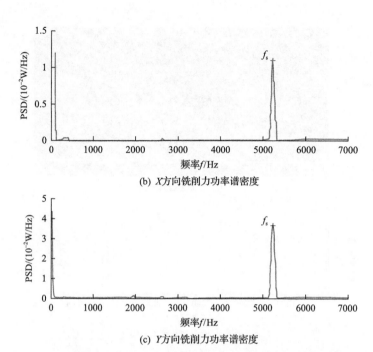

(b) X方向铣削力功率谱密度

(c) Y方向铣削力功率谱密度

图 6-74　试验 4 槽底表面形貌及 X 和 Y 方向铣削力的功率谱密度

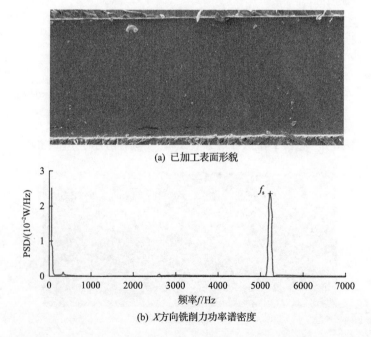

(a) 已加工表面形貌

(b) X方向铣削力功率谱密度

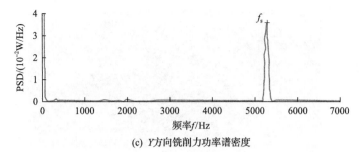

(c) Y方向铣削力功率谱密度

图 6-75　试验 5 槽底表面形貌及 X 和 Y 方向铣削力的功率谱密度

(a) 已加工表面形貌

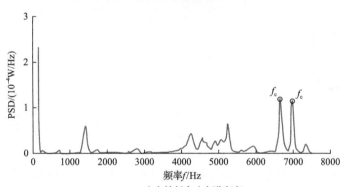

(b) X方向铣削力功率谱密度

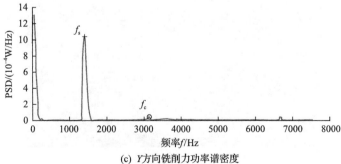

(c) Y方向铣削力功率谱密度

图 6-76　试验 6 槽底表面形貌及 X 和 Y 方向铣削力的功率谱密度

(a) 已加工表面形貌

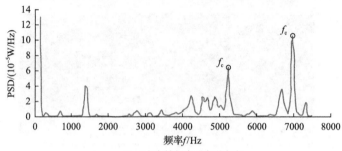

(b) X方向铣削力功率谱密度

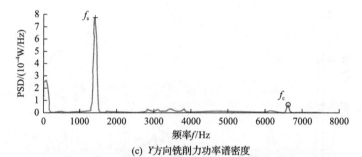

(c) Y方向铣削力功率谱密度

图 6-77　试验 7 槽底表面形貌及 X 和 Y 方向铣削力的功率谱密度

(a) 已加工表面形貌

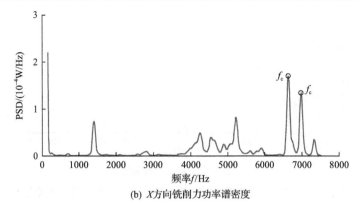

(b) X方向铣削力功率谱密度

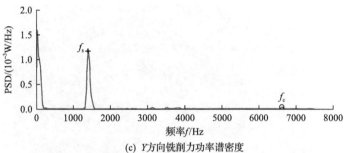

(c) Y方向铣削力功率谱密度

图 6-78　试验 8 槽底表面形貌及 X 和 Y 方向铣削力的功率谱密度

(a) 已加工表面形貌

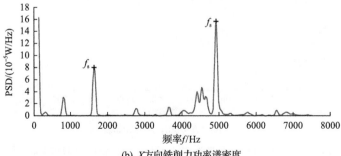

(b) X方向铣削力功率谱密度

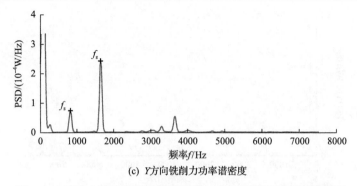

(c) Y方向铣削力功率谱密度

图 6-79　试验 9 槽底表面形貌及 X 和 Y 方向铣削力的功率谱密度

(a) 已加工表面形貌

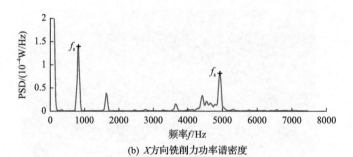

(b) X方向铣削力功率谱密度

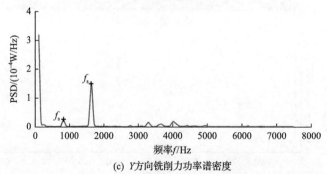

(c) Y方向铣削力功率谱密度

图 6-80　试验 10 槽底表面形貌及 X 和 Y 方向铣削力的功率谱密度

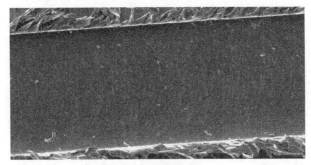

(a) 已加工表面形貌

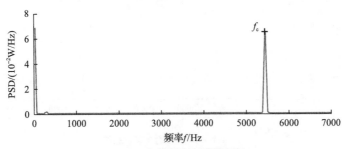

(b) X 方向铣削力功率谱密度

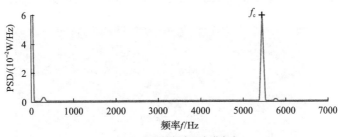

(c) Y 方向铣削力功率谱密度

图 6-81　试验 11 槽底表面形貌及 X 和 Y 方向铣削力的功率谱密度

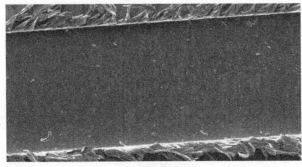

(a) 已加工表面形貌

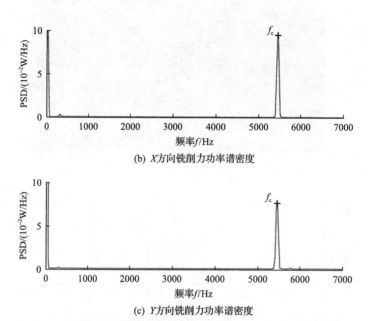

(b) X方向铣削力功率谱密度

(c) Y方向铣削力功率谱密度

图 6-82　试验 12 槽底表面形貌及 X 和 Y 方向铣削力的功率谱密度

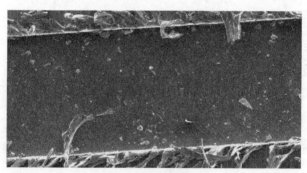

(a) 已加工表面形貌

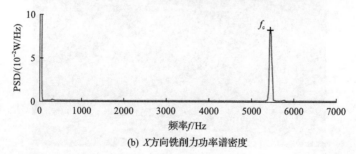

(b) X方向铣削力功率谱密度

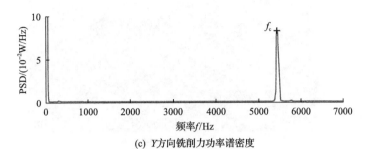

(c) Y方向铣削力功率谱密度

图 6-83　试验 13 槽底表面形貌及 X 和 Y 方向铣削力的功率谱密度

(a) 已加工表面形貌

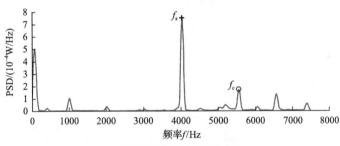

(b) X方向铣削力功率谱密度

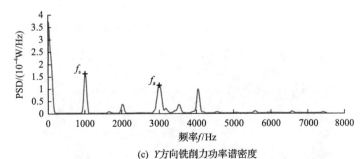

(c) Y方向铣削力功率谱密度

图 6-84　试验 14 槽底表面形貌及 X 和 Y 方向铣削力的功率谱密度

(a) 已加工表面形貌

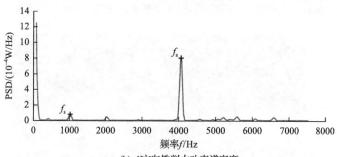

(b) X方向铣削力功率谱密度

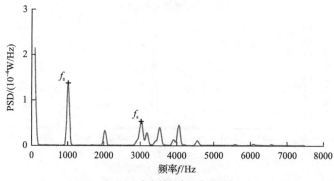

(c) Y方向铣削力功率谱密度

图 6-85　试验 15 槽底表面形貌及 X 和 Y 方向铣削力的功率谱密度

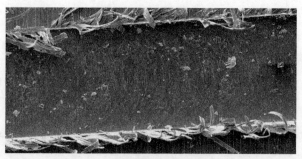

(a) 已加工表面形貌

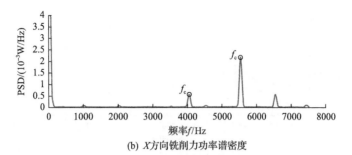

(b) X方向铣削力功率谱密度

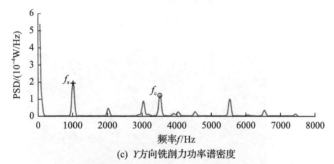

(c) Y方向铣削力功率谱密度

图 6-86　试验 16 槽底表面形貌及 X 和 Y 方向铣削力的功率谱密度

(a) 已加工表面形貌

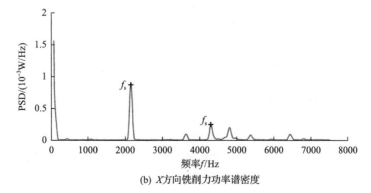

(b) X方向铣削力功率谱密度

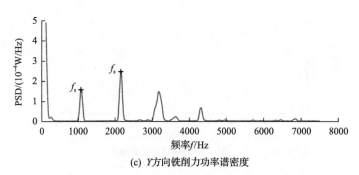

(c) Y 方向铣削力功率谱密度

图 6-87　试验 17 槽底表面形貌及 X 和 Y 方向铣削力的功率谱密度

(a) 已加工表面形貌

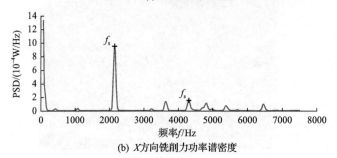

(b) X 方向铣削力功率谱密度

(c) Y 方向铣削力功率谱密度

图 6-88　试验 18 槽底表面形貌及 X 和 Y 方向铣削力的功率谱密度

6.6　本　章　小　结

本章以镍基高温合金微铣削过程颤振稳定性分析为研究内容，首先考虑了微铣削过程中多重再生效应、最小切削厚度和已加工表面材料弹性回复等因素，建立了镍基高温合金微铣削过程瞬时切削厚度模型。然后，基于动柔度耦合法，将机床-主轴-刀具组成的微铣削系统沿刀柄划分为机床-刀柄部分和刀柄-刀尖部分，二者刚性连接。利用 Timoshenko 和 Euler-Bernoulli 梁理论计算刀柄-刀尖部分频响函数，利用模态试验获得机床-刀柄部分频响函数，根据动柔度耦合法，得到微铣削系统中刀尖频响函数。经模态参数识别后，将模态参数转化为物理参数。基于微铣削系统在正交方向上的二自由度动力学方程，整合镍基高温合金微铣削过程力模型、动力学模型以及微铣削系统动态特性物理参数，利用 MATLAB 编程建模，建立了镍基高温合金微铣削动力学仿真模型。以柔刚性系统的最大瞬时切削厚度之比作为理论颤振判据，绘制了稳定性叶瓣图。通过 SEM 观察已加工表面形貌，结合加工过程微铣削力信号功率谱密度分析判断实际微铣削加工的状态。对比理论预测状态和实际加工状态，结果表明，稳定性分析预测结果与实际加工状况基本一致。

最后，通过结构修改法引入考虑轴承离心力的轴承特性参数，以旋转 Timoshenko 梁理论和子结构响应耦合法为基础理论，实现微铣削主轴系统建模，采用遗传算法求解出微铣削主轴-刀具的连接参数，获得考虑离心力和陀螺效应的微铣刀刀尖频响函数，并获得相应的系统动态特性物理参数。求解微铣削动力学方程，完成微铣削时域仿真，并绘制稳定性叶瓣图，开展相关试验，验证了稳定性叶瓣图预测切削状态的准确性。

参 考 文 献

[1] Chae J. Development and analysis of the precision micro milling system[D]. Calgary: University of Calgary, 2006.

[2] Chae J, Park S S, Freiheit T. Investigation of micro-cutting operations[J]. International Journal of Machine Tools and Manufacture, 2006, 46(3-4): 313-332.

[3] Altintas Y, Weck M. Chatter stability of metal cutting and grinding[J]. CIRP Annals-Manufacturing Technology, 2004, 53(2): 619-642.

[4] Altintas Y, Stepan G, Merdol D, et al. Chatter stability of milling in frequency and discrete time domain[J]. CIRP Journal of Manufacturing Science and Technology, 2009, 1(1): 35-44.

[5] Zhang X W, Yu T B, Wang W S. Chatter stability of micro end milling by considering process nonlinearities and process damping[J]. International Journal of Advanced Manufacturing

Technology, 2016, 87(9-12): 2785-2796.

[6] Graham E, Mehrpouya M, Nagamune R, et al. Robust prediction of chatter stability in micro milling comparing edge theorem and LMI[J]. CIRP Journal of Manufacturing Science and Technology, 2014, 7(1): 29-39.

[7] Tajalli S A, Movahhedy M R, Akbari J. Chatter instability analysis of spinning micro-end mill with process damping effect via semi-discretization approach[J]. Acta Mechanica, 2014, 225(3): 715-734.

[8] Mascardelli B A, Park S S, Freiheit T. Substructure coupling of microend mills to aid in the suppression of chatter[J]. Journal of Manufacturing Science and Engineering, 2008, 130(1): 0110101-01101012.

[9] Tajalli S A, Movahhedy M R, Akbari J. Size dependent vibrations of micro-end mill incorporating strain gradient elasticity theory[J]. Journal of Sound and Vibration, 2013, 332(15): 3922-3944.

[10] Song Q H, Liu Z Q, Shi Z Y. Chatter stability for micromilling processes with flat end mill[J]. International Journal of Advanced Manufacturing Technology, 2014, 71(5-8): 1159-1174.

[11] 王慧. 微铣刀力学特性及几何形状的仿真研究[D]. 南京: 南京理工大学, 2009.

[12] 张福霞. 微细铣削力的建模与分析[D]. 哈尔滨: 哈尔滨工业大学, 2007.

[13] Malekian M, Park S S, Jun M B C. Modeling of dynamic micro-milling cutting forces[J]. International Journal of Machine Tools and Manufacture, 2009, 49(7-8): 586-598.

[14] 石文天. 微细切削技术[M]. 北京: 机械工业出版社, 2011.

[15] Tsao T C, McCarthy M W, Kapoor S G. A new approach to stability analysis of variable speed machining system[J]. International Journal of Machine Tools and Manufacture, 1993, 33(6): 791-808.

[16] Martellotti M E. An analysis of the milling process[J]. Transaction of American Society of Mechanical Engineers, 1941, (63): 677-700.

[17] Martellotti M E. An analysis of the milling process, part Ⅱ: Down milling[J]. Transaction of American Society of Mechanical Engineers, 1945, 67(4): 233-251.

[18] Schmitz T L. Predicting high-speed machining dynamics by substructure analysis[J]. CIRP Annals-Manufacturing Technology, 2000, 49(1): 303-308.

[19] Schmitz T L, Davies M A, Kennedy M D. Tool point frequency response prediction for high-speed machining by RCSA[J]. Journal of Manufacturing Science and Engineering, 2001, 123(4): 700-707.

[20] Schmitz T L, Duncan G S. Receptance coupling for dynamics prediction of assemblies with coincident neutral axes[J]. Journal of Sound and Vibration, 2006, 289(4-5): 1045-1065.

[21] Park S S, Altintas Y, Movahhedy M. Receptance coupling for end mills[J]. International Journal of Machine Tools and Manufacture, 2003, 43(9): 889-896.

[22] Filiz S, Ozdoganlar O B. Microendmill dynamics including the actual fluted geometry and setup errors—part Ⅰ: Model development and numerical solution[J]. Journal of Manufacturing Science and Engineering, 2008, 130(3): 0311191-03111910.

[23] Ertürk A, Özgüven H N, Budak E. Analytical modeling of spindle-tool dynamics on machine tools using Timoshenko beam model and receptance coupling for the prediction of tool point FRF[J]. International Journal of Machine Tools and Manufacture, 2006, 46(15): 1901-1912.

[24] Bishop R E D, Johnson D C. The Mechanics of Vibration[M]. Cambridge: Cambridge University Press, 1979.

[25] Aristizabal-Ochoa J D. Timoshenko beam-column with generalized end conditions and nonclassical modes of vibration of shear beams[J]. Journal of Engineering Mechanics, 2004, 130(10): 1151-1159.

[26] Park S S, Rahnama R. Robust chatter stability in micro-milling operations[J]. CIRP Annals-Manufacturing Technology, 2010, 59(1): 391-394.

[27] Kops L, Vo D T. Determination of the equivalent diameter of an end mill based on its compliance[J]. CIRP Annals-Manufacturing Technology, 1990, 39(1): 93-96.

[28] Campomanes M L, Altintas Y. An improved time domain simulation for dynamic milling at small radial immersions[J]. Journal of Manufacturing Science and Engineering, 2003, 125(3): 416-422.

[29] 汪博, 孙伟, 闻邦椿. 高转速对电主轴系统动力学特性的影响分析[J]. 工程力学, 2015, 32(6): 231-237, 256.

[30] 孟德浩. 高速电主轴动态特性及其对加工稳定性的影响[D]. 上海: 上海交通大学, 2012.

[31] Long X H, Meng D H, Chai Y G. Effects of spindle speed-dependent dynamic characteristics of ball bearing and multi-modes on the stability of milling processes[J]. Meccanica, 2015, 50(12): 3119-3132.

[32] 胡腾, 殷国富, 孙明楠. 基于离心力和陀螺力矩效应的"主轴-轴承"系统动力学特性研究[J]. 振动与冲击, 2014, 33(8): 100-108.

[33] Cao H R, Li B, He Z J. Chatter stability of milling with speed-varying dynamics of spindles[J]. International Journal of Machine Tools and Manufacture, 2012, 52(1): 50-58.

[34] Gagnol V, Bouzgarrou B C, Ray P, et al. Model-based chatter stability prediction for high-speed spindles[J]. International Journal of Machine Tools and Manufacture, 2007, 47(7-8): 1176-1186.

[35] Gagnol V, Bouzgarrou B C, Ray P, et al. Stability-based spindle design optimization[J]. Journal of Manufacturing Science and Engineering, 2007, 129(2): 407-415.

[36] Özahin O, Özgüven H N, Budak E. Analytical modeling of asymmetric multi-segment rotor-bearing systems with Timoshenko beam model including gyroscopic moments[J]. Computers and Structures, 2014, 144: 119-126.

[37] Özşahin O, Ertürk A, Özgüven H N, et al. A closed-form approach for identification of dynamical contact parameters in spindle-holder-tool assemblies[J]. International Journal of Machine Tools and Manufacture, 2009, 49(1): 25-35.

[38] Özgüven H N. Structural modifications using frequency response functions[J]. Mechanical Systems and Signal Processing, 1990, 4(1): 53-63.

[39] 唐云冰, 罗贵火, 章璟璇, 等. 高速陶瓷滚动轴承等效刚度分析与试验[J]. 航空动力学报, 2005, 20(2): 240-244.

[40] 戴曙. 机床滚动轴承应用手册[M]. 北京: 机械工业出版社, 1993.

[41] Matthias W, Özşahin O, Altintas Y, et al. Receptance coupling based algorithm for the identification of contact parameters at holder-tool interface[J]. CIRP Journal of Manufacturing Science and Technology, 2016, 13: 37-45.

[42] 李孝茹, 朱坚民, 张统超, 等. 基于 RCSA 与 GA 的铣刀刀尖点频响函数预测[J]. 计算机集成制造系统, 2016, 22(1): 272-280.

[43] Movahhedy M R, Gerami J M. Prediction of spindle dynamics in milling by sub-structure coupling[J]. International Journal of Machine Tools and Manufacture, 2006, 46(3-4): 243-251.

[44] Özahin O, Budak E, Özgüven, H N. Identification of bearing dynamics under operational conditions for chatter stability prediction in high speed machining operations[J]. Precision Engineering, 2015, 42: 53-65.

[45] Wang B, Sun W, Wen B C. The effect of high speeds on dynamic characteristics of motorized spindle system[J]. Engineering Mechanics, 2015, 32(6): 231-237, 256.

[46] Xiong G L, Yi J M, Zeng C, et al. Study of the gyroscopic effect of the spindle on the stability characteristics of the milling system[J]. Journal of Materials Processing Technology, 2003, 138(1-3): 379-384.

第7章 镍基高温合金微铣削加工表面形貌建模与表面粗糙度预测

7.1 引　言

铣削加工中，工件表面在刀具切削作用下会残留不同尺寸和形态的几何特征，这些几何特征称为表面形貌。表面形貌由两部分构成，即零件的微观几何形状与表面纹理，一般用表面粗糙度等来表示[1]。加工过程中工件与刀具相对运动，切削刃最终在工件表面上残留的痕迹即工件的表面形貌。分析工件表面形貌可从切削刃完成切削后工件表面残留体积开始。

传统加工表面形貌研究最初大多采用试验法，在不同刀具几何参数和切削参数下进行切削试验，利用检测技术获取加工表面形貌，探究上述参数对表面形貌的影响。表面形貌的建模包括基于表面形貌表征参数数据的统计分析而建立的经验模型和基于切削刃轨迹[2,3]的表面三维形貌仿真模型。经验模型是通过分析一定量的实测数据，利用统计学原理而建立的一种模糊模型，其避免了分析各个参数对表面形貌影响的作用机理，模型结构较为简单，但试验量较大，模型精度受模型数学表达式形式和拟合精度的影响较大，很难保证统一的精度水平。基于切削刃轨迹的模型通常基于稳定切削假设，忽略振动和刀具变形的影响，模型不够准确。

微铣削加工受刃口圆弧半径的影响，存在最小切削厚度现象，且微铣刀直径很小，刀具变形相比于传统铣刀不可忽略，因此微铣削表面形貌仿真模型不能完全沿用常规铣削仿真建模方法。

目前，学者对微铣削表面形貌建模进行了探索，研究方法和侧重点各有不同。Peng 等[4]针对微铣削表面纹理的形成、方向、高度及间隔进行了定义和研究，发现加工参数会影响加工表面形貌，并提出基于刀具振动的表面形貌预测方法。Chen 等[5]的研究表明，对表面质量影响较大的因素之一是单齿切削现象。Ding 等[2]提出了基于刃形复映原理，考虑切削过程动态响应与刀具干涉的微铣削形貌建模方法，并与试验结果进行了对比，发现预测得到的表面形貌变化趋势与实际加工基本一致。李成峰[3]通过计算微铣削力获得了微铣刀柔性变形量，基于刀具实际切削轨迹及刀具柔性变形量，提出了微铣刀加工表面形貌模型。周磊[6]通过在理论切削力模型中引入颤振、刀具磨损及积屑瘤等动态因素，构建了微纳米动态切削系统集成模型，仿真模拟了微纳米切削三维形貌的成形过程，对切削表面进行了预测和分析。

　　微铣削加工零件尺寸和加工余量小，后处理难度大，因此研究微铣削参数优化、完成表面粗糙度较小的几何特征加工具有重要的实际意义[7]。若将表面粗糙度所有影响因素考虑到仿真模型中，则会导致模型的建立及求解过程十分复杂，求解效率降低。针对此问题，国内外研究学者通过试验建立统计经验模型，实现表面粗糙度预测。石文天等[8]针对微铣削硬铝合金材料，提出了基于二次响应曲面法(response surface method, RSM)的表面粗糙度预测模型，得出了铣削速度、每齿进给量和轴向切深对表面粗糙度的影响规律。Wang 等[9]进行了黄铜微铣削加工全因素试验，通过方差分析以及采用响应曲面法对试验获得的表面粗糙度进行分析，发现表面粗糙度随刀具直径和主轴转速的增大而增大，主轴高速转动时的高频振动是引起表面粗糙度增大的重要因素。Alauddin 等[10]基于硬质合金刀具端铣镍基高温合金 Inconel 718 试验数据，通过响应曲面法建立了表面粗糙度预测模型，优化了进给量和切削速度，在保证表面质量的前提下减少了加工时间。

　　本章围绕镍基高温合金 Inconel 718 微铣削加工表面形貌展开研究。首先，在考虑已加工表面弹性回复量、最小切削厚度以及多重再生效应的微铣削瞬时切削厚度模型的基础上，求解微铣刀实际切削轨迹；然后，求取微铣刀在加工过程中产生的柔性变形；最后，基于刃形复映原理，建立微铣削表面形貌仿真模型，开展镍基高温合金 Inconel 718 微铣槽试验，基于支持向量机(support vector machine, SVM)算法，建立切削参数与表面粗糙度的关联关系模型。

7.2　镍基高温合金微铣削加工表面形貌建模

　　加工表面形貌的形成是一个复杂的过程，受几何因素和切削现象的共同作用影响。从刀具相对运动角度考虑，几何因素包括刀具属性、切削参数、工件性能等；切削现象包括切削加工过程中的振动、切削热、塑性变形等[11]，具体可从以下方面进行分析：

　　(1)刀具属性。刀具属性包括刀具的几何形状、物理性能和材料特性等，直接影响加工后工件表面形成。在加工过程中，刀具的形貌映射到工件表面，决定工件表面残留体积的位置和形状。刀具的物理性能包括硬度和刚度等，当硬度较低时，刀具磨损较快，刀具几何形状发生变化；当刚度较低时，加工中切削力的作用使刀具易产生变形，而韧性较差的刀具容易崩刃，这些因素都将影响工件表面形貌的形成。

　　(2)切削参数。切削参数包括切削用量、加工方式、走刀轨迹等。切削用量包括主轴转速、轴向切深和每齿进给量等参数。由切削加工中刀具轨迹形成原理可知，每齿进给量决定两次切削间隔的距离，直接影响表面残留体积。在不同主轴转速和轴向切深条件下，切削力不同，产生的系统振动和刀具变形也不同，进而影响工件表面形貌。加工方式的改变对表面形貌的影响也很大，如采用端铣和周铣两种不同的铣削方式获得的工件表面形貌明显不同[12,13]。此外，走刀轨迹也会影响工件表面形貌。

(3)工件性能。工件性能包括工件材料的物理化学性能。材料的物理化学性能会影响加工过程中材料的力学性能。例如，材料的强度和硬度较高，切削加工时切削力大，刀具磨损严重，影响表面形貌。

(4)加工系统动态特性。加工系统动态特性主要包括切削力和系统在切削力激励下的振动等。切削力的作用使刀具产生变形，同时切削系统在切削力作用下振动，使刀具偏离理论加工轨迹，影响工件表面残留体积的位置和大小。

切削现象涉及切削加工系统的力学特性、热学特性以及热力耦合效应，非常复杂且难以准确地定量分析。通常情况下，可以在考虑几何因素影响的基础上引入切削现象的简化模型来建立精度较高的表面形貌仿真模型。

本节考虑微铣削加工过程中动态响应、刀具切削干涉效应及刀具柔性变形对工件表面形貌形成的影响，建立镍基高温合金微铣削加工表面形貌仿真模型，实现微铣削表面粗糙度预测。

7.2.1　微铣削加工表面形貌形成机理

微铣削加工表面由微铣刀在工件表面的几种运动综合作用下形成。从几何角度分析，切削表面是刀具在工件表面上切削运动，将轮廓形状映射到工件表面，由切入工件的各个刀具轮廓点构成，即加工表面由刀具轮廓点的布尔减运算构成，这就是刃形复映原理。微铣刀沿着实际切削轨迹，将刀具轮廓根据刃形复映原理映射到工件加工表面，形成工件表面形貌。

常规尺度铣削加工中，切削加工理想表面形貌构成如图 7-1 所示。通过计算相邻两个刀齿轮廓的交点来确定已加工表面轮廓的边界点，将相邻两个边界点之

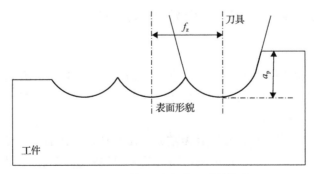

图 7-1　切削加工理想表面形貌构成

间的刀具走刀轨迹相连，获得切削加工表面形貌。刀具轮廓相对于工件的位置由加工过程中刀具实际切削轨迹确定，刀具实际切削轨迹不仅与切削参数有关，还与加工过程中机床-工件系统动态特性有关。

常规尺度铣削加工中，由于每齿进给量较大，刀具-工件之间的动态相对位移对刀具实际切削轨迹的影响较小。微铣削加工中，每齿进给量很小，可能产生刀齿跳出切削现象或后续的刀痕有可能将前面的走刀痕迹切除，如图 7-2 所示。由图可以看出，第 $i+1$ 刀齿切除工件材料后，由于系统振动的影响，第 $i+2$ 刀齿并没有按照理想切削轨迹参与切削，在第 $i+3$ 刀齿切削时，第 $i+2$ 刀齿的走刀痕迹完全被切除，不影响表面形貌的形成，此时表面形貌由 $i+1$ 刀齿、$i+3$ 刀齿刀具轮廓构成，这种现象称为刀具切削干涉效应。刀具切削干涉效应在进给量很小的精密加工中比较常见，前一刀齿由于振动留下的较高残余体积会被后续刀齿完全切除。在微铣削加工中，需要考虑刀具切削干涉效应的影响，计算所有相交的刀具轮廓，避免仅计算两个相邻刀齿间刀具轮廓交点而导致微铣削表面轮廓仿真失真。

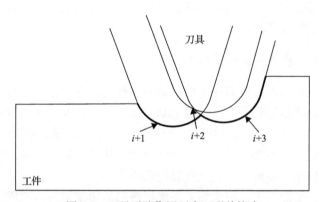

图 7-2　刀具干涉作用下表面形貌构成

7.2.2　考虑微铣削系统动态特性的微铣刀运动轨迹

1. 微铣刀理论运动轨迹

微铣削加工过程示意图如图 7-3 所示。其中，X、Y 和 Z 方向分别为进给方向、进给法线方向以及轴线方向。以工件坐标系为基准，坐标原点为加工前铣刀前端中心点。

由刀具运动方式可知，刀具沿 X 轴方向做平移及简谐运动，沿 Y 轴做简谐运动，在微铣削加工过程中，第 k 条切削刃端面刀尖处运动轨迹方程如下：

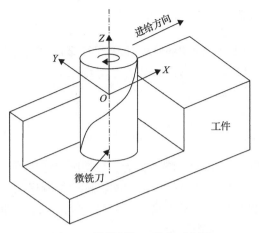

图 7-3　微铣削加工过程示意图

$$\begin{cases} X = v_f t + R\sin(\omega t - 2\pi k / K) \\ Y = R\cos(\omega t - 2\pi k / K) \\ Z = Z \end{cases} \tag{7-1}$$

式中，v_f 为进给速度，μm/s；R 为刀具直径，μm；ω 为主轴旋转角速度，rad/s；t 为加工时间，s；K 为微铣刀切削刃数。

　　本节研究平头微铣刀铣削加工时的表面形貌。图 7-4 为所采用的平头微铣刀切削刃部分外形轮廓。微铣刀旋转刃为绕铣刀圆柱体的螺旋线，螺旋角为 β，依据式(7-1)，根据微铣刀结构可得螺旋角为 β 时的微铣刀第 k 条切削刃在高度为 Z 处

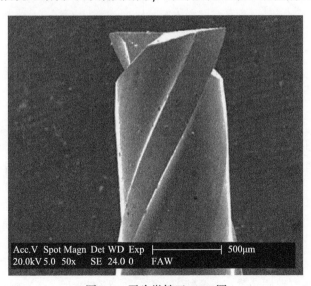

图 7-4　平头微铣刀 SEM 图

的理想切削轨迹如下：

$$
\begin{cases}
X = v_{\mathrm{f}}t + R\sin(\omega t - 2\pi k / K - Z\tan\beta / R) \\
Y = R\cos(\omega t - 2\pi k / K - Z\tan\beta / R) \\
Z = Z
\end{cases}
\tag{7-2}
$$

2. 微铣刀柔性偏移量

微铣刀直径通常小于1mm，刚度较弱，在切削力作用下，微铣刀易发生柔性变形。刀具的柔性变形使微铣刀的理论运动轨迹产生偏移量，进而导致微铣刀在零件加工表面的轮廓复映位置发生改变，影响工件已加工表面形貌。微铣刀的柔性变形对加工表面形貌的影响不能忽略。

在计算刀具柔性变形时，将微铣刀刀柄部分和刀尖部分简化为两段悬臂梁，如图7-5所示。图中，D_{s}为微铣刀刀柄直径；D_{f}为微铣刀刀尖直径；Z_{f}为瞬时X向和Y向切削力作用于微铣刀的等效集中力Z向坐标；L为微铣刀夹持部位到刀尖的距离；L_{f}为微铣刀刀尖部分长度；I_{s}、I_{f}分别为微铣刀刀柄部分和刀尖部分两段阶梯轴的惯性矩。采用参考文献[14]中建立刀具柔性变形模型的方法来建立微铣刀柔性偏移量模型。

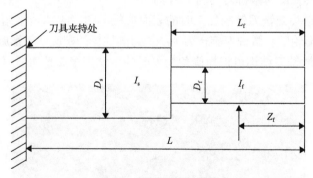

图7-5 微铣刀简化模型

微铣削加工中，由于微铣刀的刚度较弱，轴向切深通常小于1mm，作用于切削刃上的微铣削力可等效为一个集中力，该集中力作用点的Z向坐标计算如下：

$$
Z_{\mathrm{f}} = L - \frac{\int_{\theta_{\mathrm{s}}}^{\theta_{\mathrm{e}}} (L-z)\,\mathrm{d}F}{\int_{\theta_{\mathrm{s}}}^{\theta_{\mathrm{e}}} \mathrm{d}F} = L - \frac{\int_{\theta_{\mathrm{s}}}^{\theta_{\mathrm{e}}} [L - r\theta / \tan\beta]\,\mathrm{d}F}{\int_{\theta_{\mathrm{s}}}^{\theta_{\mathrm{e}}} \mathrm{d}F}
\tag{7-3}
$$

式中，β为微铣刀螺旋角；r为微铣刀半径；F为铣削力；θ为旋转角度；z为轴向坐标；θ_{s}、θ_{e} 分别为瞬时切入角和切出角；Z_{f} 为瞬时 X 向和 Y 向切削力作用于微铣刀的等效集中力 Z 向坐标；L 为微铣刀夹持部位到刀尖的距离。

由虚位移原理可知，轴向 Z 处由切削力产生的 X 向和 Y 向刀具柔性偏移量如下：

$$
\begin{aligned}
w_{(x,y)}(Z) = &-\frac{F_{(x,y)}}{6EI_{\mathrm{f}}}[(Z_{\mathrm{f}}-Z)^3+3(L_{\mathrm{f}}-Z_{\mathrm{f}})^2(Z-L_{\mathrm{f}})+(L_{\mathrm{f}}-Z_{\mathrm{f}})^3] \\
&-\frac{F_{(x,y)}}{6EI_{\mathrm{s}}}[(L-Z_{\mathrm{f}})^2(3Z+6L_{\mathrm{f}}-2L-Z_{\mathrm{f}})+(L_{\mathrm{f}}-Z_{\mathrm{f}})^2(2L_{\mathrm{f}}-3Z+Z_{\mathrm{f}})]
\end{aligned}
\tag{7-4}
$$

式中，$F_{(x,y)}$ 为刀具在 X 向和 Y 向的切削力；E 为刀具材料的弹性模量；L_{f} 为刀齿轴向长度；I_{f}、I_{s} 分别为两段阶梯轴的惯性矩，可由式(7-5)和式(7-6)获得：

$$
I_{\mathrm{s}} = \frac{\pi}{64}D_{\mathrm{s}}^4
\tag{7-5}
$$

$$
I_{\mathrm{f}} = \frac{\pi}{64}(K_{\mathrm{d}}D_{\mathrm{f}})^4
\tag{7-6}
$$

式中，D_{s} 为微铣刀刀柄直径；D_{f} 为微铣刀刀尖直径；K_{d} 为刀尖等效直径系数。

根据 Kops 等[15]对刀具频响函数的研究理论，将螺旋切削刃部分简化为圆柱体，当等效直径系数取 0.68 时，简化后的圆柱体与原始刀具的模态特性一致性最好，因此本节将刀齿部分等效直径系数定为 0.68。

3. 微铣刀实际运动轨迹

在微铣削加工中，刀具振动和刀具柔性变形导致刀具偏离理想切削轨迹，最终影响工件加工表面形貌。为实现微铣削加工表面形貌的高精度预测，需要在微铣刀理想切削轨迹的基础上，综合 6.2.2 节建立的微铣削系统动力学模型(6-2)及本节建立的微铣刀刀具柔性变形模型(7-4)，建立微铣刀实际运动轨迹模型：

$$
\begin{cases}
X = v_{\mathrm{f}}t + R\sin(\omega t - 2\pi k/K - Z\tan\beta/R) + x + w_x \\
Y = R\cos(\omega t - 2\pi k/K - Z\tan\beta/R) + y + w_y \\
Z = Z
\end{cases}
\tag{7-7}
$$

式中，x、y 为螺旋角为 β、高度为 Z 微元处的振动位移，$\mu\mathrm{m}$；w_x、w_y 分别为在切削力作用下 X 和 Y 方向的刀具柔性变形量，$\mu\mathrm{m}$。

将建立的微铣削系统动力学模型、微铣刀柔性偏移量模型以及刀具理论运动轨迹模型集成，得到微铣削表面形貌集成模型。输入量为微铣削加工切削参数(主轴转速、每齿进给量和切削深度)和微铣刀几何参数，在获得刀具理想切削轨迹的基础上，求取微铣刀轴向微元切削厚度和切削力，根据微铣削系统动态响应模型获得切削力作用下振动位移和刀具柔性偏移量，将其代入刀具实际运动轨迹模型(7-7)中，求出刀具实际切削轨迹。最后，基于刃形复映原理将刀具轮廓映射到工件表面，重构微铣削加工表面形貌，求解表面粗糙度。

7.2.3 微铣削加工表面形貌仿真模型

1. 微铣削表面形貌提取

1)镍基高温合金工件模型及网格划分

由 7.2.1 节相关论述可知，在微铣削加工时，每齿进给量很小，存在刀具切削干涉效应，通过求解相邻两刀齿几何轮廓交点并以此获得微铣刀走刀轨迹的方法不能准确预测工件加工表面形貌。

为解决这一问题，本节将工件进行离散化处理，为获取镍基高温合金微铣削侧壁表面形貌，将工件沿微铣削加工进给方向及轴向划分网格，如图 7-6 所示。分别采用间隔 Δx、Δz 对进给方向和轴向长度进行等间距划分，将整个工件离散成 $M \times N$ 个网格。微铣削加工表面形貌形成过程可看成 $M \times N$ 个离散小长方体在微铣刀几何轮廓复映下高度连续更新的过程。在编写表面形貌预测模型时，在 $M \times N$ 个格子点上，采用矩阵 $H = \left[h_{i,j} \right]$ $(i = 1, 2, \cdots, M;\ j = 1, 2, \cdots, N)$ 表示工件切削表面对应位置的残留高度，依次遍历每一网格，得到残留高度，重构微铣削表面形貌，具体仿真过程如图 7-7 所示。网格的大小直接影响计算的复杂程度及模型的准确性。当网格尺寸过小时，对应的刀具微元相应很小，网格数量巨大，计算困难；当网格尺寸过大时，每齿进给量很小，在每个网格内都无法准确反映切削形貌的真实情况，进而导致模型失真。

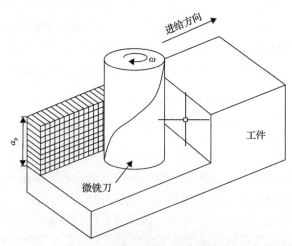

图 7-6　微铣削加工工件网格划分

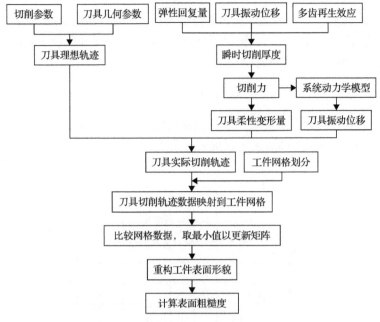

图 7-7 微铣削表面形貌仿真流程示意图

2) 刀具微元设置

对微铣刀轴向进行微元划分，获得每
一个轴向微元在镍基高温合金工件加工表
面映射高度。微元划分尺寸由工件网格划
分尺寸确定。为保证工件网格划分后的每
一网格内都有刀具几何轮廓复映，即划分
的刀齿微元能够遍历所有工件网格点，轴向
微元在已进行网格划分的待预测表面投影
长度应小于工件网格的最小间距(图 7-8)。
微铣削加工时，对微铣削侧壁表面形貌产
生影响的是微铣刀参与切削部分，轴向切
深高度的微铣刀切削刃参与切削，在进行
微元划分时，只对参与切削部分切削刃进
行离散化处理。

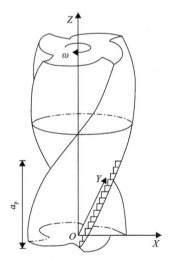

图 7-8 微铣刀刀齿微元划分示意图

3) 时间步长设置

为了计算微铣刀在镍基高温合金工件上的实际切削轨迹，除了需要对刀齿轴
向微元离散化，还需要将加工时间离散为多个时刻，计算每个刀具微元在单位步
长时间内的切削轨迹。刀齿微元切削轨迹投影如图 7-9 所示。与刀具轴向微元划

分原则相似，在进行时间步长设置时，需要保证刀齿微元在单位步长时间内最多扫过一个工件网格，否则表面形貌预测将会失真。由刀具切削轨迹公式(7-1)可知，微铣刀运动轨迹为次摆线，在进行时间步长设置时，应保证单位步长时间内产生的次摆线弧长小于工件网格划分长度，即

$$\Delta s \leqslant \min(\Delta x, \Delta y) \tag{7-8}$$

式中，Δs 为刀齿微元在单位时间步长内次摆线运动弧长；Δx 为工件沿进给方向网格划分大小；Δy 为工件沿法向网格划分大小。

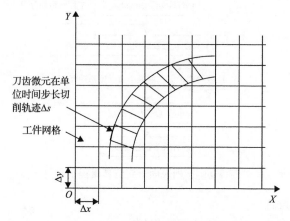

图 7-9　刀齿微元切削轨迹投影

由次摆线计算公式可知，单位时间弧长计算公式如下：

$$ds = \sqrt{\left(\frac{dx}{dt}\right)^2 + \left(\frac{dy}{dt}\right)^2}\, dt = \sqrt{\left[v_f + R\omega\cos(\omega t)\right]^2 + \left[R\omega\sin(\omega t)\right]^2}\, dt \tag{7-9}$$

$$\Delta s = \int_0^{\Delta t} ds = \int_0^{\Delta t} \sqrt{\left[v_f + R\omega\cos(\omega t)\right]^2 + \left[R\omega\sin(\omega t)\right]^2}\, dt \tag{7-10}$$

式中，Δt 为单位步长时间。由式(7-10)可知，在工件网格划分大小确定后，单位步长时间最大值即可确定。为保证仿真算法更加可靠，可将单位步长设置时间适当减小。

2. 仿真流程

微铣削加工过程仿真流程如图 7-10 所示。对微铣削加工过程仿真可得到刀具实际切削轨迹。在 MATLAB 程序中，将加工过程进行四层循环嵌套，最终实现微铣削加工过程仿真。

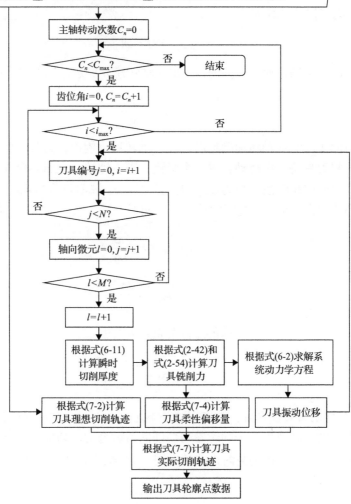

图 7-10 微铣削加工过程仿真流程

仿真过程具体如下。

(1) 主轴转动循环。微铣削加工过程中,主轴沿进给方向以指定主轴转速转动,根据主轴转速 n 和设置的加工时间 T 计算加工中主轴转动次数:

$$C = \left\lceil \frac{T \cdot n}{60} - \frac{1}{2} \right\rceil \tag{7-11}$$

式中，⌈ ⌉表示向上取整。

(2) 刀具齿位角循环。在时间步长设置确定后，每一单位步长时间内刀具都会转动一个角度，刀具齿位角(定义刀尖与工件坐标系 Y 轴方向的夹角为刀具齿位角)发生变化，在主轴转动一周内，刀具齿位角由 0 变为 2π，齿位角用 ϕ 来表示，则 t 时刻齿位角计算如下：

$$\phi(t) = \omega t \tag{7-12}$$

式中，ω 为主轴角速度，rad/s，ω 由主轴转速 n 决定，二者关系如下：

$$\omega = \frac{2\pi n}{60} \tag{7-13}$$

时间步长和主轴转速确定后，在主轴转动一周内，刀具齿位角变化次数可以计算，将刀具每一次转动看成一个微元，则主轴转动一周共形成 i_{max} 个微元，单位步长时间内瞬时齿位角为 $d\phi$，时间步长 Δt、瞬时齿位角 $d\phi$、主轴转动一周内齿位角构成微元数 i_{max} 之间的计算关系如下：

$$d\phi = \omega \cdot \Delta t = \frac{2\pi n}{60} \Delta t \tag{7-14}$$

$$i_{max} = \frac{2\pi}{d\phi} \tag{7-15}$$

在仿真运行中，将刀具角位移微元总数取整：

$$i_{max} = \left\lceil \frac{60}{\Delta t \cdot n} - \frac{1}{2} \right\rceil \tag{7-16}$$

(3) 切削刃转换循环。微铣刀往往不止一个刀齿，常用的微铣刀有 2 刃或 4 刃，此时的切削力为多个同时参与切削的刀齿合力。切削刃间存在夹角，在微铣削加工中，不同刀齿的瞬时齿位角在同一时刻不同。N 个切削刃间齿尖角 ϕ_p 计算如下：

$$\phi_p = \frac{2\pi}{N} \tag{7-17}$$

微铣削加工中参与切削的刀齿次序为微铣刀刀齿编号，第一个参与切削的刀齿为 1 号刀齿，t 时刻对应的齿位角为 ϕ，则编号为 j 的刀齿 t 时刻对应的齿位角计算如下：

$$\phi_j = \phi - (j-1)\phi_p \tag{7-18}$$

(4)切削刃轴向离散化循环。微铣刀存在螺旋角，同一时刻微铣刀不同高度对应的瞬时齿位角和瞬时切削厚度不同。为模拟实际微铣削加工过程，将微铣刀沿轴向离散化处理，分别计算每一轴向微元在同一时刻的瞬时齿位角和瞬时切削厚度，根据瞬时切削厚度计算每一轴向微元的瞬时切削力，各刀齿上轴向微元的瞬时切削力合力为该时刻微铣刀所受切削力。轴向微元高度为 dz，轴向切深为 a_p，则微元总数为

$$M = \left[\frac{a_p}{dz} - \frac{1}{2} \right] \tag{7-19}$$

由于微铣刀螺旋角 β 的存在，微铣刀各轴向微元间存在相对位置关系，将轴向微元由刀尖开始沿轴向依次编号，刀尖处第一个微元编号为 1，则编号为 j 的刀齿上第 l 个微元对应的瞬时齿位角计算如下：

$$\phi_{jl} = \phi - (j-1)\phi_p - \frac{(l-1) \cdot dz \cdot \tan \beta}{R} \tag{7-20}$$

式中，$\dfrac{(l-1) \cdot dz \cdot \tan \beta}{R}$ 为第 l 个微元与第一个轴向微元相比因螺旋角存在产生的齿位角差值。

由上述的微铣削加工过程四层循环嵌套对微铣削过程进行仿真。由仿真时间和主轴转速确定主轴转数；由最外层循环判别仿真是否继续进行；由单位步长和主轴转速确定切削刃在主轴转动一周内齿位角的变化次数，依次计算每一齿位角条件下的切削状态，作为仿真系统第二层循环；以达到最大齿位角变化次数即齿位角微元数 i_{max} 作为主轴完成一周转动循环跳出判断条件。以主轴转动一周内在某一齿位角下多个刀齿参与切削作为第三层循环，分别计算各个刀齿在指定时刻的瞬时齿位角，以计算的最大刀齿数作为第三层循环跳出判断条件。以在主轴转动指定圈数、齿位角和刀齿编号条件下每一轴向微元切削状态计算作为仿真第四层循环，分别对每一微元进行计算，由式(6-11)可求得每个轴向微元对应的瞬时齿位角和瞬时切削厚度，由式(2-42)和式(2-54)可计算瞬时微铣削力。以轴向微元划分个数作为第四层循环跳出判断条件。根据上述循环，在主轴转动某一周期内，某一转动角度下，将所有刀具微元所受瞬时切削力累加得到此时的切削力合力，由式(6-2)计算切削力作用下主轴-刀具系统动态偏移量，由刀具柔性变形公式(7-4)求出在切削力下每一轴向微元对应的柔性变形量，由式(7-7)求出轴向微元实际切削轨迹，即各轴向微元实际坐标位置。将仿真过程中所有轴向微元坐标位置数据存储，为下一步重构微铣削加工表面形貌提供有效数据。将第四层求得的系统动态偏移量加入下一时刻切削加工仿真中，根据理想切削轨迹及振动位移

获得下一时刻切削加工初始位置，仿真进入下一循环中计算。

3. 微铣削加工表面形貌重构

通过微铣削加工过程仿真可获得微铣刀轴向微元在加工中每一时刻的实际切削轨迹三维坐标。微铣削表面形貌由轴向微元实际切削轨迹在工件表面上进行布尔减运算获得。对工件同一位置而言，切削表面不是微铣刀走过一次形成的，而是微铣刀沿进给方向做次摆线运动，将几何轮廓多次复映于工件同一位置形成的。因此，对于获得的所有微元实际切削轨迹坐标点集，均需要进行数据提取，找到最终形成表面形貌的数据点，并重构微铣削表面形貌。程序具体编写流程如下：

(1)建立工件模型，并对已加工部分工件进行网格划分，根据网格划分大小及已加工工件区域面积创建矩阵 $H = [h_{i,j}](i = 1, 2, \cdots, m; \ j = 1, 2, \cdots, n)$，$i$ 为沿进给方向工件微元编号，j 为沿轴向工件微元编号，矩阵 $H = [h_{i,j}]$ 设置的初始值表示工件的初始高度。

(2)每一微元实际切削轨迹坐标对应特定时刻(特定转数、特定齿位角)和特定位置(特定刀齿编号、特定轴向微元编号)，将嵌套循环再次运行，搜索每一时刻、每一刀齿微元实际切削轨迹坐标，判断切削轨迹坐标是否在已加工工件区域内，若不在已加工工件区域内，则进行下一循环；若在已加工工件区域内，则搜索切削轨迹坐标值在矩阵 $H = [h_{i,j}]$ 中对应的位置。

(3)比较当前时刻刀齿离散点高度坐标值与矩阵 $H = [h_{i,j}]$ 中对应位置存储高度，若当前时刻刀齿离散点高度较小，则证明微铣刀切入工件，对工件形貌形成有影响，用此时的离散点坐标值更新矩阵 $H = [h_{i,j}]$ 中的数据，否则保留原数据。

(4)判断所有实际切削轨迹坐标点集是否在已加工工件区域内，搜索在矩阵 $H = [h_{i,j}]$ 中对应的位置，并比较坐标高度，完成实际切削轨迹坐标点提取。矩阵 H 中存储数据即微铣削加工表面形貌构成数据。采用 MATLAB 中三维图形绘制命令，绘制微铣削加工表面形貌图。同时，矩阵 H 中的数据可以作为研究微铣削表面形貌特征的数据源。

4. 表面形貌仿真模型试验验证

为评价镍基高温合金微铣削加工表面形貌仿真模型的有效性，减小由工件表面选取位置不同而造成的偶然误差，采用轮廓算术平均偏差 R_a 作为表面粗糙度评价指标，对表面形貌仿真模型的输出结果进行评价。

轮廓算术平均偏差 R_a 指的是在取样范围 lr 内，实际轮廓上的采样点到轮廓中线距离的算术平均值，公式如下：

$$R_{\mathrm{a}} = \frac{1}{n}\sum_{i=1}^{n}|Z_i| \tag{7-21}$$

式中，n 为取样长度内被测轮廓点数目；Z_i 为第 i 个轮廓点相对于轮廓中线的距离。轮廓算术平均偏差 R_{a} 反映了加工表面轮廓高度相对于中线的离散程度。

所建立的微铣削加工表面形貌仿真模型可以预测在不同切削参数组合下镍基高温合金微铣削表面粗糙度的情况。本节进行镍基高温合金微铣削试验，测量不同切削参数组合下的侧壁粗糙度，验证所建立的仿真模型的有效性。

镍基高温合金微铣削加工表面形貌仿真模型验证试验在数控三轴微铣床上开展。采用 Zygo 3D 表面轮廓仪对镍基高温合金微铣削表面粗糙度 R_{a} 及表面形貌情况进行观测。

工件材料为镍基高温合金 Inconel 718。采用日本日进公司生产的 MSE230 超微粒子超硬合金涂层两刃平头立铣刀。微铣刀直径为 0.6mm，侧刃上的刃口圆弧半径为 2μm，刀尖过渡圆弧半径为 10μm，前角约为 2°，后角约为 5°。微铣刀全长为 45mm，切削刃部分长度为 500μm。

采用槽铣方式，观测不同切削参数组合下加工表面形貌及表面粗糙度 R_{a}。为避免出现工件表面质量均匀性较差，不同位置表面测量误差较大的问题，对同一工件加工表面侧壁的 3 处不同位置进行测量，将其均值作为侧壁的表面粗糙度。本节设计 6 组试验验证所建立的微铣削加工表面形貌仿真模型的有效性，切削参数选取如表 7-1 所示。

表 7-1　微铣削加工表面形貌仿真模型验证试验参数

序号	轴向切深 a_{p}/μm	主轴转速 n/(r/min)	每齿进给量 f_z/μm
1	55	40000	0.5
2	55	50000	0.5
3	55	60000	0.5
4	55	40000	1.1
5	55	50000	1.1
6	55	60000	1.1

试验结果如表 7-2 所示。由表可以看出，微铣削加工表面粗糙度 $R_{\mathrm{a}} < 1$μm，达到亚微米量级。试验测得的表面粗糙度 R_{a} 比仿真模型输出的表面粗糙度 R_{a} 大，这可能是由于仿真模型中忽略了一些影响表面粗糙度的因素。仿真模型输出的表面粗糙度 R_{a} 与试验测量的表面粗糙度 R_{a} 间的最大相对误差小于 21%，平均相对误差为 7.6%。因此，所建立的微铣削加工表面形貌仿真模型是有效的，表面粗糙度预测结果是可信的。

表 7-2　仿真模型输出表面粗糙度与试验测量值比较

序号	仿真模型输出 $R_a/\mu m$	试验测量 $R_a/\mu m$	相对误差/%
1	0.33	0.416	20.7
2	0.414	0.457	9.4
3	0.294	0.317	7.3
4	0.473	0.510	7.25
5	0.409	0.410	0.244
6	0.436	0.440	0.9

　　图 7-11 为采用 Zygo 3D 表面轮廓仪测得的微铣削加工表面形貌试验测量结果。图 7-11(a)为侧壁形貌在二维平面的映射图；图 7-11(b)为微铣削三维形貌测量结果。图 7-12 为考虑刀具柔性偏移量的微铣削加工表面三维形貌仿真结果。通过对比图 7-11

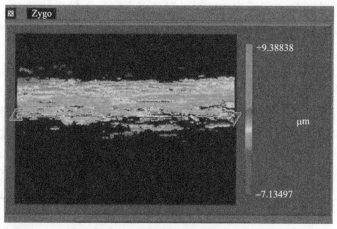

(a) 微铣削形貌映射图

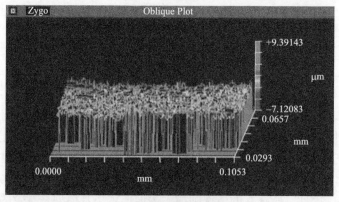

(b) 微铣削三维形貌测量结果

图 7-11　微铣削加工表面形貌试验测量结果

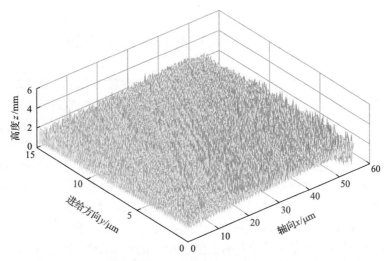

图 7-12　考虑刀具柔性偏移量的微铣削加工表面三维形貌仿真结果

和图 7-12 可以发现，二者表面形貌变化趋势一致，证明了所建立的考虑刀具柔性偏移量的微铣削加工表面三维形貌仿真模型的有效性。

图 7-13 为未考虑刀具柔性偏移量的微铣削加工表面形貌仿真结果。通过对比图 7-11 和图 7-13 可以看出，二者差异较大，因此得出结论，微铣削加工表面形貌仿真模型须考虑刀具柔性变形。微铣刀发生柔性偏移增加了表面形貌的复杂性和表面粗糙度。在微铣削加工中，表面形貌由刀具的实际切削轨迹及刀具外形轮廓共同构成，微铣刀在远离主轴夹持部位柔性偏移量较大，靠近夹持部位柔性偏移量较小，这一现象反映于工件表面，在试验测量图中也可以清晰地看到。

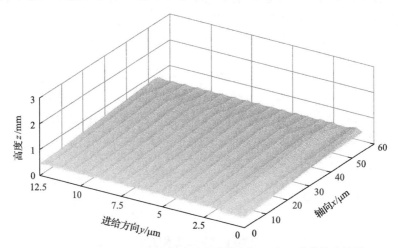

图 7-13　未考虑刀具柔性偏移量的微铣削加工表面形貌仿真结果

7.3　微铣削加工表面粗糙度预测

微铣削加工表面粗糙度可以反映零件加工表面形貌的情况，由 7.2 节论述可知，刀具特性、工艺参数、加工系统特性及加工材料属性等都会对工件表面形貌产生影响，而且影响机理复杂，对单一影响因素进行分析很难反映实际成形过程。微铣削加工过程中，材料去除以最小切削厚度为分界点，切削力呈现出分别以耕犁效应和剪切效应为主导的特点；微铣削加工切削厚度很小，系统振动会导致切削厚度发生很大的变化，进而导致切削过程呈非线性。由于微铣削加工过程呈非线性，且影响微铣削表面形貌的因素间可能存在耦合关系，基于微铣削加工机理建立的加工表面形貌预测模型难以综合考虑所有因素对表面形貌的影响，也难以实现表面粗糙度的高精度预测。本节基于镍基高温合金微铣削加工试验，采用 SVM 算法建立切削参数与表面粗糙度间的关联关系模型，实现微铣削加工表面粗糙度预测。

7.3.1　SVM

支持向量机(SVM)是一种常用的机器学习方法，其主要基于数据集训练。该方法以观测的数据为出发点，探究数据集中的模式与函数的关系，以此对未知数据进行分类、识别与预测。SVM 克服了传统参数估计方法中需要的样本数据量很大，且参数相关形式在预测前已经确定的局限性，以结构风险最小化为准则，常应用于小样本和非线性问题的处理。

SVM 的基本思想如图 7-14 所示。在低维空间中，三角形和圆圈两种类型的向量无法分离，通过一定的方式将这些向量映射到高维度空间(Hilbert 空间)中，可以分离两类向量，在高维空间中可以求解使两类向量分离的平面，即利用转换思想解决低维空间中线性不可分问题，将其转化为高维空间线性可分问题。

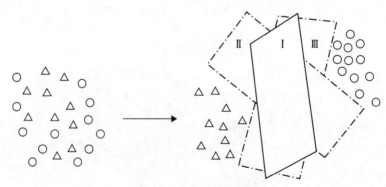

图 7-14　SVM 基本思想

在 SVM 算法中，求解的分离面为最优分离超平面，它可以将不同类别的向量在高维特征空间中分隔，同时保证与各类不同最近向量的距离最大。以图 7-14 中两类向量分离为例，在高维空间中可用于分离的平面有很多，而最优的只有一个，即平面 I。由此可见，SVM 能够利用转换思想在高维空间中解决低维空间的问题，还可以解决很多低维空间无法解决的非线性问题，进而提高解决该类问题的能力。

为了使 SVM 对数据集进行有效分类预测，需要克服两个困难：

(1) 为了能够将低维空间的向量转化到高维空间中使其线性可分，需要找到转化向量的函数，建立向量间映射关系；

(2) 在 Hilbert 空间中获得最优分离超平面。

为解决问题 (1)，将选择核函数问题转化为计算支持向量与特征空间中的向量内积问题。为解决问题 (2)，将问题转化为一个凸规划问题来求解。下面具体介绍模型的建立方法。

SVM 回归模型就是对于给定的样本数据 $\{(x_1, x_2), \cdots, (x_l, x_l)\} \in (X \times Y)^l$（式中，$x_i \in X = \mathbf{R}^n$ 为样本输入量，n 为样本的维度，$y_i \in Y = \mathbf{R}$ 为样本的输出量，$i = 1, 2, \cdots, l$ 为参与训练的样本个数），寻找输入量与输出量之间的函数关系 $f(x)$，推断出除了样本数据，某一输入变量 x 对应的输出变量。

如上所述，输入量与输出量之间的函数关系 $f(x)$ 即分离超平面的方程，考虑训练样本 $\{x_i, x_j\}_{i=1}^{N}$，$y_i \in \{-1, 1\}$，设用于分离超平面的方程为

$$w \cdot x + b = 0 \tag{7-22}$$

式中，w、b 分别为超平面的法向量和常数项。寻找最优分类超平面就是寻找最优的 w 和 b。设最优的 w 和 b 分别为 w_0 和 b_0，则最优分类超平面方程如下：

$$w_0 \cdot x + b_0 = 0 \tag{7-23}$$

依据式 (7-23) 可以得到最优分离超平面，通过该平面预测测试集，若测试集为 $\{t_i\}_{i=1}^{M}$，则测试集标签为

$$t_{i\_label} = \text{sgn}(w_0 \cdot t_i + b_0) \tag{7-24}$$

该方法的核心是通过确立一个分类面作为决策曲面，最大化隔离不同种类向量，由此可知最优分类超平面的求解可以转换为最大间隔求解。

最优分类面与支持向量间的关系如图 7-15 所示，H_1 和 H_2 为平行于最优分类超平面支持向量所在平面。由超平面公式可得支持向量公式：

$$w \cdot x_i + b = -1, \quad y_i = -1 \tag{7-25}$$

$$w \cdot x_i + b = 1, \quad y_i = +1 \tag{7-26}$$

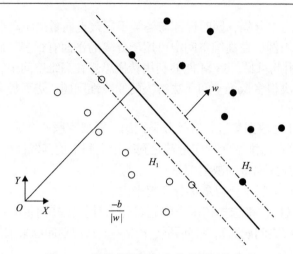

图 7-15 最优分类面与支持向量间的关系

H_1 和 H_2 平面间隔计算公式如下：

$$D_{\text{dis}} = \frac{w}{\|w\|}(x_1 - x_2) = \frac{2}{\|w\|} \tag{7-27}$$

式中，x_1、x_2 分别为 H_1 和 H_2 平面上的坐标点。因此，求解平面间隔最大值问题可转换为求解如下问题：

$$\min \phi(w) = \frac{1}{2}\|w\|^2 = \frac{1}{2}(w \cdot w)$$

$$\text{s.t.} \begin{cases} y_i - [(w \cdot x_i) + b] \leqslant \varepsilon \\ [(w \cdot x_i) + b] - y_i \leqslant \varepsilon \end{cases}, \quad i = 1,2,\cdots,l \tag{7-28}$$

式中，ε 为不敏感损失函数，它的解以函数的最小化为特征，用于忽略真实值在某个上下范围内的误差，确保全局最小解的存在和可靠泛化界的优化。在支持向量回归模型中，ε 的定义如下：

$$L^{\varepsilon}(x,y,f) = |y - f(x)|_{\varepsilon} = \max(0,|y - f(x)| - \varepsilon) \tag{7-29}$$

为求解最优分类超平面，需要引入松弛变量 ξ_i、ξ_i^*，求解式 (7-28) 转化为

$$\min_{w \in \mathbf{R}^n, \xi^{(*)} \in \mathbf{R}^{2l}, b \in \mathbf{R}} \quad T(w, \xi^{(*)}) = \frac{1}{2}\|w\|^2 + C\frac{1}{l}\sum_{i=1}^{l}(\xi_i + \xi_i^*)$$

$$\text{s.t.} \begin{cases} [(w \cdot x_i) + b] - y_i \leqslant \varepsilon + \xi_i \\ y_i - [(w \cdot x_i) + b] \leqslant \varepsilon + \xi_i^* \end{cases}, \quad \xi_i^{(*)} \geqslant 0, \quad i = 1,2,\cdots,l \tag{7-30}$$

式中，C 为惩罚因子，限制错误分类采样点的数量，C 越大，分类正确的点越多，越容易出现严重过拟合现象；反之，C 越小，分类错误的点越多，模型准确度越低。ξ_i 和 ξ_i^* 为松弛因子，$\xi^{(*)} \geq 0$ 意味着 $\xi_i \geq 0$ 和 $\xi_i^* \geq 0$。

为求解最优解，将其转化为对偶形式，建立的拉格朗日函数如下：

$$L(w,b,\xi,\alpha) = \frac{1}{2}\|w\|^2 - \sum_{i=1}^{l}(n_i\xi_i + \eta_i^*\xi_i^*) - \sum_{i=1}^{l}\alpha_i\left\{\varepsilon + \xi_i - y_i + [(w\cdot x_i) + b]\right\}$$
$$- \sum_{i=1}^{l}\alpha_i^*\left\{\varepsilon + \xi_i^* + y_i - [(w\cdot x_i) + b]\right\} + \frac{C}{l}\sum_{i=1}^{l}(\xi_i + \xi_i^*) \tag{7-31}$$

式中，$\alpha_i^* \geq 0$，$\eta_i^* \geq 0$，分别为求 w、b 以及 $\xi^{(*)}$ 的极值点，获得函数如下：

$$\begin{cases} \nabla_w L = w - \sum_{i=1}^{l}\left[\alpha_i^{(*)} - \alpha_i\right]x_i = 0 \\ \nabla_b L = \sum_{i=1}^{l}\left[\alpha_i^{(*)} - \alpha_i\right] = 0 \\ \nabla_{\xi^{(*)}} L = \frac{C}{l} - \alpha_i^{(*)} - \eta_i^{(*)} = 0 \end{cases} \tag{7-32}$$

将式 (7-32) 代入式 (7-31)，得到最优求解公式的对偶形式如下：

$$\min_{\alpha^{(*)}\in\mathbf{R}^{2l}} \frac{1}{2}\sum_{i,j=1}^{l}(\alpha_i^* - \alpha_i)(\alpha_j^* - \alpha_j)(x_i\cdot x_j) + \varepsilon\sum_{i=1}^{l}(\alpha_i + \alpha_i^*) - \sum_{i=1}^{l}y_i(\alpha_i^* - \alpha_i)$$
$$\text{s.t.} \begin{cases} \sum_{i=1}^{l}(\alpha_i - \alpha_i^*) = 0 \\ 0 \leqslant \alpha_i,\ \alpha_i^* \leqslant \frac{C}{l},\ i = 1,2,\cdots,l \end{cases} \tag{7-33}$$

采用 KKT(Karush-Kuhn-Tucker) 条件法，引入关于拉格朗日乘子法的限制条件，针对以下等式求解最优解：

$$\begin{cases} \alpha_i\left[y_i - (w\cdot x_i) - b - \varepsilon - \xi_i\right] = 0 \\ \alpha_i^*\left[(w\cdot x_i) + b - y_i - \varepsilon - \xi_i^*\right] = 0 \\ \xi^{(*)\mathrm{T}}\alpha^{(*)} = 0 \\ \xi^{(*)\mathrm{T}}\left(\alpha^{(*)} - \frac{C}{l}\mathbf{e}\right) = 0 \end{cases} \tag{7-34}$$

计算可得到最优分离超平面如下：

$$\begin{cases} w = \sum_{i=1}^{l} (\alpha_i - \alpha_i^*) x_i \\ f(x) = \sum_{i=1}^{l} (\alpha_i - \alpha_i^*)(x_i, x) + b \end{cases} \tag{7-35}$$

以上即为采用 SVM 处理线性不可分问题，建立预测模型的方法。由介绍可知，SVM 本质上是一种分类方法，用 $w \cdot x + b$ 定义分类函数，求解 w、b 数值，为寻求最大间隔，引入函数 $\frac{1}{2}\|w\|^2$，继而引入拉格朗日因子，转化为对拉格朗日乘子 α 的求解，在求解中涉及最优化及凸二次规划问题，由此将求解 w、b 数值等价于求解拉格朗日乘子 α。

为了解决线性不可分问题，采用上述方法进行线性回归分类，即采用非线性映射将低维空间中线性不可分问题在高维空间中映射为线性可分问题及线性回归问题，利用核函数可以完成空间的转化。目前，支持向量回归运算中常用的核函数有以下几种类型。

(1)线性核函数：

$$K\left(x_i, x_j\right) = x_i \cdot x_j \tag{7-36}$$

(2)径向基核函数：

$$K\left(x_i, x_j\right) = \exp\left(-\frac{\left|x_i - x_j\right|^2}{2\sigma^2}\right) \tag{7-37}$$

(3)多项式核函数：

$$K\left(x_i, x_j\right) = \left[\left(x_i \cdot x_j\right) + 1\right]^d \tag{7-38}$$

(4)Sigmoid 核函数：

$$K\left(x_i, x_j\right) = \tanh\left[a\left(x_i \cdot x_j\right) + \delta\right] \tag{7-39}$$

基于上述对支持向量回归算法的分析，对一组非线性可分数据采用支持向量回归算法建立预测模型，步骤如下。

(1)选择用于建立预测模型的样本数据，即训练集数据，设训练集为 $T = \{(x_1, x_2), \cdots, (x_l, x_l)\} \in (X \times Y)^l$（式中，$x_i \in X = \mathbf{R}^n$，$y_i \in Y = \mathbf{R}$，$i = 1, 2, \cdots, l$）。

(2)依据经验风险和置信范围选择合适的惩罚因子 C 和不敏感损失函数 ε。

(3)根据样本数据选择合适的核函数类型。

(4)构建最优解对偶形式公式,求解拉格朗日乘子数值:

$$\bar{\alpha} = \left(\bar{\alpha}_1, \bar{\alpha}_1^*, \cdots, \bar{\alpha}_l, \bar{\alpha}_l^*\right)^{\mathrm{T}} \tag{7-40}$$

最优解对偶形式公式如下:

$$\min_{\alpha^{(*)} \in \mathbf{R}^{2l}} \frac{1}{2} \sum_{i,j=1}^{l} \left(\alpha_i^* - \alpha_i\right)\left(\alpha_j^* - \alpha_j\right) K\left(x_i, x_j\right) + \varepsilon \sum_{i=1}^{l} \left(\alpha_i^* + \alpha_i\right) - \sum_{i=1}^{l} y_i \left(\alpha_i^* - \alpha_i\right)$$

$$\text{s.t.} \begin{cases} \sum_{i=1}^{l} \left(\alpha_i - \alpha_i^*\right) = 0 \\ 0 \leqslant \alpha_i, \quad \alpha_i^* \leqslant \dfrac{C}{l}, \quad i = 1, 2, \cdots, l \end{cases} \tag{7-41}$$

(5)构造决策函数:

$$f(x) = \sum_{i=1}^{l} \left(\bar{\alpha}_i^* - \bar{\alpha}_i\right) K\left(x_i, x\right) + \bar{b} \tag{7-42}$$

其中,

$$\bar{b} = y_j - \sum_{i=1}^{l} \left(\bar{\alpha}_i^* - \bar{\alpha}_i\right) K\left(x_i, x_j\right) + \varepsilon \tag{7-43}$$

7.3.2 基于 SVM 的微铣削加工表面粗糙度预测模型

采用 SVM 算法建立镍基高温合金 Inconel 718 微铣削加工表面粗糙度预测模型。切削参数为模型的输入量,主轴转速 n 取值范围为 40000~80000r/min,每齿进给量 f_z 取值范围为 0.2~1.0μm,轴向切深 a_p 取值范围为 8~40μm。最终确定的试验因素和水平如表 7-3 所示。

表 7-3 镍基高温合金 Inconel 718 微铣削加工试验因素水平设计

序号	每齿进给量 f_z/μm	主轴转速 n/(r/min)	轴向切深 a_p/μm
1	0.2	40000	8
2	0.4	50000	16
3	0.6	60000	24
4	0.8	70000	32
5	1.0	80000	40

在每齿进给量 f_z 和主轴转速 n 确定后，N 个刀齿的微铣刀进给速度可由式(7-44)计算：

$$v_f = f_z \cdot n \cdot N \tag{7-44}$$

采用槽铣方式，使用 Zygo 3D 表面轮廓仪测量微铣槽底部表面粗糙度。为保证试验结果可靠稳定，每一组切削参数下槽底不同位置测量三次，取平均值作为最终表面粗糙度结果。所用微铣床、刀具及测量设备与 7.2.3 节相同。

为建立基于 SVM 的表面粗糙度预测模型，共设计 46 组试验，包括 25 组正交试验及 21 组随机试验。选择其中的 34 组试验数据用于训练模型，建立决策函数，试验结果如表 7-4 所示。

表 7-4　镍基高温合金 Inconel 718 微铣削加工试验结果

组数	主轴转速 $n/(\text{r/min})$	轴向切深 $a_p/\mu m$	进给速度 $v_f/(\text{mm/min})$	表面粗糙度 $R_a/\mu m$
1	60000	8	1.2	0.164
2	70000	8	1.9	0.09
3	80000	8	2.7	0.107
4	40000	16	1.3	0.1635
5	50000	16	0.3	0.113
6	60000	16	0.8	0.191
7	70000	16	1.4	0.214
8	80000	16	2.1	0.205
9	40000	24	1.1	0.189
10	50000	24	1.7	0.254
11	60000	24	0.4	0.310
12	70000	24	0.9	0.222
13	80000	24	1.6	0.164
14	40000	32	0.8	0.193
15	50000	32	1.3	0.226
16	60000	32	2	0.209
17	70000	32	0.5	0.258
18	80000	32	1.1	0.227
19	40000	40	0.5	0.165
20	50000	40	1	0.196
21	60000	40	1.6	0.353

续表

组数	主轴转速 $n/(\text{r/min})$	轴向切深 $a_{\text{p}}/\mu\text{m}$	进给速度 $v_{\text{f}}/(\text{mm/min})$	表面粗糙度 $R_{\text{a}}/\mu\text{m}$
22	70000	40	2.3	0.165
23	40000	8	0.8	0.134
24	40000	8	1.1	0.126
25	40000	8	1.3	0.139
26	50000	8	1.3	0.114
27	50000	8	1.7	0.120
28	60000	8	0.4	0.121
29	60000	8	0.8	0.134
30	60000	8	1.6	0.136
31	50000	8	1	0.111
32	50000	16	1	0.140
33	80000	8	1.1	0.178
34	40000	24	0.5	0.208

将切削参数作为基于 SVM 的表面粗糙度预测模型的输入向量，表面粗糙度作为预测的目标，模型建立过程如下。

1）选取样本集和测试集

依据上述试验数据结果构造支持向量回归模型的训练样本集 $\{x_{1i}, y_{1i}\}$，其中，i 为试验组数，输入样本参数 x_i 为由主轴转速、轴向切深、进给速度组成的多维向量，输出量 y_i 为第 i 组试验的测量值。

2）数据预处理

由表 7-4 可知，主轴转速与轴向切深相比，数值不在同一个量级，相比于其他数据，它们为奇异样本数据，与其他数据进行计算时，会导致运算困难，甚至无法计算。因此，为了减少程序运行的时间，提升程序运行时的收敛速度，需要对奇异样本数据进行归一化处理，即按照一定的规则将奇异值样本数据限定在一定的范围内，如[−1,1]、[0,1]等。

对采用 SVM 训练的奇异样本数据进行归一化处理，使其与每齿进给量及轴向切深在同一量级，将数值限定于[0,1]，计算方法如下：

$$x_{\text{a}}' = \frac{x_{\text{a}} - x_{\text{amin}}}{x_{\text{amax}} - x_{\text{amin}}} \tag{7-45}$$

式中，x_{a} 为预处理前的样本数据；x_{amax}、x_{amin} 分别为样本数据中的最大值和最小值。

3) 核函数类型确定及各参数的设置

核函数的类型及参数设置对 SVM 训练效果有很大影响，核函数可以将低维空间中的向量进行变换，转化为高维特征空间中向量积的形式，实现非线性可分数据转化为线性可分数据。常用的核函数有线性核函数、径向基核函数、多项式核函数和 Sigmoid 核函数等(7.3.1 节已介绍)，若采用径向基核函数进行计算，则不需要考虑 SVM 模型参数的线性问题，使用 Sigmoid 核函数计算的结果通常比径向基核函数计算的结果准确度低，使用多项式核函数在高维空间计算的难度很大。径向基核函数形式比较简单，收敛性好，在高维空间中计算过程比较简单，不会增加难度。因此，本节采用径向基核函数作为基于 SVM 的微铣削加工表面粗糙度预测模型中的核函数。

SVM 参数的设置情况对模型的学习和推广能力有很大影响，并对最终的预测结果产生积极或消极的影响。采用 SVM 算法对镍基高温合金 Inconel 718 微铣削加工表面粗糙度数据进行训练时，主要包含惩罚因子 C、核函数参数、不敏感参数 γ、不敏感损失函数 ε 等参数。以上参数对 SVM 预测结果影响具体体现在以下方面。

(1) 惩罚因子 C 用于设置训练模型对较大拟合偏差的惩罚程度，合理调节错分样本的比例和算法的复杂度，若惩罚因子 C 过大，由式(7-41)可知，拉格朗日乘子 $\bar{\alpha}$ 与 $\vec{\alpha}^*$ 之间的差异就会增加。由式(7-42)可知，此时较大的支持向量在决策函数中起决定性作用，测试预测模型拟合度很好，但惩罚因子 C 过大意味着限制条件需要严格满足，训练样本必须准确分类，模型泛化能力较差。若惩罚因子 C 过小，则对训练样本较大拟合偏差惩罚过小，此时预测模型的拟合度较差。

(2) 径向基核函数中参数 σ 为函数的宽度系数，$\gamma = 1/(2\sigma^2)$，因此式(7-37)等同于 $K(x, x') = \exp(-\gamma \|x - x'\|^2)$，核函数参数的变化可以决定映射函数的形式，进而改变样本特征空间的分布复杂性，若特征空间维数很高，则得到的最优超平面就比较复杂。

(3) 不敏感损失函数 ε 代表置信区间的宽度，ε 的设置影响支持向量个数，在一定程度上决定模型的拟合程度。当 ε 取值较小时，支持向量个数较多，模型拟合度高，但是模型复杂，模型训练速度慢；当 ε 取值较大时，用于计算的支持向量个数较少，模型的拟合度难以保证。

4) 优化模型参数方法

支持向量回归模型中参数的合理设置对模型的准确性、推广能力有重大影响。本节采用交叉验证(cross validation, CV)算法对支持向量回归模型中的参数寻优。

在机器学习与数据挖掘领域中，优化模型参数方法广泛应用于模型的性能评估与选择。其核心方法为分解原始数据至训练集和验证集，用验证集来验证模型的准确性，进而完成模型的评估。具体方法是将原始数据分为 k 组子集，子集大小相同且互不相交，随机将其中 $k–1$ 组作为训练集对模型进行训练，其他组作为验证集评估模型的准确性。重复上述过程 k 次，使每一个子集均有机会成为验证集，计算每一次获得的训练模型的均方差，用 k 个模型均方差平均值估计泛化误差，选择一组最优的参数。均方差计算方法如下：

$$\mathrm{MSE} = \frac{1}{l} \sum_{i=1}^{l} \left[f(x_i) - y_i \right]^2 \tag{7-46}$$

式中，$f(x_i)$ 为模型预测值；y_i 为试验测量值。

　　5）选取测试集样本数据

　　选取测试集样本数据 $\{x_{2i}, y_{2i}\}$，将加工参数 x_i 输入训练集样本训练获得的支持向量回归模型中，得到预测的表面粗糙度 $f(x_i)$，与实际测量获得的表面粗糙度 y_i 进行对比，评价建立的预测模型的准确性。

7.3.3　表面粗糙度预测模型试验验证

　　采用 MATLAB 编写程序，将表 7-4 中的试验结果作为训练集，对模型进行训练，建立微铣削加工表面粗糙度预测模型。将 12 组试验作为测试集，评价模型预测结果的准确性。基于 SVM 的微铣削加工表面粗糙度预测模型的预测值、表面粗糙度试验测量值及相对误差如表 7-5 所示。基于 SVM 的微铣削加工表面粗糙度预测模型预测值及试验测量值对比如图 7-16 所示。

表 7-5　基于 SVM 的微铣削加工表面粗糙度预测模型验证

组号	主轴转速 n/(r/min)	轴向切深 a_p/μm	进给速度 v_f/(mm/min)	R_a 测量值 /μm	R_a 预测值 /μm	相对误差/%	平均相对误差/%
1	40000	8	0.3	0.126	0.1235	1.98	
2	50000	8	0.7	0.109	0.1151	5.60	
3	40000	8	0.5	0.122	0.1231	0.90	
4	50000	8	0.5	0.109	0.1137	4.31	
5	60000	8	2.0	0.133	0.1308	1.65	
6	70000	8	0.9	0.129	0.1641	27.21	
7	40000	16	0.5	0.117	0.1543	31.88	13.3
8	40000	16	0.8	0.129	0.1579	22.40	
9	60000	16	1.2	0.140	0.1886	34.71	
10	80000	16	1.6	0.170	0.1853	9.00	
11	40000	32	0.5	0.171	0.1864	9.01	
12	80000	40	0.5	0.251	0.2229	11.20	

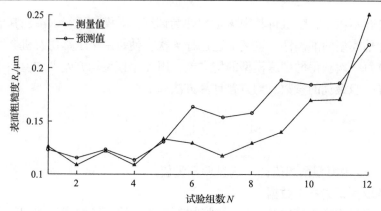

图 7-16　基于 SVM 的微铣削加工表面粗糙度预测模型预测值及试验测量值对比

由表 7-5 可知,基于 SVM 的微铣削加工表面粗糙度预测模型的预测平均相对误差为 13.3%,证实所建立的预测模型是有效的。由图 7-16 可以看出,在不同切削参数下,基于 SVM 的微铣削加工表面粗糙度预测模型的预测值与试验测量值变化趋势基本相同,证实了所建立的基于 SVM 的微铣削加工表面粗糙度预测模型可用于预测镍基高温合金微铣削加工表面粗糙度。

7.4　本 章 小 结

本章以镍基高温合金 Inconel 718 微铣削加工表面形貌建模及表面粗糙度预测为研究内容,分别建立了基于微铣刀切削轨迹的表面形貌仿真模型和基于 SVM 的微铣削加工表面粗糙度预测模型。

(1)基于铣刀理论切削轨迹,考虑微铣削加工中的最小切削厚度现象、尺度效应及多重再生效应,结合微铣削系统振动位移和微铣刀柔性偏移量,建立微铣刀实际切削轨迹模型,由刃形复映原理建立工件微铣削加工表面形貌仿真模型。采用 MATLAB 编写程序,对模型中刀具微元划分、工件微元划分及时间步长等参数进行设置,采用布尔减运算对表面形貌进行提取,获得工件表面形貌。基于微铣削加工表面形貌仿真模型,输出表面粗糙度 R_a,组织试验对其进行验证,表面粗糙度预测值与试验测量值最大相对误差小于 21%,平均相对误差为 7.6%,证实了所建立的微铣削加工表面形貌仿真模型的有效性。

(2)在镍基高温合金微铣削加工试验的基础上,建立了基于 SVM 的微铣削加工表面粗糙度预测模型。模型预测平均相对误差为 13.3%,且模型预测值与试验测量值变化趋势相同,证实了所建立的基于 SVM 的微铣削加工表面粗糙度预测模型可以有效预测镍基高温合金微铣削加工表面粗糙度。

参 考 文 献

[1] 托马斯, 周广仁. 粗糙表面测量、表征及其应用[M]. 杭州: 浙江大学出版社, 1987.

[2] Ding H, Chen S J, Cheng K. Dynamic surface generation modeling of two-dimensional vibration-assisted micro-end-milling[J]. International Journal of Advanced Manufacturing Technology, 2011, 53 (9): 1075-1079.

[3] 李成锋. 介观尺度铣削力与表面形貌建模及工艺优化研究[D]. 上海: 上海交通大学, 2008.

[4] Peng F Y, Wu J, Fang Z L, et al. Modeling and controlling of surface micro-topography feature in micro-ball-end milling[J]. International Journal of Advanced Manufacturing Technology, 2013, 67 (9): 2657-2670.

[5] Chen J C, Savage M. A fuzzy-net-based multilevel in-process surface roughness recognition system in milling operations[J]. International Journal of Advanced Manufacturing Technology, 2001, 17 (9): 670-676.

[6] 周磊. 微纳米动态切削系统建模及表面形貌的预测分析研究[D]. 哈尔滨: 哈尔滨工业大学, 2009.

[7] 张霖, 赵东标, 张建明, 等. 微细端铣削工件表面粗糙度的研究[J]. 中国机械工程, 2008, 19 (6): 658-661.

[8] 石文天, 刘玉德, 王西彬, 等. 微细铣削表面粗糙度预测与试验[J]. 农业机械学报, 2010, 41 (1): 211-215.

[9] Wang W, Kweon S H, Yang S H. A study on roughness of the micro-end-milled surface produced by a miniatured machine tool[J]. Journal of Materials Processing Technology, 2005, 162-163: 702-708.

[10] Alauddin M, Baradie M A E, Hashmi M S J. Optimization of surface finish in end milling Inconel 718[J]. Journal of Materials Processing Technology, 1996, 56 (1-4): 54-65.

[11] 谢雪范. 球头铣削表面形貌及切削力仿真与试验研究[D]. 长春: 吉林大学, 2019.

[12] 董永亨, 李言, 张倩. 立铣刀端铣加工表面形貌仿真的研究[J]. 制造业自动化, 2014, 36 (8): 1-3.

[13] 郑勐, 董永亨. 立铣刀周铣加工表面形貌仿真的研究[J]. 制造业自动化, 2014, 36 (16): 62-64, 67.

[14] Ryu S H, Lee H S, Chu C N. The form error prediction in side wall machining considering tool deflection[J]. International Journal of Machine Tools and Manufacture, 2003, 43 (14): 1405-1411.

[15] Kops L, Vo D T. Determination of the equivalent diameter of an end mill based on its compliance[J]. CIRP Annals-Manufacturing Technology, 1990, 39 (1): 93-96.

第8章 镍基高温合金微铣削加工表面残余应力预测

8.1 引　　言

表面残余应力是影响零件表面机械性能的重要因素之一。残余应力根据性质可分为两种，即残余压应力和残余拉应力。残余压应力能抑制零件表面裂纹的扩展，进而提高零件表面耐疲劳性能；残余拉应力会加速零件表面裂纹的扩展，进而使零件的疲劳破坏提前发生，当有应力集中或者腐蚀性介质时，残余拉应力对零件疲劳强度的破坏作用更严重。

残余应力是加工过程中切削力、切削热以及相变综合作用的结果。一些学者研究了传统铣削加工工件表面的残余应力分布。淮文博等[1]通过正交试验研究了铣削加工工艺参数对残余应力的影响，研究发现每齿进给量对表面残余应力的影响较大，并确定了 GH4169 合金铣削工艺参数的优选区间。朱卫华等[2]研究了铣削加工 TC4 钛合金表面残余应力，发现铣削后的表面均为残余压应力，深度为 $100\mu m$ 左右的残余应力接近 0。王胜等[3]基于正交试验研究了 PCD 刀具铣削 TC4 钛合金表面残余应力，结果表明表面残余压应力对切削深度较为敏感，并确定了工艺参数优化组合。

微铣削加工存在尺度效应，需要考虑刀具刃口圆弧半径、最小切削厚度和弹性回复量等的影响，微铣削力与热的产生机理有别于传统铣削[4-6]，进而导致微铣削加工残余应力的产生机理有别于传统铣削加工。目前，微铣削加工残余应力的研究方法主要有试验法和有限元法。许金凯等[4]通过正交试验研究了主轴转速、进给速度与切削深度对 Ti6A14V 微铣削加工表面残余应力的影响规律，获得了理想的微铣削工艺参数组合。马世玲等[5]基于 ABAQUS 对高温合金 GH4169 微铣削过程进行了仿真，研究了切削参数对工件表面残余应力的影响规律，仿真结果表明，表面残余应力随主轴转速的增加而增大，随每齿进给量的增加先增大后减小，随切削深度的增加而增大。李一全等[6]基于单因素试验研究了主轴转速、每齿进给量与切削深度对 CuZn30 微铣削加工表面残余应力的影响，发现残余应力随主轴转速的增加而缓慢增大，然后趋于平稳，随每齿进给量的增加而增大，随切削深度的增加而减小。

微铣削加工的尺度效应及镍基高温合金 Inconel 718 的难加工性质，导致镍基高温合金 Inconel 718 微铣削加工残余应力的产生机理更加复杂。相比于试验法，有限元法可以得到加工表面以及材料内部的应力、应变和温度分布，在成本和效率上都具有优势。ABAQUS 在处理复杂非线性问题方面具有强大的功能，因此本章基于 ABAQUS 研究镍基高温合金 Inconel 718 微铣削表面残余应力。

本章首先介绍残余应力的测试方法，然后基于 ABAQUS 建立镍基高温合金 Inconel 718 微铣削过程有限元仿真模型，实现微铣削加工表面残余应力的预测，最后研究每齿进给量对表面残余应力的影响规律。

8.2　残余应力的测试方法

常用的残余应力测试方法分为机械式和物理式[7]。机械式残余应力测试方法是先通过机械加工的方法使待测件释放部分应力，再通过电阻应变等测量技术测得由应力释放引起的应变，最后经换算求得待测部位的应力。常用机械式残余应力测试方法有取条法[8]、套孔法和钻孔法[9]等，这种测试方法是有损的，会对待测件造成破坏。物理式残余应力测试方法是利用材料的物理特性测试其残余应力，这种测试方法是无损的，不会对测量件造成破坏。常用的物理式残余应力测试方法有 X 射线衍射法[9]和磁测法等。

1）取条法

取条法是借助机械切割的方法从待测件上切下长为 L 的矩形细直条，待其残余应力充分释放完毕后测量其长度 L'，根据长度变化量，经过一定的换算后得到的原有应力就是待测件的残余应力，如图 8-1 所示。

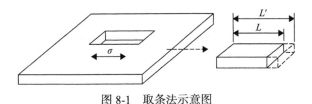

图 8-1　取条法示意图

由胡克定律可知，工件原有应力为

$$\sigma = E\frac{L'-L}{L} \tag{8-1}$$

式中，L' 为取条试样变形后的长度；L 为取条试样变形前的长度；E 为被测件弹性模量。

取条法虽然测量简单，但是会对被测件造成破坏，且只适用于单向应力状态。

2）套孔法

套孔法的测量原理类似于取条法，如图 8-2 所示。将应变片粘在被测件的表面，然后在其四周切一个圆环形的槽，使中间部分的应力充分释放，应变片可以测量所释放的应变，经过换算得到该处的残余应力。这种方法的测量精度较高，误差在 3%～5%。但是该方法测量要求环形槽的深度不小于环形槽的宽度，因此对被测件的破坏较大。

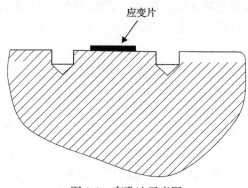

图 8-2　套孔法示意图

3) 钻孔法

钻孔法首先在被测件的应变片附近表面钻一个孔(直径为 1.5～3.0mm，深度为 1.5～3.0mm)，孔周围局部因残余应力释放产生应变，在其周围粘贴应变片，如图 8-3 所示，测得不同方向的应变，经过换算得到该处的残余应力。这种方法也会对被测件造成一定的破坏。

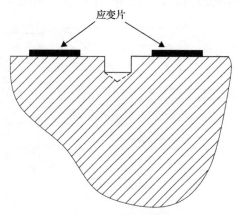

图 8-3　钻孔法示意图

4) X 射线衍射法

X 射线应力测试原理是俄国学者 Akceonob 于 1929 年提出的。X 射线衍射法原理如图 8-4 所示。X 射线衍射法测量残余应力的原理是基于测定工件晶粒间特定晶面的间距的变化。工件表面存在的残余应力会引起晶面的间距发生变化。当存在残余压应力时，晶面的间距减小；当存在残余拉应力时，晶面的间距增大。

照射到工件表面的 X 射线会发生布拉格衍射，晶面间距变化时，衍射峰随之移动。当工件表面法线 N 与衍射晶面法线 N' 的夹角 ψ 变化时，晶面的衍射角 2θ 也会随 ψ 变化。

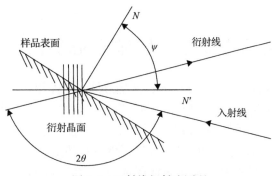

图 8-4　X 射线衍射法原理

通过式(8-2)可以求得 ψ 方向的应力 σ_ψ：

$$\sigma_\psi = KM \tag{8-2}$$

式中，K 为应力系数，只与材料本质与选定的衍射面有关，$K = \dfrac{Ec\tan\theta_0}{2(1+\upsilon)}\dfrac{\pi}{180}$；$E$ 为材料的弹性模量；υ 为材料的泊松比；θ_0 为无应力时的半衍射角；M 为 $2\theta - \sin^2\psi$ 直线的斜率，$M = \dfrac{\partial(2\theta)_\psi}{\partial\sin^2\psi}$。

可见，对于材料的残余应力测试，确定 M 是关键。M 的确定方法为以波长为 λ 的 X 射线照射到衍射面 $\{hkl\}$ 上，人为地确定一组 ψ 值，并测量相应的 2θ，基于测量结果进行 $2\theta - \sin^2\psi$ 绘图，此时 M 就是该图的斜率，通过最小二乘法求得并代入式(8-2)可以计算出残余应力。

X 射线衍射法测量过程简便、速度快、精度高，但是 X 射线穿透金属深度一般在 $10\mu m$ 左右，因此测定的是材料表面的平均应力。当需要测得深度方向次表层的应力时，可以采用电解抛光逐层去除材料，这样就可以测得垂直于工件表面方向的残余应力。若试样较厚，测量点之间的距离较大，则可以先用机械磨抛去除表面层，再用电解抛光去除因机械减薄引入的应力层。

5) 磁测法

磁测法的测量原理是磁致伸缩效应。当工件存在残余应力时，其变形会导致磁路中的磁通变化，进而使感应器线圈中的感应电流变化，从感应电流变化量可以推导出残余应力，实现残余应力的测量。该方法不与工件直接接触，测量速度快，但不足之处是测试结果的可靠性和精度较差，测量对象仅限于铁磁材料。

综上所述，X 射线衍射法测量残余应力具有快速、准确、无损等优点，而且针对微小区域残余应力测试也适用。因此，本章采用 X 射线衍射法测量工件表面残余应力。

8.3 镍基高温合金微铣削过程有限元仿真与残余应力获取

镍基高温合金 Inconel 718 微铣削过程是刀具和工件相互接触作用的过程，伴随着工件材料和切屑的大变形与大位移，存在几何非线性和材料非线性。为了建立能够准确描述微铣削加工过程的有限元模型，需要建立几何形状精度较高的微铣刀模型，选用合适的本构模型来描述工件材料的塑性行为，采用合适的切屑分离准则及刀具-工件摩擦模型。本章使用 ABAQUS/Explicit 求解器进行镍基高温合金 Inconel 718 微铣削过程仿真，它具有使用方便、可靠性高、计算速度快等优点。

8.3.1 模型与网格划分

1. 微铣刀模型及网格划分

微铣削试验采用 MX230 双刃涂层硬质合金平头微铣刀，刀具直径为 1mm。微铣刀模型的几何形状精度是准确模拟实际加工过程的关键。借助扫描电子显微镜获得刀具端面和侧面的形貌，如图 8-5 所示。通过扫描电子显微镜图片结合 AutoCAD 测得周刃圆弧半径，如图 8-6 所示。在 AutoCAD 中对微铣刀图片中的刀具轮廓进行精确描摹，将所获得的底面轮廓导入三维建模软件 Pro/E 中，借助其参数化设计和特征功能构建微铣刀三维几何模型。

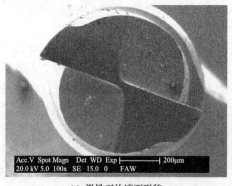

(a) 微铣刀的端面形貌　　　　　　　　　(b) 微铣刀的侧面形貌

图 8-5　微铣刀形貌

图 8-6　微铣刀周刃圆弧半径

根据刀具手册，采用 AutoCAD 对微铣刀图片中的几何特征进行测量，得到微铣刀主要几何参数，如表 8-1 所示。

表 8-1　微铣刀主要几何参数

几何特征	参数值
刀具直径/mm	1
刀具刃长/mm	2
刃口圆弧半径/μm	2
螺旋角/(°)	30
周刃前角/(°)	2
周刃后角/(°)	9
底刃第一后角/(°)	8
底刃第二后角/(°)	14

图 8-7 为微铣刀三维模型，为减少仿真时间，微铣刀模型只保留微铣刀刃长部分。本章研究的重点是工件经微铣削加工后的应力-应变状态，刀具仅用于与工件接触，因此在 ABAQUS 中将刀具模型设置为离散刚体，这样可以大大减少计算时间。

离散刚体在进行有限元分析时需要划分网格才能计算，微铣刀三维模型的网格划分需要借助有限元分析前处理软件 HyperMesh。HyperMesh 在划分形状复杂的几何模型网格时十分高效。将微铣刀三维模型导入 HyperMesh 中划分网格，如图 8-8 所示，对微铣刀的切削部位划分较为密集的网格，采用 R3D3 型网格；在微铣刀周刃圆弧部位采用 R3D4 型网格，以保证划分网格后刀具刃口圆弧形状不发生太大的变化，并保证微铣刀切削部位的形状精度。刀具模型划分 6614 个网格。

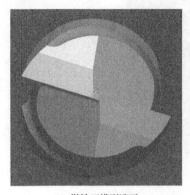

(a) 微铣刀模型端面　　　　(b) 微铣刀模型侧面

图 8-7　微铣刀三维模型　　　　　　　　图 8-8　刀具网格划分

2. 工件模型及网格划分

工件模型的大小会影响划分网格的数量，进而影响仿真模型的运行效率。将工件模型确定为尺寸为 1.5mm×1mm×1mm 的长方体。在工件上的切削层及切削层附近划分较为密集的小网格，而远离切削层划分较为稀疏的大网格，如图 8-9 所示，网格数量为 52800。这样可以兼顾关键部位的计算精度和总体计算时间。

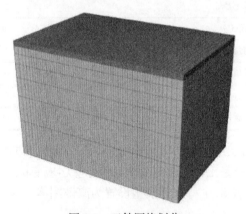

图 8-9　工件网格划分

决定计算时间和计算精度的另一个重要因素是网格单元的类型，如图 8-10 所示。工件网格单元类型采用线性减缩积分单元 C3D8R[10]。这种单元与完全积分单元 C3D8 相比，每条边上都少一个积分点，只有单元的中心有一个积分点，因此其计算时间是完全积分单元的 1/8，这个优点在三维有限元分析中尤为突出，而且不会出现剪应力自锁现象。此外，减缩积分单元的另一个突出优点是计算精度不会因为网格的大变形而受到影响。

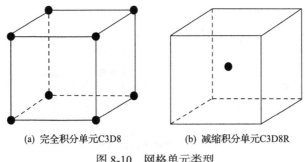

(a) 完全积分单元C3D8　　　　　(b) 减缩积分单元C3D8R

图 8-10　网格单元类型

8.3.2 材料本构模型及参数

镍基高温合金 Inconel 718 微铣削过程中，金属材料发生剧烈的塑性变形，其塑性受应变、应变率和温度等变化的影响。本构方程的选择决定微铣削有限元仿真结果的准确度。材料的本构方程应充分反映金属在大应变率下，流动应力对大应变、大应变率和大幅温度变化的响应。J-C 本构模型能综合描述应变强化效应、应变率强化效应和温升软化效应[11]，表征这三种效应耦合作用下的流动应力，因此本节采用 J-C 本构方程，表达式如式(4-1)所示，镍基高温合金 Inconel 718 的 J-C 本构模型参数[12]、物理性能参数如表 3-1 和表 1-3 所示。

微铣削过程是一个热力耦合的过程，存在大应变和大应变率，但是其切削温度较传统的切削温度要低得多。经过实际运算，若在有限元仿真分析中考虑温度的影响，仿真运算时间经预测可达一个月，这样在时间上是很不经济的。在本章所选切削参数范围内，进行镍基高温合金 Inconel 718 微铣削温度测量试验，结果表明最大切削温度小于 150℃，因此在镍基高温合金 Inconel 718 微铣削过程有限元仿真模型中，舍去与温度有关的材料参数，大大提高了模型的运算效率，每组仿真耗时 3 天左右，且仿真结果的精度良好。

8.3.3 切屑分离准则

在有限元仿真中，为了实现切屑和工件的分离，需要为网格设置一定的切屑分离准则。切屑与工件的分离准则可分为几何分离准则[13]和物理分离准则。

1. 几何分离准则

几何分离准则首先计算刀尖与刀尖前面网格节点间的距离，然后将其与预设临界距离 S_{crit} 进行比较，进而判断切屑是否与工件分离，如图 8-11 所示。当刀具沿着切削速度 V 方向移动时，若刀尖与刀尖前单元节点 A 之间的距离 s 小于临界距离 S_{crit}，则节点 A 一分为二，即分为节点 B 和节点 C，节点 B 沿前刀面向上移动，节点 C 留在工件表面上。

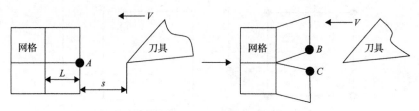

图 8-11　切屑几何分离模型

对于几何分离准则临界值的选取，目前常采用 $0.1L\sim 0.3L$，L 为刀尖前最小单元格的长度，也可以采用试验法选择临界值。可见，几何分离准则差异性较大，很难统一，因此说服力不是很强。

2. 物理分离准则

物理分离准则的判断标准是刀尖前网格的应变、应力、应变能等物理量。这种分离准则基于材料特性，因此比较容易统一，而且更加符合实际情况。刀尖前的网格节点处预设物理量达到临界值时才会分裂，实现切屑和工件分离。

采用的物理分离准则为 J-C 失效准则[14]，其适用于高应变率下的金属材料，判断准则是网格积分节点的等效塑性应变，当失效参数 $\omega \geqslant 1$ 时，网格失效，ω 表达式为

$$\omega = \sum \left(\frac{\Delta \bar{\varepsilon}^{\mathrm{pl}}}{\bar{\varepsilon}_{\mathrm{f}}^{\mathrm{pl}}} \right) \tag{8-3}$$

式中，$\Delta \bar{\varepsilon}^{\mathrm{pl}}$ 为等效塑性应变增量；$\bar{\varepsilon}_{\mathrm{f}}^{\mathrm{pl}}$ 为单元失效时的应变。

J-C 失效准则表达式及参数参见式 (5-15) 和表 5-5[15]。

8.3.4　刀具-工件摩擦模型

切削加工过程中，切屑与前刀面、已加工表面以及后刀面和刀具钝圆部分有强烈的摩擦作用，对切屑的形成、已加工表面的形成以及切削力和切削热等都有影响，进而影响工件表层应力和应变的分布状况。在有限元仿真中选取合适的摩擦模型描述切削过程中的摩擦行为是保证仿真结果准确性的关键。

切屑与前刀面之间的作用区域可分为两种摩擦区域，分别为黏结摩擦区域(黏结区)和滑动摩擦区域(滑动区)[16]，如图 8-12 所示。两个区域内的摩擦形式也不尽相同。在黏结摩擦区域，切屑与前刀面间的温度和压强都较高，切屑底部材料很容易黏结到刀具上。此时，切屑和刀具黏结层与其上层金属之间存在内摩擦，本质上是材料内部的剪切滑移。黏结摩擦区域的单位切向力相当于材料的剪切屈

服强度。黏结摩擦区域以外为滑动摩擦区域，其摩擦形式为外摩擦，摩擦力大小与摩擦系数和压力有关。

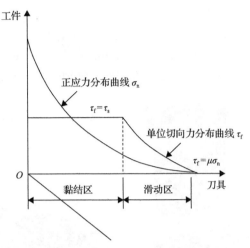

图 8-12　刀具前刀面上的应力分布

以上摩擦特性可用式(8-4)表示：

$$\begin{cases} \tau_f = \tau_s, & \tau_f \geqslant \tau_s \\ \tau_f = \mu\sigma_n, & \tau_f < \tau_s \end{cases} \tag{8-4}$$

式中，τ_f 为摩擦剪应力；τ_s 为工件材料的剪切屈服强度；μ 为摩擦系数；σ_n 为接触区域上的正应力。通过比较刀具前刀面上某一点的摩擦剪应力 τ_f 和材料的剪切屈服强度 τ_s，即可判断出该点是处于黏结区还是滑动区。

所建立的镍基高温合金微铣削加工过程仿真模型为三维模型，切屑的形成较二维正交切削更为复杂，很难在模型中体现前刀面上的黏结区，因此模型中切屑与前刀面间、工件表面与后刀面间均采用滑动摩擦。微铣刀涂层材料为 TiAlN，微铣刀与工件接触作用时的滑动摩擦系数取 0.4[17]。

8.3.5　微铣削过程有限元仿真

8.3.1~8.3.4 节已经完成了微铣刀和工件三维模型的建立和网格划分，确定了材料本构方程、切屑分离准则及刀具-工件摩擦模型，本节按照实际加工方式，装配工件和微铣刀，并赋予模型微铣削加工切削参数。切削过程结束后，若想得到工件表面的应力和应变，则需要对工件进行卸载，模拟试验中的工件自由变形。

镍基高温合金 Inconel 718 微铣削过程的有限元仿真分为以下四个阶段。

(1)装夹阶段。在装夹阶段对工件进行夹紧，并对刀具与工件进行装配。工件的夹紧是通过限制工件底面和两个侧面的自由度来保证的，刀具与工件的装配主要是为了设定轴向切深和刀具的起始切削位置，如图 8-13 所示。

(2)微铣削阶段。如图 8-14 所示，微铣削阶段为有限元仿真模型中刀具与工件相互作用的阶段。选取刀具轴线上一点作为参考点，并在该点设置刀具的转速和进给速度。该分析步设置为 ABAQUS/Explicit 中的 Dynamic 和 Explicit，只计算与力相关的物理量，提交有限元仿真模型后模拟实际微铣削加工。

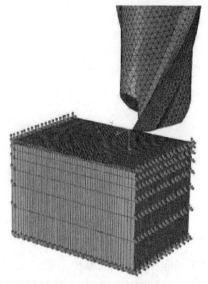 

图 8-13　刀具和工件的装夹阶段　　　　图 8-14　微铣削阶段

(3)退刀阶段。如图 8-15 所示，退刀阶段是为了保证刀具不再干涉工件。若保持刀具在原位置不动，则工件发生弹性回复时会碰到刀具，进而影响已加工表面的应力、应变状态。退刀阶段具体操作为在轴向给定刀具一个向上的较大速度，使其迅速撤离工件。

(4)约束转换阶段。如图 8-16 所示，约束转换阶段是为了卸除工件的约束，使其能自由变形，最终得到应力-应变状态。约束转换阶段具体操作为：首先，将工件三个面的约束去除；然后，选取工件底面不共线的三个点 u_1、u_2 和 u_3，分别限制其 3 个、2 个和 1 个平移自由度。

镍基高温合金 Inconel 718 微铣削过程有限元仿真模型经历上述四个阶段后，可以得到工件表面的残余应力和残余应变状态。表面残余应力采用 von Mises 应力在坐标系中的应力分量 S11 和 S22 表示，如图 8-17(a)所示；表面残余应变采用等效塑性应变(equivalent plastic strain, PEEQ)表示，如图 8-17(b)所示。

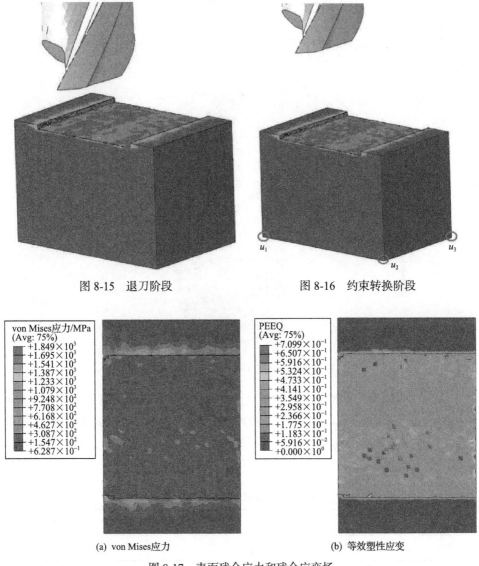

图 8-15　退刀阶段　　　　　　　　　　图 8-16　约束转换阶段

(a) von Mises应力　　　　　　　　　　(b) 等效塑性应变

图 8-17　表面残余应力和残余应变场

8.3.6　残余应力有限元仿真结果分析

在微型数控铣床上进行微铣削试验。工件为镍基高温合金 Inconel 718，采用 MX230 双刃涂层硬质合金平头微铣刀，切削刃直径为 1mm。主轴转速 n 为 60000r/min，轴向切深 a_p 为 30μm，每齿进给量 f_z 分别为 0.5μm、0.7μm、0.9μm、1.1μm 和 1.3μm。

采用 X 射线衍射法测量镍基高温合金 Inconel 718 微铣削表面残余应力。试验仪器采用加拿大 Proto-LXRD 残余应力分析仪，如图 8-18 所示。每个槽沿长度方向取 3 点测量其进给方向和垂直于进给方向的残余应力，取平均值作为表面残余应力。

图 8-18　Proto-LXRD 残余应力分析仪

采用正确的 X 射线束波长才能准确测量残余应力，要求在测试过程中选用合适靶材的 X 射线管。选用 Mn 靶[18]进行镍基高温合金 Inconel 718 的残余应力测试。考虑微铣削加工区域小的特点，需要采用较小直径的准直管测量。基本测试参数如表 8-2 所示。

表 8-2　残余应力测试参数设置

测试参数	准直管直径/mm	晶面 $\{hkl\}$	衍射角 $2\theta/(°)$	弹性模量 E/GPa	泊松比 υ
数值	0.5	$\{311\}$	151	205	0.3

ABAQUS 中刀具的进给速度表征，需要将每齿进给量这一参数转化为进给速度，由每齿进给量求取进给速度的公式为

$$v_{\mathrm{f}} = \frac{f_{\mathrm{z}}zn}{60000} \tag{8-5}$$

式中，v_{f} 为进给速度，mm/s；f_{z} 为每齿进给量，μm；z 为微铣刀的刀齿数，$z=2$；n 为主轴转速，r/min。

进行 5 组镍基高温合金微铣槽过程三维仿真，待工件模型充分自由变形后，得到不同每齿进给量下工件表面残余应力场，进而得到进给方向和垂直于进给方向的表面残余应力。为了获得相对准确的预测值，随机取 25 个点，以其平均值作为该组加工参数下的残余应力。

表 8-3 为主轴转速 n 为 60000r/min，轴向切深 a_p 为 30μm 时，进给方向的残余应力测量结果与仿真结果。由表可以得出，模型输出的残余应力与测量值的最大相对误差为 21.1%，平均相对误差为 8.9%。

表 8-3　进给方向的残余应力测量结果与仿真结果

试验序号	每齿进给量 f_z/μm	σ_x 测量值/MPa	σ_x 仿真值/MPa	相对误差/%
1	0.5	−128.9	−156.1	21.1
2	0.7	−245.4	−240.9	1.8
3	0.9	−186.2	−161.1	13.5
4	1.1	−128.9	−122.8	4.7
5	1.3	−230.0	−237.7	3.3

表 8-4 为主轴转速 n 为 60000r/min，轴向切深 a_p 为 30μm 时，垂直于进给方向的残余应力测量结果与仿真结果。由表可以得出，仿真值与测量值的最大相对误差为 30.9%，平均相对误差为 12.3%。

表 8-4　垂直于进给方向的残余应力测量结果与仿真结果

试验序号	每齿进给量 f_z/μm	σ_y 测量值/MPa	σ_y 仿真值/MPa	相对误差/%
1	0.5	−75.4	−64.5	14.5
2	0.7	125.0	108.8	13.0
3	0.9	−51.7	−67.7	30.9
4	1.1	−158.4	−158.8	0.3
5	1.3	213.0	207.5	2.6

镍基高温合金 Inconel 718 微铣削残余应力仿真结果与试验测量结果对比如图 8-19 所示。由图可知，仿真结果与试验结果拟合度良好，趋势较为一致。因此，可以得出结论，所建立的镍基高温合金 Inconel 718 微铣削过程仿真模型是有效的，得到的残余应力仿真值能反映镍基高温合金 Inconel 718 微铣削残余应力随每齿进给量的变化趋势。

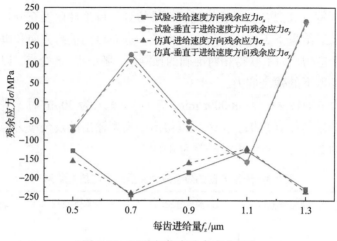

图 8-19　试验与仿真残余应力对比

8.4　每齿进给量对微铣削加工表面残余应力的影响

基于所建立的镍基高温合金 Inconel 718 微铣削过程仿真模型开展表面残余应力研究。

图 8-20 为微铣削过程中微铣刀对已加工表面的作用。采用的微铣削每齿进给量 f_z 范围为 $0.5\sim1.3\mu m$，镍基高温合金 Inconel 718 的晶粒尺寸通常在 $10\sim20\mu m$[19]，因此切削过程在晶粒内进行。切削刃圆弧前端的晶粒在切削作用下，在第一变形区，高于最小切削厚度 t_{cmin} 的部分拉伸断裂形成切屑，其余部分留在已加工表面。这部分材料受到切削刃圆弧的"塑性突出作用"，即沿着切削速度方向

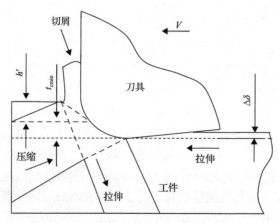

图 8-20　微铣刀对已加工表面的作用

的工件表面材料受到压缩，而垂直于已加工表面的材料受到拉伸。此时，切削速度方向的工件表面材料的收缩受到里层材料的阻碍，在表面产生拉应力。切削深度越大，切削层厚度 h' 越大，刀具前方受压缩体积也越大，即"塑性突出作用"越严重，在表面更容易形成拉应力。已加工表面发生弹性回复 $\Delta\delta$ 后，进一步受刀刃后刀面的"挤光作用"，即后刀面沿着切削速度方向对已加工表面进行拉伸和摩擦，使得这部分材料又受到了拉伸，拉伸作用受里层材料阻碍后，已加工表面产生压应力。这部分应力对"塑性突出作用"产生的拉应力具有抵消作用，已加工表面的残余应力状态是两种作用叠加的结果。切削力的大小会影响"挤光作用"和"塑性突出作用"的程度，进而影响残余应力的大小。

图 8-21 为镍基高温合金 Inconel 718 微铣削表面残余应力在主轴转速 n 为 60000r/min 和轴向切深 a_p 为 30μm 时，进给方向的残余应力随每齿进给量的变化曲线。由图可知，仿真结果的表面残余应力均为残余压应力。残余应力在每齿进给量 f_z 为 0.7μm 处发生突变。

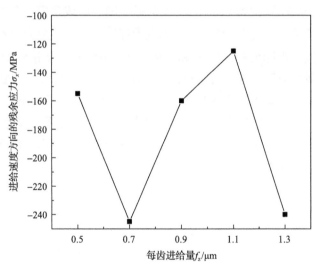

图 8-21　每齿进给量 f_z 对进给方向残余应力 σ_x 的影响

微铣削加工最小切削厚度由刀具刃口圆弧半径和材料特性决定[20]。所采用的微铣刀的刃口圆弧半径约为 2μm，镍基高温合金 Inconel 718 微铣削最小切削厚度约为 0.7μm[21]，也是金属切削过程中耕犁效应和剪切效应的分界点。当每齿进给量 f_z 从 0.7μm 增大到 1.1μm 时，体积去除率增加，铣削力也增加，但是切削刃圆弧所引起的尺寸效应减少。由图 8-22 可知，随着每齿进给量增大，切削剪切区域减小，耕犁区域增大，因此切削过程逐渐由挤压变形转变为剪切断裂，底刃对底面的"塑性突出作用"更加明显，从而使材料的残余压应力减小。当每齿进给量

f_z 由 1.1μm 减小到 0.5μm 时，体积去除率减小，铣削力减小的影响超过"挤光作用"的影响，因此残余压应力的绝对值减小。当每齿进给量 f_z 进一步增加到 1.3μm 时，残余压应力的绝对值反而增大，考虑可能是铣削力增大的影响超过了"塑性突出作用"的影响，使得残余压应力增大。

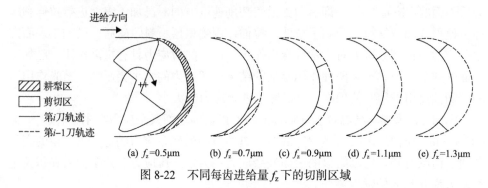

图 8-22　不同每齿进给量 f_z 下的切削区域

图 8-23 为镍基高温合金 Inconel 718 微铣削表面残余应力在主轴转速 n 为 60000r/min 和轴向切深 a_p 为 30μm 时，垂直于进给方向的残余应力 σ_y 随每齿进给量 f_z 的变化曲线。由图可知，仿真输出的表面残余应力大部分为残余压应力，但是也在两组切削参数下出现了残余拉应力。垂直于进给方向的残余应力的变化趋势与进给方向的残余应力的变化趋势不一致，但可以看出垂直于进给方向的压应力普遍低于进给方向的压应力，而且出现了拉应力，这可能是因为刀具沿进给方向对工件表面产生了挤压作用，而垂直于进给方向的挤压程度相对较弱。

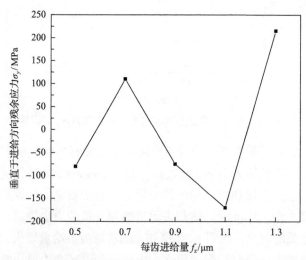

图 8-23　每齿进给量 f_z 对垂直于进给方向残余应力 σ_y 的影响

8.5　本　章　小　结

本章首先对比了常用的工件表面残余应力测试方法，并分析了各测试方法的优缺点，然后基于 ABAQUS 有限元仿真软件，采用 J-C 本构方程作为工件材料的本构关系模型，采用 J-C 断裂损伤模型作为切屑分离准则，采用库仑摩擦定律作为刀具-工件-切屑的摩擦模型，建立了包括装夹、微铣削、退刀和约束转换四个阶段的镍基高温合金 Inconel 718 微铣削过程三维有限元仿真模型，获得了镍基高温合金 Inconel 718 微铣削加工表面残余应力分布。本章进行了微铣削试验，通过 X 射线衍射法测得了加工后工件表面残余应力，仿真输出结果和试验测得的残余应力随每齿进给量的变化规律一致，验证了所建立的微铣削过程有限元仿真模型输出残余应力结果的有效性。基于"塑性突出作用"和"挤光作用"，本章分析了每齿进给量对镍基高温合金 Inconel 718 微铣削加工残余应力的影响机制。

参 考 文 献

[1] 淮文博, 史耀耀, 董旭亮. 面向表面残余应力的 GH4169 铣削工艺参数区间优化[J]. 机械强度, 2020, 42(6): 1337-1342.

[2] 朱卫华, 王宗园, 任军学, 等. TC4 钛合金薄壁件铣削残余应力变形研究[J]. 组合机床与自动化加工技术, 2020, (12): 70-72, 79.

[3] 王胜, 刘文军, 周明安, 等. PCD 刀具高速铣削 TC4 钛合金的工艺参数优化[J]. 金刚石与磨料磨具工程, 2020, 40(4): 47-52.

[4] 许金凯, 刘静静, 于占江, 等. Ti-6A1-4V 微铣削表面完整性研究[J]. 长春理工大学学报(自然科学版), 2018, 41(5): 41-45.

[5] 马世玲, 董长双. 微铣削高温合金 GH4169 表面残余应力分析与预测优化[J]. 工具技术, 2018, 52(4): 79-82.

[6] 李一全, 袁帅帅, 许金凯, 等. CuZn30 微铣削表面完整性影响规律试验研究[J]. 组合机床与自动化加工技术, 2020, (2): 55-59.

[7] 廖斌. 残余应力测试方法综述[J]. 科技资讯, 2014, 12(30): 65-66, 69.

[8] 汪小芳, 陶伟明, 郭乙木. 刀-屑摩擦对残余应力分布影响的模拟分析[J]. 农业机械学报, 2005, (4): 128-131.

[9] 潘进, 丁文红, 刘天武, 等. 残余应力的特征与表述形式[J]. 河北冶金, 2020, (10): 1-5, 28.

[10] 石亦平, 周玉蓉. ABAQUS 有限元分析实例详解[M]. 北京: 机械工业出版社, 2006.

[11] 李建光, 施琪, 曹结东. Johnson-Cook 本构方程的参数标定[J]. 兰州理工大学学报, 2012, 38(2): 164-167.

[12] Long Y, Guo C S, Santosh R, et al. Multi-Phase FE model for machining Inconel 718[C].

American Society of Mechanical Engineers 2010 International Manufacturing Science and Engineering Conference, 2010: 263-269.

[13] 李涛, 顾立志. 金属切削过程有限元仿真关键技术及应考虑的若干问题[J]. 工具技术, 2008, 42(12): 14-18.

[14] 齐威. ABAQUS6.14超级学习手册[M]. 北京: 人民邮电出版社, 2016.

[15] 朱黛茹. 微细铣削表面粗糙度和残余应力的研究[D]. 哈尔滨: 哈尔滨工业大学, 2007.

[16] Zorev N N. Inter-relationship between shear processes occurring along tool face and shear plane in metal cutting[J]. International Research in Production Engineering, 1963, 49: 42-49.

[17] Sharman A, Dewes R C, Aspinwall D K. Tool life when high speed ball nose end milling Inconel 718™[J]. Journal of Materials Processing Technology, 2001, 118(1-3): 29-35.

[18] 施新华, 武立宏, 栗春. 欧美最新X射线衍射残余应力测定标准介绍[J]. 理化检验(物理分册), 2011, 47(10): 623-628.

[19] 王飞. GH4169高温合金组织与性能研究[D]. 上海: 东华大学, 2012.

[20] De Oliveira F B, Rodrigues A R, Coelho R T, et al. Size effect and minimum chip thickness in micromilling[J]. International Journal of Machine Tools and Manufacture, 2015, 89: 39-54.

[21] Lu X H, Jia Z Y, Wang X X, et al. Three-dimensional dynamic cutting forces prediction model during micro-milling nickel-based superalloy[J]. The International Journal of Advanced Manufacturing Technology, 2015, 81(9): 2067-2086.

第9章 镍基高温合金微铣削加工硬化

9.1 引　言

在切削加工金属材料，尤其剪切挤压塑性较大的金属材料时，靠近刀具的切削层金属因受到刀具的作用而产生塑性变形。从微观角度来看，切削层金属晶格由于挤压剪切而不再规则排列，晶粒也被推挤移位、发生变形甚至破裂，造成加工后的工件表面硬度比加工前明显提高，这种现象被称为加工硬化[1,2]。加工硬化可以起到强化金属材料的作用，对于不能用热处理方法强化的材料，可以通过提高加工硬化程度来提高其强度，但加工硬化形成的坚硬表层会导致切削力的增加，不利于后续切削的进行，且表层硬度与基体硬度的不同，会导致刀刃上受到的应力不均匀，加速刀具磨损，甚至导致刀刃直接破损[3-5]。

镍基高温合金 Inconel 718 在切削过程中会表现出明显的加工硬化现象[6-10]。微铣削过程存在尺度效应、最小切削厚度和弹性回复现象，且切削温度远低于传统铣削加工，使得微铣削加工硬化的形成机理有别于传统铣削[11,12]。

本章首先介绍加工硬化的评价方法，然后深入探讨两种不同的镍基高温合金微铣削加工硬化预测方法。第一种方法以第8章所建立的镍基高温合金微铣削过程有限元仿真模型为基础，以微铣削加工表面残余应变为自变量，建立残余应变与显微硬度的数学模型，实现微铣削加工硬化的预测。第二种方法采用微铣削加工硬化解析模型。根据前期建立的镍基高温合金微铣削力解析模型，将计算得到的切削力和温度加载到工件材料上，计算工件所受的应力，建立工件材料应力、应变和硬度之间的关系，进而得到工件的表面硬度，实现微铣削加工硬化程度的预测。

9.2 加工硬化的评价方法

评价加工硬化的指标通常有三种[13]，即表层显微硬度 H、硬化层深度 h_d 和加工硬化率 N。

表层显微硬度 H 通常用显微硬度计直接测量。金属切削加工表面常用维氏显微硬度值(HV)表征，测量仪器为维氏显微硬度计。

硬化层深度 h_d 用已硬化的表面到硬度等于基体硬度的次表层之间的距离来表示，单位为 μm。

加工硬化率 N 用加工后和加工前表面显微硬度之差与加工前表面显微硬度的比值的百分比表示，表达式如下：

$$N = \frac{H - H_0}{H_0} \times 100\% \tag{9-1}$$

式中，H 为已加工表面的显微硬度；H_0 为基体的显微硬度。

加工硬化率 N 也可以用加工前后表层显微硬度比值的百分比形式来表示：

$$N = \frac{H}{H_0} \times 100\% \tag{9-2}$$

9.3　微铣削加工表面显微硬度预测

金属切削加工导致工件发生塑性变形，塑性变形程度用应变来表示。塑性变形会引起材料发生加工硬化，加工硬化程度通常用显微硬度来表征。因此，切削加工表面的残余应变与硬度之间存在一定的关联关系。要明确该关联关系，首先应该了解表面显微硬度的测试原理。

9.3.1　维氏显微硬度测试原理及名义屈服应力

维氏显微硬度法是计量金属切削加工表面硬度的常用方法，维氏显微硬度法定义为[14]：采用一个相对夹角为 136° 的正四棱锥金刚石压头，以预设试验载荷 W（单位为 kg）压入工件表面深度 h，保载一段时间后卸载，测量压痕两对角线长 d_1 和 d_2，如图 9-1 所示。

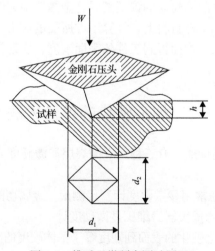

图 9-1　维氏显微硬度测试原理

维氏显微硬度值 HV 为试验载荷 W 与压痕面积 $A_{indentation}$ 的比值：

$$HV = \frac{W}{A_{indentation}} \tag{9-3}$$

$$A_{indentation} = \frac{d^2}{2\sin\dfrac{136°}{2}} \tag{9-4}$$

$$d = \frac{d_1 + d_2}{2} \tag{9-5}$$

在压头压入待测表面的过程中，材料发生屈服，名义屈服应力 P 为试验载荷 W 与压痕投影面积 $A_{projection}$ 之比，表示为

$$P = \frac{W}{A_{projection}} \tag{9-6}$$

$$A_{indentation} = \frac{d^2}{2} \tag{9-7}$$

由式(9-3)、式(9-4)、式(9-6)和式(9-7)可得，维氏显微硬度值 HV 与名义屈服应力 P 之间的对应关系为

$$HV = \sin\frac{136°}{2} \cdot P = 0.9272P \tag{9-8}$$

9.3.2　维氏显微硬度与流动应力的关系

对于材料一个方向的拉伸或者压缩引起的加工硬化，材料发生塑性流动需要的应力与变形量之间不再成正比，而是随着变形量的增大，对应的应力也增大。流动应力就是材料塑性变形过程中某一时刻进行塑性流动时的真应力 σ_Y。

牛津大学的 Tabor[14] 进行了大量金属压痕试验，发现名义屈服应力 P 与流动应力 σ_Y 之间存在一定的比例关系：

$$P = c_1 \sigma_Y \tag{9-9}$$

式中，c_1 为比例系数。

结合式(9-8)和式(9-9)可知，维氏显微硬度值 HV 与流动应力 σ_Y 之间也存在一定的比例关系：

$$HV = c_2 \sigma_Y \tag{9-10}$$

式中，c_2 为比例系数。

采用 Johnson 的判别方法[15]能更加准确地确定显微硬度与流动应力之间的关系。研究发现，采用维氏显微硬度计压头对完全弹塑性材料进行硬度测试时，维氏显微硬度 HV 与测试过程中的流动应力 σ_Y 之比的取值 $\varLambda$ 分为三个区间(图 9-2)：在区间 I，$\varLambda \leqslant 3$，此区间表示材料在接触区域发生轻微的塑性变形，弹性变形占主导作用；在区间 II，$3 < \varLambda \leqslant 30$，此区间表示材料在接触区域发生塑性变形；在区间 III，$\varLambda > 30$，此区间表示材料在接触区域发生刚塑性变形。具体落在哪一个区间与材料特性以及压头形状有关，判别式如下：

$$\varLambda = \frac{E \tan \beta}{\sigma_Y (1 - \upsilon^2)} \tag{9-11}$$

式中，E 为材料弹性模量；υ 为泊松比；β 为压头与未变形表面之间的夹角；σ_Y 为测试压头压入工件表面时的流动应力。

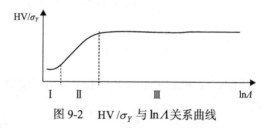

图 9-2　HV / σ_Y 与 $\ln \varLambda$ 关系曲线

本章研究的镍基高温合金 Inconel 718 的材料弹性模量 E=205GPa，泊松比 υ =0.3。材料在进行硬度测试时都发生了屈服，因此 σ_s 为材料初始屈服强度，σ_s =550MPa。若硬度测试采用的压头相对两面夹角为 136°，则 $\beta = (180° - 136°) / 2 = 22°$。根据式(9-10)，可得 $\varLambda = 165.5$，可知维氏显微硬度与流动应力之比落在区间 III，因此本章中对镍基高温合金 Inconel 718 进行硬度测试时，其硬度值与流动应力的比值为恒定值，可以表示为

$$HV = C \sigma_Y \tag{9-12}$$

式中，C 为比例系数。

9.3.3　维氏显微硬度与等效塑性应变的关系

对金属材料进行拉伸试验获取其真应力-真应变曲线，曲线上的抛物线部分可采用 Hollomon 公式来表示：

$$\sigma_Y = K \varepsilon_e^j \tag{9-13}$$

式中，ε_{e} 为塑性真应变；j 为应变硬化指数；K 为强度系数。

当用式(9-13)表示维氏显微硬度测量过程中的真应力-真应变关系时，Tabor[14]指出，需要引入金刚石压头引起的塑性应变，即

$$\varepsilon_{e} = \varepsilon_{res} + \varepsilon_{0} \qquad (9\text{-}14)$$

式中，ε_{res} 为已加工表面残余塑性应变；ε_{0} 为压头引入的塑性应变。

将式(9-13)和式(9-14)代入式(9-12)，可得

$$HV = CK(\varepsilon_{res} + \varepsilon_{0})^{j} \qquad (9\text{-}15)$$

由式(9-15)可知，在获得已加工表面残余塑性应变 ε_{res} 的基础上，可以确定材料的维氏显微硬度。

通过试验获取加工表面残余应变十分困难，而且对于尺寸在微米量级的微小沟道，其显微硬度的测量也是一个难题。第 8 章已经实现了镍基高温合金微铣削过程有限元仿真，因此本章采用有限元仿真法预测实际加工过程中的残余应变，并结合式(9-15)预测已加工表面的显微硬度。

本章研究的工件材料镍基高温合金 Inconel 718 为退火状态，根据文献[16]，其真应力-真应变曲线(图 9-3)可用式(9-16)描述：

$$\sigma_{Y} = 1894\varepsilon_{e}^{0.469} \qquad (9\text{-}16)$$

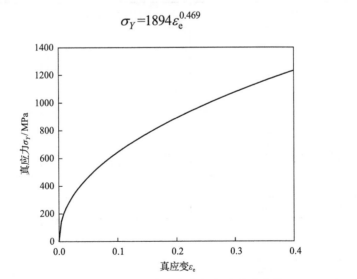

图 9-3　Inconel 718 退火状态真应力-真应变曲线

由式(9-16)可知，镍基高温合金 Inconel 718 的强度系数 K=1894，应变硬化指数 j=0.469。Tabor[14]的试验结果表明，对于金属材料，金刚石压头引入的附加应

变 ε_0 约为 0.08。因此，式 (9-15) 可表示为

$$HV = 1894(\varepsilon_{res} + 0.08)^{0.469} C \qquad (9-17)$$

式 (9-17) 等号右侧的单位是 MPa，根据维氏显微硬度定义：

$$1HV = 1kgf/mm^2 = 9.8N/mm^2 = 9.8MPa \qquad (9-18)$$

因此，式 (9-17) 可变为

$$HV = 193.3(\varepsilon_{res} + 0.08)^{0.469} C \qquad (9-19)$$

需要确定式 (9-19) 中的比例系数 C，才能采用表面残余应变预测镍基高温合金 Inconel 718 微铣削表面的显微硬度。比例系数 C 采用试验法确定。

9.3.4　表面显微硬度预测及结果分析

为了验证表面显微硬度预测结果的准确性，研究切削参数对表面显微硬度的影响规律，设计了以主轴转速、每齿进给量和轴向切深为变量的微铣削单因素试验，试验参数如表 9-1 所示。

表 9-1　微铣削单因素试验参数

序号	主轴转速 $n/(\text{r/min})$	每齿进给量 $f_z/\mu m$	轴向切深 $a_p/\mu m$
1	40000	0.9	30
2	50000	0.9	30
3	70000	0.9	30
4	80000	0.9	30
5	60000	0.5	30
6	60000	0.7	30
7	60000	1.1	30
8	60000	1.3	30
9	60000	0.9	10
10	60000	0.9	20
11	60000	0.9	30
12	60000	0.9	40
13	60000	0.9	50

采用第 8 章基于 ABAQUS 的镍基高温合金微铣削过程有限元仿真模型获得镍基高温合金 Inconel 718 微铣削表面残余应变。依据表 9-1 中的试验参数，进行 13

组微铣削仿真试验，残余应变采用 ABAQUS 中的等效塑性应变(PEEQ)来表示，沿进给方向在槽中线上等间距取 10 个点，并求其平均值作为该组仿真的表面残余应变，如图 9-4 所示。

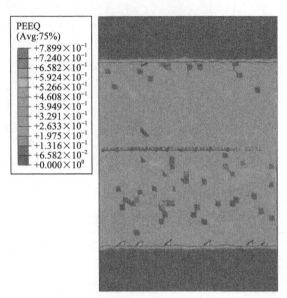

图 9-4　仿真的残余应变取点方式

微铣削试验采用 MX230 双刃涂层硬质合金平头微铣刀，刀具直径为 1mm。工件材料为镍基高温合金 Inconel 718。依据表 9-1 中的 13 组试验参数进行微铣削试验，微铣削加工后工件表面显微硬度采用 DHV-1000 型维氏显微硬度计(图 9-5)进行测量。显微硬度测量方案和显微硬度压痕如图 9-6 所示。显微硬度的测量标准为加载载荷为 200g，保载时间为 10s。

通过镍基高温合金 Inconel 718 微铣削过程有限元仿真，得到 13 组不同切削参数组合下工件表面的仿真残余应变 $\varepsilon_{\text{res-sim}}$；通过 13 组微铣削试验，测得不同切削参数组合下工件表面显微硬度 HV_{test}，如表 9-2 所示。

图 9-5　DHV-1000 型维氏显微硬度计

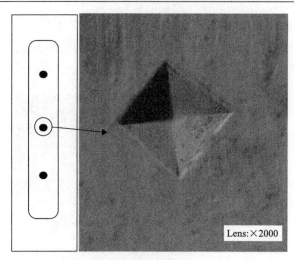

图 9-6　显微硬度测量方案和显微硬度压痕

表 9-2　试验及仿真结果

序号	主轴转速 $n/(\text{r/min})$	每齿进给量 $f_z/\mu\text{m}$	轴向切深 $a_p/\mu\text{m}$	仿真残余应变 $\varepsilon_{\text{res-sim}}$	仿真显微硬度 HV_{sim}	试验显微硬度 HV_{test}
1	40000	0.9	30	0.425	534.6	517.5
2	50000	0.9	30	0.397	520.5	514.1
3	70000	0.9	30	0.362	502.2	499.1
4	80000	0.9	30	0.354	497.9	495.7
5	60000	0.5	30	0.368	505.4	505.0
6	60000	0.7	30	0.396	519.9	523.3
7	60000	1.1	30	0.350	495.7	501.1
8	60000	1.3	30	0.329	484.2	487.6
9	60000	0.9	10	0.331	485.3	488.6
10	60000	0.9	20	0.365	503.8	507.3
11	60000	0.9	30	0.387	515.3	528.8
12	60000	0.9	40	0.404	524.0	518.6
13	60000	0.9	50	0.442	542.9	540.1

　　为了确定式 (9-19) 中的比例系数 C，采用最小二乘法，结合表 9-2 中仿真残余应变及试验显微硬度，求解

$$\min \sum_{i=1}^{13}\left[\text{HV}_{\text{test}} - 193.3(\varepsilon_{\text{res-sim}} + 0.08)^{0.469}C\right]^2 \tag{9-20}$$

得到 $C=3.81$，因此式 (9-19) 变为

$$HV = 736.47(\varepsilon_{res} + 0.08)^{0.469} \qquad (9\text{-}21)$$

为了验证维氏显微硬度预测模型的准确度，进行 4 组不同于表 9-2 中切削参数的镍基高温合金微铣削过程有限元仿真和微铣削加工试验，仿真与试验结果对比如表 9-3 所示。基于仿真的镍基高温合金微铣削加工显微硬度预测最大相对误差为 0.75%，平均相对误差为 0.36%，证明了提出的基于仿真的镍基高温合金微铣削加工表面显微硬度预测方法的有效性。

表 9-3　显微硬度预测模型的试验验证

序号	主轴转速 $n/(\mathrm{r/min})$	每齿进给量 $f_z/\mu m$	轴向切深 $a_p/\mu m$	仿真显微硬度 HV_{sim}	试验显微硬度 HV_{test}	相对误差/%
1	50000	1.1	20	511.1	509.6	0.29
2	50000	1.1	40	534.6	530.6	0.75
3	70000	0.7	40	502.7	504.1	0.28
4	70000	1.1	20	491.4	490.8	0.12

9.3.5　切削参数对微铣削加工表面显微硬度的影响

1. 主轴转速对表面显微硬度的影响

当每齿进给量 f_z 为 0.9μm，轴向切深 a_p 为 30μm 时，镍基高温合金微铣削加工表面显微硬度随主轴转速 n 的变化趋势如图 9-7 所示。

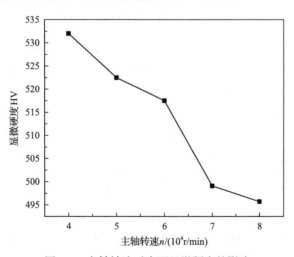

图 9-7　主轴转速对表面显微硬度的影响

由图 9-7 可以看出，当主轴转速 n 增大时，表面显微硬度减小。这是由于主轴转速越高，切削速度越大，材料塑性变形速度越大，第一变形区厚度越小，对工件表面材料起到细晶强化的效果，其屈服极限得到提高，材料塑性下降，塑性变形程度随之降低。此外，当切削速度增大时，刀具后刀面与工件材料间接触时间缩短，弱化了刀具对材料加工硬化的影响。这些因素都使得表面显微硬度随着主轴转速 n 的提高而减小。

2. 每齿进给量对表面显微硬度的影响

图 9-8 为主轴转速 n 为 60000r/min，轴向切深 a_p 为 30μm 时，已加工表面显微硬度随每齿进给量 f_z 的变化趋势。

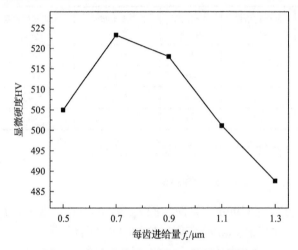

图 9-8　每齿进给量对表面显微硬度的影响

由图 9-8 可以看出，当每齿进给量 f_z 增大时，表面显微硬度呈现先增大后减小的趋势。显微硬度最大值出现在每齿进给量 f_z 为 0.7μm 处，该处也是耕犁效应和剪切效应的分界点，即镍基高温合金微铣削加工的最小切削厚度。在每齿进给量 f_z 增大的过程中，尺寸效应对显微硬度影响显著。周军[17]在微切削铝合金7050-T7451 试验中也发现，当切削深度小于刃口圆弧半径时，耕犁效应使得已加工表面的加工硬化显著。此外，每齿进给量 f_z 的增大会减少单位时间内刀具与工件间的挤压摩擦次数，进而降低加工硬化程度。

当每齿进给量 $f_z \leqslant 0.7$μm 时，刀具刃口圆弧对已加工表面的耕犁效应是主导作用，刀具对工件表面挤压摩擦严重，表面加工硬化情况也较严重，随着每齿进给量 f_z 的增大，耕犁力增大，加工硬化程度也增大。当每齿进给量 $f_z > 0.7$μm 时，切削层发生剪切，刀具刃口圆弧对表面的耕犁效应减小，加工硬化程度减小，表面显微硬度有所降低。在每齿进给量 f_z 继续增大到 1.3μm 的过程中，由于切削深度小于刀具刃口圆弧半径 2μm，刀具仍以负前角切削，但是负前角绝对值减小，已加工表面受到刀具的挤压程度减小。此外，在此过程中微铣削的耕犁区域减小，刀具对表面的挤压摩擦作用减弱，加工硬化程度降低。

3. 轴向切深对表面显微硬度的影响

图 9-9 为主轴转速 n 为 60000r/min，每齿进给量 f_z 为 0.9μm 时，表面显微硬度随轴向切深 a_p 的变化趋势。

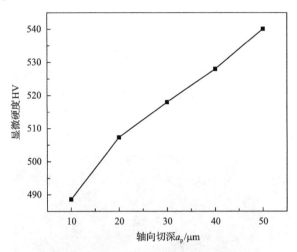

图 9-9　轴向切深对表面显微硬度的影响

由图 9-9 可知，当轴向切深 a_p 增大时，表面显微硬度增大。在给定每齿进给量的情况下，随着轴向切深 a_p 的增大，切削层面积增大，切削力也增大[18]，进而导致加工塑性变形程度增大，最终表面显微硬度提高。

9.4　镍基高温合金微铣削加工硬化解析模型

9.4.1　应变硬化和硬度之间的关系

为了实现微铣削加工硬化的预测，需要建立工件材料应力、应变和硬度之间的关系，本节首先对镍基高温合金 Inconel 718 试件进行准静态拉伸试验，获得材料的应变硬化指数 j 和强度系数 K，进而建立镍基高温合金的应力和应变之间的关系；然后测定试件在不同应变情况下的维氏显微硬度，通过研究不同塑性变形对应的显微硬度，明确材料应变硬化后硬度与应变的关系。

1. Inconel 718 应变硬化特性

将镍基高温合金 Inconel 718 制作成用于拉伸试验的标准试件，通过将试件在常温准静态的条件下拉伸，直至拉断，得到材料的拉伸曲线，然后用应变硬化方

程(Hollomon 方程)进行拟合,从而得到材料的加工硬化特性,具体过程如下:

(1)拉伸一根试件,直至拉断,记录工程应变和对应的工程应力;

(2)根据试验测量的数据计算出流动应力和流动应变;

(3)绘制流动应力与流动应变曲线;

(4)根据最小二乘原理进行曲线拟合,获得 Hollomon 方程中的强度系数 K 和应变硬化指数 j。

1)试件及试验条件

按照国家标准《金属材料　拉伸试验　第 1 部分:室温试验方法》(GB/T 228.1—2021)[19]进行试件制备和试验参数设置。所用拉伸设备为电子万能试验机 DNS300,如图 9-10 所示。选择较低的拉伸速率使静载荷拉伸各项特征值更接近于真实值[20],本节拉伸速率设置为 5mm/min(试件标距为 60mm,拉伸应变率为 0.0014s^{-1}),可认为是准静态拉伸。试件尺寸如图 9-11 所示。

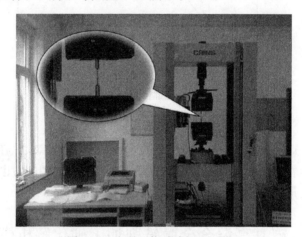

图 9-10　电子万能试验机 DNS300

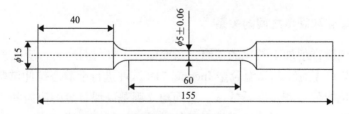

图 9-11　拉伸试件设计图(单位:mm)

将试件在上述试验条件下拉伸,直至拉断,得到拉伸数据,图 9-12 为根据试验数据绘制的工程应力-应变关系曲线。

2)工程应力-应变与流动应力-应变的换算

材料在静态拉伸或压缩发生塑性变形,即不考虑应变速率和温度时,将流动应力和流动应变关系曲线称为材料的硬化曲线。该曲线定量地描述了塑性变形过

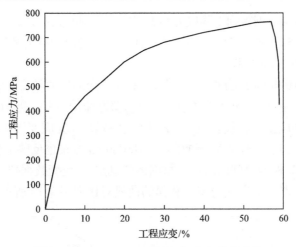

图 9-12　Inconel 718 工程应力-应变关系曲线

程中的加工硬化的变化，是描述材料应力-应变规律的基本力学性能数据。流动应力和流动应变的推导原理如下[21]。

　　均匀塑性变形但体积不发生变化，因此有

$$l_0 \cdot A_0 = l \cdot A \qquad (9-22)$$

式中，l_0、l 分别为拉伸试件原长和变形后的长度；A_0、A 分别为原截面积和变形后的截面积。

　　变形后的截面积和原截面积的关系为

$$A = A_0 \cdot \frac{l_0}{l} \qquad (9-23)$$

$$\frac{l}{l_0} = 1 + \varepsilon_{\text{nom}} \qquad (9-24)$$

　　试件的流动应力为

$$\sigma_{\text{t}} = \frac{F}{A} = \frac{F \cdot l}{A_0 \cdot l_0} = \sigma_{\text{nom}}(1 + \varepsilon_{\text{nom}}) \qquad (9-25)$$

式中，σ_{nom} 为名义应力；ε_{nom} 为名义应变；σ_{t} 为流动应力。

　　流动应变 ε_{t} 为

$$\varepsilon_{\text{t}} = \int_{l_0}^{l} \frac{1}{l} \, \mathrm{d}l = \ln\left(\frac{l}{l_0}\right) = \ln(1 + \varepsilon_{\text{nom}}) \qquad (9-26)$$

　　根据拉伸试验数据得到工程应力和工程应变之间的关系曲线，如图 9-12 所示，然后根据式(9-25)和式(9-26)得到试件拉伸过程中的流动应力和流动应变。

　　3) 拟合 Hollomon 方程

　　一般采用 Hollomon 方程 $\sigma_Y = K \cdot \varepsilon^j$ 来描述变形抗力随变形量的增加而提高的规律[22-24]，式中 σ_Y 为塑性流动应力，ε 为塑性流动应变，因为弹性应变很小，所以用塑性流动应变来替代总应变，K 为强度系数，j 为应变硬化指数，当 $j=0$ 时是完全塑性体，当 $j=1$ 时是完全弹性体。Hollomon 方程也反映了变形过程中的材料应变强化规律。根据得到的所研究材料的流动应力-应变数据拟合得到 Hollomon 方程参数，试验获得的曲线与拟合获得的曲线对比如图 9-13 所示。

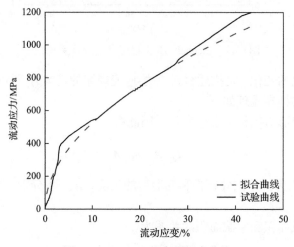

图 9-13　Hollomon 方程拟合曲线

　　通过拟合，可得 Hollomon 方程中的 $K=1715.397$，$j=0.5161$。因此，镍基高温合金 Inconel 718 所受到的流动应力和相应的流动应变关系可表达为

$$\sigma_Y = 1715.397\varepsilon^{0.5161} \tag{9-27}$$

2. Inconel 718 应变与硬度之间的关系

　　将六根相同的试件拉伸至不同的应变，测其硬度，然后研究其硬度与应力-应变之间的关系。试验步骤如下：

　　(1) 分别拉伸六根相同的试件，使其分别产生处于塑性变形区内的不同形变；

　　(2) 根据每根拉伸试件的应变 ε_{res}，同时考虑由于硬度测量试验头在挤压所测表面时引起的应变 ε_0，可以通过式(9-27)得到对应于 $\varepsilon_{res} + \varepsilon_0$ 的流动应力 σ_Y；

　　(3) 测量试件拉伸后的显微硬度；

（4）通过上述数据得到 $HV = C \cdot \sigma_Y$ 中的比例系数 C，从而建立镍基高温合金 Inconel 718 应力-应变-硬度之间的关系。

根据所建立的材料流动应力和流动应变之间的关系，只要得到硬度和应力之间的关系，即可建立所研究材料的应力-应变-硬度关系模型。

Carlsson 等[15]研究表明，残余应变可以准确地与硬度建立联系。Johnson[25,26]的研究表明，对于完全弹塑性材料的压痕测试结果会存在三个区间（图 9-2），该结论是针对大多数金属和合金的，至于落在哪个区间上，则取决于材料的性质和所用的压头，可通过式（9-11）判断材料处于哪个区间。由 9.3.2 节可知，$\Lambda=165.5$，$\Delta=239.5$。对于显微硬度测试，采用 $HV = CK(\varepsilon_0 + \varepsilon_{res})^j$，式中 ε_0 为硬度测量试验头在挤压所测表面时引起的应变，ε_{res} 为原有残余应变，Tabor[27]经过试验研究得出，当维氏显微硬度测试 $\varepsilon_0 = 0.08$ 时，比例系数 C 为定值。

同样按照标准 GB/T 228.1—2021 进行试件的制备和试验参数的设置，试验所用设备为电子万能试验机 DNS300，选择拉伸速率为 5mm/min。试件拉伸前后实物图如图 9-14 所示。

(a) 拉伸前　　　　　　　　(b) 拉伸后

图 9-14　试件拉伸前后实物图

将拉伸后的试件用显微硬度计测量硬度，所用显微硬度计的型号为 DHV-1000。不同塑性应变的镍基高温合金 Inconel 718 和对应的显微硬度如表 9-4 所示。

表 9-4　不同塑性应变的镍基高温合金 Inconel 718 和对应的显微硬度

试件编号	伸长量 L/mm	标距/mm	名义应变 ε_{nom}	硬度 HV	流动应变 ε_t	流动应力 σ_t /MPa	$\varepsilon_{res} + \varepsilon_0$
1	2	40	0.05	398.7	0.0487	595.6276	0.1287
2	3	40	0.075	413.3	0.0723	649.5095	0.1523
3	4	40	0.1	417.5	0.0953	698.3824	0.1753
4	6	40	0.15	422.8	0.1398	784.8472	0.2198
5	8	40	0.2	433.7	0.1823	859.8178	0.2623
6	11	40	0.275	455.7	0.2429	957.1823	0.3229

根据前文所述，比例系数 C 为定值，且 $C = \dfrac{\mathrm{HV}}{K(\varepsilon_{\mathrm{res}} + \varepsilon_0)^j}$，$C$ 值的计算结果如表 9-5 所示。

表 9-5　C 值的计算结果

流动应力 σ_t /MPa	硬度 HV	C 值
595.6276	398.7	0.6693
649.5095	413.3	0.6363
698.3824	417.5	0.5978
784.8472	422.8	0.5387
859.8178	433.7	0.5044
957.1823	455.7	0.4761

由表 9-5 可得，C 均值为 0.57，可求得镍基高温合金 Inconel 718 塑性应变与硬度之间的关系，如式 (9-28) 所示：

$$\mathrm{HV} = 0.57K(\varepsilon_{\mathrm{res}} + \varepsilon_0)^{0.5161} = 0.57 \times 1715.397(\varepsilon_{\mathrm{res}} + \varepsilon_0)^{0.5161}$$
$$= 977.776(\varepsilon_{\mathrm{res}} + \varepsilon_0)^{0.5161} \tag{9-28}$$

式中，HV 为维氏显微硬度值；$\varepsilon_{\mathrm{res}}$ 为原有残余应变；ε_0 为压头引起的残余应变。

9.4.2　镍基高温合金微铣削加工硬化模型的建立

第 3 章已经建立了镍基高温合金 Inconel 718 微铣削力的理论计算模型。9.4.1 节建立了工件材料镍基高温合金 Inconel 718 的应力-应变-硬度之间的关系，因此只需要将计算得到的切削力和温度加载到工件材料上，计算得到工件所受的应力，然后根据工件材料应变-应力-硬度之间的关系，即可得到工件已加工表面的硬度，实现微铣削加工硬化程度的预测。本节结合 9.4.1 节的结论，推导微铣削镍基高温合金 Inconel 718 加工硬化预测模型。

1. 镍基高温合金 Inconel 718 微铣削表面硬度计算

基于 Su[28]和 Hanna[29]的研究，工件中某一点 M 在切削过程中所受的应力，一方面受第一变形区的剪切效应的影响，另一方面源于第三变形区的剪切挤压。微铣削加工沿刀具轴向的每个微元都可以认为是二维直角切削，二维直角切削时的应力分布如图 9-15 所示。

图 9-15 中，p_1 和 q_1 分别为第一剪切区的法向和切向的应力，$p(s)$ 和 $q(s)$ 分别为第三变形区的法向和切向的应力，单位均为 MPa。OA 为第三变形区在已加工表面所在平面的投影长度，可根据图 9-16 和式 (9-29) 计算。

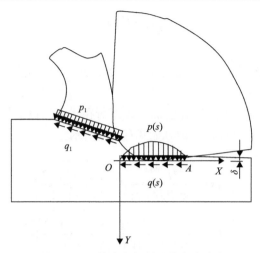

图 9-15　二维直角切削时的应力分布

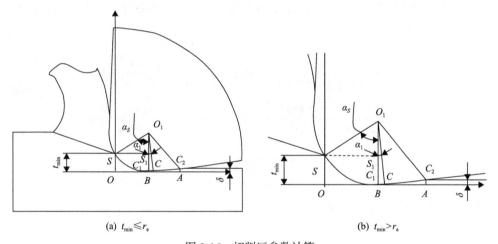

(a) $t_{min} \leqslant r_e$　　　　　　　　　(b) $t_{min} > r_e$

图 9-16　切削区参数计算

$$OA = SS_1 + CC_1 + CC_2 = r_e \sin \alpha_S + r_e \sin \alpha_1 + \frac{\delta}{\tan \alpha_1} \qquad (9\text{-}29)$$

式中，r_e 为刀尖圆弧半径，μm；δ 为弹性回复量，μm；α_1 为刀具后角，约为 5°；α_S 的计算公式为

$$\alpha_S = \arccos \left(\frac{r_e - t_{min}}{r_e} \right) \qquad (9\text{-}30)$$

根据 Hertz 理论，半无限大平面和圆柱体互相挤压的最大压应力 p_0 为

$$p_0 = \frac{2P_{\text{normal}}}{\pi w a_{\text{c}}} \tag{9-31}$$

式中，P_{normal} 为半无限大平面上的正压力，N；w 为切削宽度，mm；a_{c} 为第三变形区的接触半宽，mm。

本节将 a_{c} 看成第三变形区在已加工表面所在平面的投影长度 OA 的 1/2，该区域的法向应力 $p(s)$ 和切向应力 $q(s)$ 如式(9-32)所示：

$$\begin{cases} p(s) = \dfrac{2F_{\text{r}}^{\text{plow}}}{\pi w(OA/2)}\sqrt{1 - \left(\dfrac{s - OA/2}{OA/2}\right)^2} \\[4mm] q(s) = \dfrac{-2F_{\text{c}}^{\text{plow}}}{\pi w(OA/2)}\sqrt{1 - \left(\dfrac{s - OA/2}{OA/2}\right)^2} \end{cases} \tag{9-32}$$

因此，根据 Hertz 理论，作用于第三变形区的力，即耕犁效应对工件中任意点 $M(x,y)$ 产生的应力为

$$\begin{cases} \sigma_{xx}^{\text{plow}}(x,y) = -\dfrac{2y}{\pi}\displaystyle\int_0^{OA} \dfrac{p(s)(x-s)^2}{[(x-s)^2 + y^2]^2}\,\text{d}s - \dfrac{2}{\pi}\displaystyle\int_0^{OA}\dfrac{q(s)(x-s)^3}{[(x-s)^2 + y^2]^2}\,\text{d}s \\[4mm] \sigma_{yy}^{\text{plow}}(x,y) = -\dfrac{2y^3}{\pi}\displaystyle\int_0^{OA}\dfrac{p(s)}{[(x-s)^2 + y^2]^2}\,\text{d}s - \dfrac{2y^2}{\pi}\displaystyle\int_0^{OA}\dfrac{q(s)(x-s)}{[(x-s)^2 + y^2]^2}\,\text{d}s \end{cases} \tag{9-33}$$

式中，$\sigma_{xx}^{\text{plow}}(x,y)$ 为作用于第三变形区的力在工件中某一点 $M(x,y)$ 产生的力在 X 轴方向的分力；$\sigma_{yy}^{\text{plow}}(x,y)$ 为作用于第三变形区的力在工件中某一点 $M(x,y)$ 产生的力在 Y 轴方向的分力，如图 9-17(a)所示。

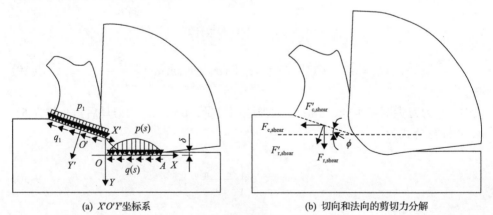

(a) $X'O'Y'$坐标系　　　　　　　　　　　(b) 切向和法向的剪切力分解

图 9-17　用于计算切削区应力的坐标系

对于第一变形区，为了方便计算，建立如图 9-17(a) 所示的 $X'O'Y'$ 坐标系，并将刀具切向和法向的剪切力分解到 X' 轴和 Y' 轴的方向，如图 9-17(b) 所示，表达式为

$$
\begin{cases}
F'_{\text{r,shear}} = F_{\text{c,shear}} \sin\phi + F_{\text{r,shear}} \cos\phi \\
F'_{\text{c,shear}} = F_{\text{c,shear}} \cos\phi - F_{\text{r,shear}} \sin\phi
\end{cases}
\tag{9-34}
$$

在第一变形区中，主剪切面上的载荷服从于均匀分布，该区域的应力状态为

$$
\begin{cases}
p_1 = \dfrac{F'_{\text{r,shear}}}{w \cdot SD} = \dfrac{F_{\text{r,shear}} \cos\phi + F_{\text{c,shear}} \sin\phi}{w \cdot SD} \\[3mm]
q_1 = \dfrac{F'_{\text{c,shear}}}{w \cdot SD} = \dfrac{F'_{\text{c,shear}} \cos\phi - F'_{\text{r,shear}} \sin\phi}{w \cdot SD}
\end{cases}
\tag{9-35}
$$

式中，p_1 为第一变形区的法向应力；q_1 为切向应力；SD 为第一变形区长度。

上述应力条件下造成的工件中任一点 $M'(x', y')$ 受力状态为

$$
\begin{cases}
\sigma_{xx}^{\text{shear}}(x', y') = -\dfrac{2y'}{\pi} \displaystyle\int_{-SD/2}^{SD/2} \dfrac{p_1(x'-s)^2}{[(x'-s)^2 + y'^2]^2}\, \mathrm{d}s - \dfrac{2}{\pi} \displaystyle\int_{-SD/2}^{SD/2} \dfrac{q_1(x'-s)^3}{[(x'-s)^2 + y'^2]^2}\, \mathrm{d}s \\[4mm]
\sigma_{yy}^{\text{shear}}(x', y') = -\dfrac{2y'^3}{\pi} \displaystyle\int_{-SD/2}^{SD/2} \dfrac{p_1}{[(x'-s)^2 + y'^2]^2}\, \mathrm{d}s - \dfrac{2y'^2}{\pi} \displaystyle\int_{-SD/2}^{SD/2} \dfrac{q_2(x'-s)}{[(x'-s)^2 + y'^2]^2}\, \mathrm{d}s
\end{cases}
\tag{9-36}
$$

式中，$\sigma_{xx}^{\text{shear}}(x', y')$ 为作用于第一变形区的力在工件中某一点 $M'(x', y')$ 产生的力在 X' 轴方向的分应力；$\sigma_{yy}^{\text{shear}}(x', y')$ 为作用于第一变形区的力在工件中某一点 $M'(x', y')$ 产生的力在 Y' 轴方向的分应力。

将式 (9-36) 转换到 XOY 坐标系中，如图 9-17 所示，需要对其进行如下变换：

$$
\begin{cases}
x' = x\cos\phi + (y + t_{\min})\sin\phi + SD/2 \\
y' = -x\sin\phi + (y + t_{\min})\cos\phi
\end{cases}
\tag{9-37}
$$

将式 (9-37) 代入式 (9-36) 即可得到第一变形区中的力，即剪切效应对工件中任一点 $M(x,y)$ 产生的应力 $\sigma_{xx}^{\text{shear}}(x, y)$ 和 $\sigma_{yy}^{\text{shear}}(x, y)$。

工件中任一点所受的应力可通过剪切作用与耕犁效应的应力叠加得到：

$$
\begin{cases}
\sigma_{xx}(x, y) = \sigma_{xx}^{\text{plow}}(x, y) + \sigma_{xx}^{\text{shear}}(x, y) \\
\sigma_{yy}(x, y) = \sigma_{yy}^{\text{plow}}(x, y) + \sigma_{yy}^{\text{shear}}(x, y)
\end{cases}
\tag{9-38}
$$

在微铣削时，被加工工件中某一点所受等效应力为

$$\bar{\sigma} = \sqrt{\frac{1}{2}\left[(\sigma_{xx}-\sigma_{yy})^2+(\sigma_{yy}-\sigma_{zz})^2+(\sigma_{zz}-\sigma_{xx})^2\right]} \tag{9-39}$$

式中，σ_{xx} 和 σ_{yy} 可由式(9-38)得到，σ_{zz} 可通过式(9-40)计算：

$$\sigma_{zz}(x,y)=\upsilon\left[\sigma_{xx}(x,y)+\sigma_{yy}(x,y)\right] \tag{9-40}$$

式中，υ 为泊松比。

然后通过拉伸试验建立的 Hollomon 方程中的 $\sigma_Y=1715.397\varepsilon^{0.5161}$，计算得到该应力状态下对应的应变：

$$\varepsilon=0.5161\sqrt{\frac{\bar{\sigma}}{1715.397}} \tag{9-41}$$

实际加工过程中还会存在刀具轴向力、轴向跳动、颤振以及切削速度太快造成的变形不充分等难以衡量的因素，因此通过添加经验参数，对所计算的应变进行修正，经过修正的应变为

$$\varepsilon_0=A\varepsilon^m F_z^t v^k \tag{9-42}$$

式中，ε 为未修正前理论计算得到的应变；F_z 为轴向力，可以由力模型求得，N；v 为切削速度，可由刀具半径和刀具的转动速度求得，m/s；A、m、t、k 这四个参数均可通过试验结果拟合得到。

最后，将式(9-42)代入拉伸试验获得的应变和硬度之间的关系式(9-28)即可实现对微铣削已加工表面硬度的预测，如式(9-43)所示：

$$HV=977.776\times(\varepsilon_{res}+A\varepsilon^m F_z^t v^k)^{0.5161} \tag{9-43}$$

2. 微铣削加工硬化模型参数确定

为了获得式(9-43)中的四个参数(A、m、t 和 k)，组织了三水平三因素镍基高温合金 Inconel 718 微铣槽试验，微铣削加工后，测量已加工表面的显微硬度。测量硬度所用仪器为 DHV-1000 型维氏显微硬度计，所用铣刀为日本日进公司生产的微铣刀，其直径为 1mm，试验结果如表 9-6 所示。

表 9-6　加工硬化模型参数拟合试验结果

主轴转速 n/(r/min)	每齿进给量 f_z/μm	轴向切深 a_p/μm	显微硬度 HV	未修正前应变 ε	轴向切削力 F_z/N	切削速度 v/(m/s)
50000	0.7	20	520.7	0.4275	0.1795	2.6196
60000	0.9	20	502.4	0.3939	0.1708	3.1435
70000	1.1	20	490.8	0.3581	0.1629	3.6675
50000	0.9	30	526.2	0.3855	0.2526	2.6196
60000	1.1	30	501.1	0.3518	0.2416	3.1435
70000	0.7	30	527.4	0.4122	0.2632	3.6675
50000	1.1	40	530.6	0.3464	0.3190	2.6196
60000	0.7	40	530	0.4049	0.3450	3.1435
70000	0.9	40	513	0.3804	0.3328	3.6675

　　基于上述试验数据，式(9-43)中的参数可依据最小二乘法的原理计算得到 A=0.5696，m=0.4844，t=0.1898，k=−0.2365，即

$$\text{HV} = 977.776 \times (\varepsilon_{\text{res}} + 0.5696\varepsilon^{0.4844}F_z^{0.1898}v^{-0.2365})^{0.5161} \tag{9-44}$$

通过式(9-44)结合力模型即可实现对镍基高温合金 Inconel 718 微铣削已加工表面硬度的预测。

3. 微铣削加工硬化模型试验验证

　　进行微铣槽试验时，先测量已加工表面的硬度，然后与预测模型计算得到的硬度进行对比，验证结果如表 9-7 所示。

表 9-7　加工硬化解析模型有效性验证

试验序号	主轴转速 n/(r/min)	每齿进给量 f_z/μm	轴向切深 a_p/μm	预测硬度 HV	试验硬度 HV	相对误差/%
1	40000	0.9	30	535.7	530.9	0.904
2	60000	0.9	30	517.1	515.6	0.291
3	60000	0.5	30	511.2	505	1.228
4	60000	1.3	30	487.6	496.4	1.773
5	60000	0.9	40	528.8	525.8	0.571

　　由表 9-7 可得，所建立的加工硬化解析模型预测的显微硬度最大相对误差为 1.773%，平均相对误差为 0.953%，证明本节建立的微铣削加工硬化解析模型是有效的，可以应用于镍基高温合金 Inconel 718 微铣削已加工表面显微硬度的预测。

9.5 本 章 小 结

本章首先介绍了几种常用的表面加工硬化评价方法，然后在基于 ABAQUS 三维有限元仿真模型输出的残余应变的基础上，建立应变与显微硬度之间的数学关系模型，实现镍基高温合金微铣削表面显微硬度预测。经试验验证，表面显微硬度预测值与试验测量值的最大相对误差为 0.75%，平均相对误差为 0.36%，证明基于仿真的微铣削加工表面显微硬度预测方法可行。研究了主轴转速、每齿进给量和轴向切深对表面显微硬度的影响规律，发现镍基高温合金 Inconel 718 微铣削表面显微硬度随着主轴转速的增大而减小，随着轴向切深的增大而增大。在每齿进给量增大的过程中，尺度效应显著影响表面显微硬度，表面显微硬度随每齿进给量的增大呈现先增大后减小的变化趋势。

通过准静态拉伸试验获得了镍基高温合金 Inconel 718 的应力-应变关系曲线，通过研究材料形变后的硬度和残余应变的关系，建立了应变与硬度之间的关系模型。通过微铣削力推导出了材料中某一点所受的应力，通过材料的应力-应变特性，计算得到了材料中任意一点的应变，对计算得到的应变进行修正，获得经验参数，然后设计正交试验，对经验参数进行拟合，最终建立了镍基高温合金 Inconel 718 微铣削加工硬化解析模型，并通过试验证明了所建立的解析模型的有效性。

参 考 文 献

[1] 贾振元, 王福吉. 机械制造技术基础[M]. 北京: 科学出版社, 2011.

[2] 方彰伟. 金属切削变形对已加工表面质量的影响[J]. 现代制造技术与装备, 2019, (12): 147-148.

[3] 蔡权, 盛国福, 佘桂锋, 等. 核级 316L 不锈钢车削加工硬化及切削速度对刀具寿命的影响[J]. 工具技术, 2020, 54(9): 29-32.

[4] Zhang X, Zheng G M, Cheng X, et al. Fractal characteristics of chip morphology and tool wear in high-speed turning of iron-based super alloy[J]. Materials, 2020, 13(4):1020.

[5] 魏琴, 陈代鑫, 刘陨双. 基于工艺试验的零件加工硬化现象优化[J]. 工具技术, 2019, 53(1): 102-104.

[6] 孔德瑞. Inconel 718 材料切削研究[J]. 金属加工(冷加工), 2020, (1): 58-60.

[7] 冯新敏, 刘重廷, 胡景姝. 镍基高温合金表面完整性研究现状分析[J]. 机床与液压, 2019, 47(22): 157-164.

[8] Aramesh M, Montazeri S, Veldhuis S C. A novel treatment for cutting tools for reducing the chipping and improving tool life during machining of Inconel 718[J]. Wear, 2018, 414-415: 79-88.

[9] 李忠群, 石晓芳, 王志康, 等. 航空高温合金材料切削加工研究现状与展望[J]. 制造技术与机床, 2018, (12): 55-60.

[10] 孙士雷, 赵杰, 袁玮骏, 等. GH4169 镍基高温合金表面加工硬化研究[J]. 工具技术, 2016, 50(10): 24-27.

[11] 张文盟, 董长双, 马世玲. GH4169 合金微细铣削加工表面硬化仿真研究[J]. 机床与液压, 2019, 47(21): 151-154.

[12] 卢晓红, 路彦君, 王福瑞, 等. 镍基高温合金 Inconel718 微铣削加工硬化研究[J]. 组合机床与自动化加工技术, 2016, (7): 4-7.

[13] 王振龙. 微细加工技术[M]. 北京: 国防工业出版社, 2005.

[14] Tabor D. The Hardness of Metals[M]. New York: Oxford University Press, 2000.

[15] Carlsson S, Larsson P L. On the determination of residual stress and strain fields by sharp indentation testing. Part I: Theoretical and numerical analysis[J]. Acta Materialia, 2001, 49 (12): 2179-2191.

[16] 边舫, 苏国跃, 孔凡亚, 等. Inconel 718 合金的加工硬化行为[J]. 有色金属, 2005, (1): 1-3.

[17] 周军. 铝合金 7050-T7451 微切削加工机理及表面完整性研究[D]. 济南: 山东大学, 2010.

[18] 陈日耀. 金属切削原理[M]. 2 版. 北京: 机械工业出版社, 2012.

[19] 国家市场监督管理总局. 金属材料　拉伸试验　第 1 部分: 室温试验方法[S]. GB/T 228.1—2021. 北京: 中国标准出版社.

[20] 谭洪锋, 王萍, 杨雷, 等. 应变硬化指数 n 值与拉伸控制模式及拉伸速率关系的探讨[J]. 物理测试, 2010, 28(6): 13-16.

[21] Tehrani M S, Hartley P, Naeini H M, et al. Localised edge buckling in cold roll-forming of symmetric channel section[J]. Thin-Walled Structures, 2006, 44(2): 184-196.

[22] 黄明志, 骆竞晞, 贺保平. 金属硬化曲线的阶段性和最大均匀应变[J]. 金属学报, 1983, (4): 39-47.

[23] 张旺峰, 陈瑜眉, 朱金华. 亚稳态材料的应变硬化曲线与硬化参量[J]. 中国有色金属学报, 2000, (S1): 236-238.

[24] 那顺桑, 陈斌锴. 18-8 型不锈钢的应变硬化特性研究[J]. 理化检验(物理分册), 2007, (2): 67-69.

[25] Johnson K L. The correlation of indentation experiments[J]. Journal of the Mechanics and Physics of Solids, 1970, 18(2): 115-126.

[26] Johnson K L. Contact Mechanics[M]. Cambridge: Cambridge university press, 1987.

[27] Tabor D. The Hardness of Metals[M]. Cambridge: Cambridge university press, 1951.

[28] Su J C. Residual stress modeling in machining processes[D]. Atlanta: Georgia Institute of Technology, 2006.

[29] Hanna C R. Engineering residual stress into the workpiece through the design of machining process parameters[D]. Atlanta: Georgia Institute of Technology, 2007.

第 10 章　镍基高温合金 Inconel 718 微铣削加工工艺

10.1　引　言

加工工艺是金属切削领域的重要分支之一。加工工艺直接影响机床的加工能耗、刀具寿命、加工质量、加工成本和加工效率等性能指标。加工工艺所涵盖的内容广泛，包括刀具、装夹方式、工艺路线和工艺参数的选择等。工艺参数的选择是加工工艺的重要内容之一。工艺参数选取不当，会降低刀具寿命和加工质量，甚至导致机床、刀具和工件的损坏，造成资源浪费和制造成本增加[1]。实践证明，优化工艺参数组合能够充分发挥加工设备和刀具的性能，对提高整个加工系统的经济效益尤为重要。因此，对加工工艺参数进行优化研究具有重要意义。

国内外学者对传统铣削加工工艺进行了研究。淮文博等[2]围绕铣削高温合金GH4169 的工艺参数优化开展了研究，为获得理想的铣削力、表面残余应力和表面粗糙度，提出了面向多目标的铣削工艺参数优选区间划分方法，通过四因素四水平铣削正交试验，确定了工艺参数优化组合，并通过试验进一步验证了工艺参数优化组合结果的有效性。丁宏健等[3]针对硬质合金铣刀铣削 2A14 铝合金时不同加工条件下的加工效率、铣刀磨损和零件表面粗糙度开展研究，得出了最优的铣削加工工艺参数。陈凯杰等[4]研究了球墨铸铁高速平面铣削，根据试验结果分析了铣削工艺参数对主轴功率占比、表面粗糙度及切屑形态的影响规律，并据此得出了结论：对球墨铸铁高速平面铣削而言，在选择合理的切削深度和每齿进给量的前提下，适当提高切削速度对主轴功率占比影响不大，但能在提高切削效率的同时，获得更好的加工质量。李聪波等[5]提出了一种基于田口法和响应曲面法的数控铣削工艺参数能效优化方法，建立了数控铣削加工能量效率函数，基于田口法开展了 45 号钢高速铣削加工试验，并基于响应曲面法建立了工艺参数与比能耗和加工时间的回归方程，构建了以高能效和高效率为优化目标的多目标优化模型，实现了工艺参数的优化。巩超光等[6]为解决机床性能动态变化过程中铣削参数动态多目标优化问题，提出了一种基于数字孪生的铣削参数动态多目标优化策略，建立的铣削参数动态多目标优化策略能够针对机床整个运行时段提供最优铣削参数组合方案，进而保证加工质量与加工效率。韩变枝等[7]以高温合金 GH4698为研究对象，通过田口法设计铣削试验，应用灰色关联分析(grey relation analysis, GRA)法，以切削力、切削温度和材料去除率(material removal rate, MRR)为目标，对切削速度、切削深度和每齿进给量等铣削加工参数进行优化，计算并分析灰色关联系数和灰色关联度，得到了最优切削参数组合。Li 等[8]对硬质合金刀具铣削 ZCuAl9Fe4Ni4Mn2 的加工工艺进行了研究，采用继承拉丁超立方设计训练的集成元模型，模拟了切削速度和每齿进给量对铣削表面粗糙度和最大铣削力的影响，并建立了铣削参数优化模型；利用该模型，采用蒙特卡罗模拟和序列逼近程序设计计算法计算了铣削加工的最佳参数；通过铣削试验，验证了所提方法的有效性，在满足最大铣削力可靠性要求的前提下，获得了较低的铣削表面粗糙度。Yue 等[9]以低表面粗糙度和低切削能耗为目标，采用响应曲面法进行了铣削 AA2195 铝锂合金薄壁件的加工试验研究，分析了铣削参数对表面粗糙度和切削比能的影响，建立了多目标优化模型；采用多目标粒子群优化算法确定了铣削参数的优化组合，结果表明，表面粗糙度主要受每齿进给量的影响，切削比能与每齿进给量、径向切深和轴向切深呈负相关，而切削速度对切削比能的影响不显著，据此得到了不同优先级铣削参数的最优组合。

在微铣削领域，国内外学者开展了一系列加工工艺研究。高奇等[10]对单晶铝进行了三因素五水平微铣削正交试验，通过极差分析找出了影响表面质量的主次因素，探讨了切削参数对单晶铝微铣削表面质量的影响规律。李文琴等[11]建立了表面粗糙度和残余应力的灰色关联度(grey relational grade, GRG)预测模型，确定了微铣削工艺参数优化方案，在降低表面粗糙度的基础上，减小了残余应力。杨学明等[12]通过微铣削黄铜 H59 试验，研究了主轴转速、每齿进给量、轴向切深和径向切深对侧刃后刀面磨损的影响规律。郭艳秋[13]针对超硬微铣刀加工 LiF 表面微结构进行了一系列试验研究，得到了每齿进给量、主轴转速和铣削深度的优化组合。Meng 等[14]建立了考虑刀具刃口形状的数控机床铣削过程切削能耗模型，将机床加工过程能耗作为工艺参数优化的目标之一，提出了一种综合考虑加工效率、加工过程能耗和表面加工质量的多目标优化方法。Kuram 等[15]在试验中采用田口法探讨了每齿进给量对表面粗糙度、主轴转速、切削深度、切削力和刀具磨损的影响，建立了一阶模型，通过方差分析预测了切削参数对因变量的影响，并使用灰色关联分析实现了多目标优化。Thepsonthi 等[16]通过试验获得了微铣削 Ti6Al4V 钛合金表面粗糙度和毛刺形成模型，模型中所考虑的参数包括轴向切深、主轴转速和每齿进给量，同时采用多目标粒子群优化算法获得了最优切削参数组合，从而降低了表面粗糙度，减少了毛刺的形成。

综上，优化目标的选取在工艺参数优化中非常重要。加工工艺参数可直接影响切削功率的消耗量和工艺系统的变形程度，同时对切削热的产生也具有很大的影响，进而影响刀具的寿命以及工件的加工精度和表面质量。只有通过合理选择切削工艺参数，零部件的加工精度和表面质量才会得到保证[17]。在铣削加工中，加工工艺参数优化研究常用的优化指标有切削力、材料去除率、表面粗糙度和能耗等[1]。铣削参数相互关联，一个因素往往会对多个铣削优化目标产生影响，因此在实际中，往往需要对多个目标进行优化。Gutowski 等[18]对制造过程的能量需求进行了分析，指出评估能量需求最重要的因素是材料去除率。2009 年，第 26 届国际生产工程学会(The International Academy for Production Engineering, CIRP)会议上，与会专家学者认为，评估加工能耗可以促进制造业更好地为人类服务。Gutowski 等[18]基于热力学知识，认为制造能耗包括两部分，即材料制备能耗和加工能耗，加工能耗被列为研究重点。因此，对机械加工过程的能耗进行建模，并通过优化参数降低能耗具有极大意义。

目前，在微铣削领域中，最大材料去除率、最小单位材料去除能耗和最小表面粗糙度的多目标参数优化的研究刚刚起步。前期研究表明，微铣削系统与传统铣削系统的刚度、切削条件、切削用量等方面的差异都很大。微铣削的切削速度、每齿进给量和轴向切深相对较小，导致微加工效率较低，加工能耗较大。综上，在微铣削加工过程中，降低表面粗糙度、提高材料去除率和降低单位材料去除能耗，不仅可以大大提高微铣削的加工精度和加工效率，还对节能减排、绿色制造具有重要的指导意义。

本章基于田口法设计镍基高温合金微铣削试验，建立基于切削参数的表面粗糙度、材料去除率和单位切削能耗的回归预测模型，通过方差分析验证其相关性；研究切削深度、每齿进给量和主轴转速对镍基高温合金微铣削加工表面粗糙度、材料去除率和单位切削能耗的影响规律；搭建微铣床主轴系统功率在线监测系统，研究主轴系统的功率特性；以高材料去除率和低表面粗糙度为优化目标，基于遗传算法求得切削参数优化组合；以低单位切削能耗和低表面粗糙度为优化目标，基于灰色关联分析得到切削参数优化组合。本章研究结论对于微铣削过程切削功率预测、微铣床切削功率在线监测以及面向低能耗、低表面粗糙度、高材料去除率等多目标的微铣削加工切削参数优化的研究具有参考价值。

10.2　面向高材料去除率和低表面粗糙度的微铣削参数优化

为了降低微铣削过程切削能耗的同时保证加工表面粗糙度，本节开展微铣削参数多目标优化研究。考虑到微铣削过程中材料去除率与单位切削能耗有直接的对应关系，因此本节基于遗传算法对以高材料去除率、低表面粗糙度为目标的微铣削参数多目标优化进行研究。

10.2.1　材料去除率及表面粗糙度预测模型

镍基高温合金 Inconel 718 微铣槽加工试验中，微铣刀为 MX230 平头铣刀，铣刀直径为 0.3mm，涂层材料为 TiAlN；工件材料为镍基高温合金 Inconel 718。为了显著减少试验次数，提高经济性和效率，设计了 $L9(3^4)$ 正交试验，考虑的切削参数包括主轴转速、每齿进给量和切削深度，参数水平如表 10-1 所示。

表 10-1　正交试验参数水平表

切削参数	水平 1	水平 2	水平 3
主轴转速 $n/(\text{r/min})$	40000	60000	80000
每齿进给量 $f_z/\mu\text{m}$	0.1	0.3	0.5
切削深度 $a_p/\mu\text{m}$	20	30	40

　　优化目标为较低的槽底面表面粗糙度和高材料去除率。使用 Zygo 3D 表面轮廓仪对槽底面的表面粗糙度进行测量。定义微槽底面中心线处的表面粗糙度为评价标准，在每个槽底中心线上随机选取五个点取平均值作为其表面粗糙度测量值。

　　微槽的材料去除率定义为材料去除体积除以加工时间。由于所加工微槽底面不平，应用梯形积分法计算微铣槽的截面面积[19]，如式(10-1)所示：

$$\int_{x_0}^{x_0+nb} f(x)\mathrm{d}x = \frac{b}{2}\big[(K_0 + K_n) + 2(K_1 + K_2 + \cdots + K_{n-1})\big] \tag{10-1}$$

式中，K_i 为微槽截面区域的深度，$i=0,1,2,\cdots,n$；n 为截面沿宽度方向划分的区域数；b 为精确度，定义为横截面总宽度除以沿截面宽度方向划分的区域数；x_0 为横截面的边界。微槽深度通过 3D 表面轮廓仪的表面形貌功能扫描微槽获得。每个微槽沿长度方向选取五个截面，取平均值作为截面平均面积。材料去除体积定义为截面平均面积乘以槽的长度。

　　基于田口法的不同切削参数组合下的表面粗糙度与材料去除率分别如表 10-2 和表 10-3 所示。

表 10-2　田口正交表及试验测量结果(表面粗糙度)

序号	主轴转速 $n/(\text{r/min})$	每齿进给量 $f_z/\mu\text{m}$	轴向切深 $a_p/\mu\text{m}$	表面粗糙度 $R_a/\mu\text{m}$
1	40000	0.1	20	0.4
2	40000	0.3	30	0.8
3	40000	0.5	40	1.2
4	60000	0.1	30	1.2
5	60000	0.3	40	0.4
6	60000	0.5	20	0.8

序号	主轴转速 $n/$ (r/min)	每齿进给量 $f_z/\mu m$	轴向切深 $a_p/\mu m$	表面粗糙度 $R_a/\mu m$
7	80000	0.1	40	0.8
8	80000	0.3	20	0.4
9	80000	0.5	30	1.2
K_1	0.800	0.800	0.533	—
K_2	0.800	0.533	1.067	—
K_3	0.800	1.067	0.800	—
极差 R	0.000	0.041	0.534	—

表 10-3　田口正交表及试验测量结果(材料去除率)

序号	主轴转速 $n/$ (r/min)	每齿进给量 $f_z/\mu m$	轴向切深 $a_p/\mu m$	材料去除率 MRR/(mm³/min)
1	40000	0.1	20	0.2010
2	40000	0.3	30	0.2230
3	40000	0.5	40	0.2540
4	60000	0.1	30	0.2070
5	60000	0.3	40	0.2180
6	60000	0.5	20	0.2410
7	80000	0.1	40	0.2160
8	80000	0.3	20	0.2380
9	60000	0.5	30	0.2510
K_1	0.226	0.208	0.227	—
K_2	0.222	0.226	0.227	—
K_3	0.235	0.249	0.229	—
极差 R	0.013	0.041	0.002	—

　　由表 10-2 可以看出,主轴转速、每齿进给量和轴向切深所在列的极差 R 分别为 0.000、0.041 和 0.053。由此可以得出结论,各切削参数对材料表面粗糙度 R_a 的影响顺序由大到小依次为切削深度＞每齿进给量＞主轴转速。

　　由表 10-3 可以看出,主轴转速、每齿进给量和轴向切深所在列的极差 R 分别为 0.013、0.041 和 0.002。由此可以得出结论,各切削参数对材料去除率 MRR 的影响顺序由大到小依次为每齿进给量＞主轴转速＞切削深度。

　　通过回归分析,可以获得自变量切削参数与因变量表面粗糙度、材料去除率之间的具有一阶预测因子及交互因子的经验模型，其通用形式如式(10-2)所示：

$$y = \beta_0 + \sum_{i=1}^{k} \beta_i x_i + \varepsilon$$

$$y = \beta_0 + \sum_{i=1}^{k} \beta_i x_i + k \sum_{i<j} \sum_{j=2}^{k} \beta_{i,k} x_i x_j + \varepsilon$$

(10-2)

式中，β 为需要基于因变量测量值拟合的模型参数；k 为自变量数量；ε 为误差。

参考式(10-2)的形式，基于表 10-2 中的试验数据拟合得到具有一阶预测因子及交互因子的表面粗糙度、材料去除率经验预测模型为

$$R_a = -0.175 + 0.00017n + 0.220 f_z + 0.0218 a_p + 0.00861 n f_z - 0.000129 n a_p$$
$$- 0.0294 f_z a_p$$

(10-3)

$$MRR = 0.301 - 0.00319n + 0.420 f_z - 0.0219 a_p - 0.0113 n f_z + 0.000291 n a_p$$
$$+ 0.0386 f_z a_p$$

(10-4)

使用方差分析法分析所建立的镍基高温合金微铣削加工表面粗糙度经验预测模型的显著性，结果如表 10-4 所示。通常认为，当多元回归系数 R^2 为 0.8～1 时，可以证明模型的准确性，多元回归系数 R^2 的计算公式如式(10-5)和式(10-6)所示。所建立的镍基高温合金微铣削加工表面粗糙度经验预测模型的 R^2 为 0.991，F 为 35.80，p 为 0.027，这意味着模型置信度达到 95%，可以应用于镍基高温合金微铣削加工的表面粗糙度预测。

表 10-4　表面粗糙度 R_a 预测模型方差分析

方差来源	离差平方和	自由度	均方	F	P
模型	0.0137700	6	0.0022950	35.80	0.027
残差	0.0001282	2	0.0000641	—	—
总体	0.0138982	8	—	—	—

注：$R^2 = 99.1\%$，校正决定系数 $R^2(\mathrm{adj}) = 96.3\%$，置信度 95%。

$$R^2 = \frac{SSR}{SST} = 1 - \frac{SSE}{SST}$$

(10-5)

式中，SST 为总平方和；SSE 为误差平方和；SSR 为回归平方和。

$$SSR = SST - SSE$$
$$SST = \sum_{i=1}^{n}(y_i - y) \tag{10-6}$$
$$SSE = \sum_{i=1}^{n}(y_i - y_{i0})^2$$

同理，使用方差分析法分析所建立的镍基高温合金微铣削加工材料去除率经验预测模型的显著性，结果如表 10-5 所示。所建立的镍基高温合金微铣削加工材料去除率经验预测模型的 R^2 为 0.995，F 为 70.74，p 为 0.0147，这意味着模型置信度达到 95%，可以应用于镍基高温合金微铣削加工的材料去除率预测。

表 10-5　材料去除率 MRR 预测模型方差分析

方差来源	离差平方和	自由度	均方	F	P
模型	0.197946	6	0.032991	70.74	0.0147
残差	0.000933	2	0.000466	——	——
总体	0.198879	8	——	——	——

注：$R^2 = 99.5\%$，$R^2(\text{adj}) = 98.1\%$，置信度 95%。

10.2.2　切削参数对表面粗糙度和材料去除率的影响规律

取每齿进给量为 0.3μm，轴向切深为 30μm，主轴转速分别为 40000r/min、60000r/min 和 80000r/min 进行单因素试验，得到主轴转速对表面粗糙度的影响规律如图 10-1(a) 所示；取切削深度为 30μm，主轴转速为 40000r/min，每齿进给量分别为 0.1μm、0.3μm 和 0.5μm 进行单因素试验，得到每齿进给量对表面粗糙度的影响规律如图 10-1(b) 所示；取主轴转速为 40000r/min，每齿进给量为 0.3μm，切削深度分别为 20μm、30μm 和 40μm 进行单因素试验，得到切削深度对表面粗糙度的影响规律如图 10-1(c) 所示。由图可以看出，表面粗糙度随着主轴转速的增加先增大后减小，随着每齿进给量的增加而减小，随着切削深度的增加而增大。

取每齿进给量为 0.3μm，切削深度为 30μm，主轴转速分别为 40000r/min、60000r/min 和 80000r/min 进行单因素试验，得到主轴转速对材料去除率 MRR 的影响规律如图 10-2(a) 所示；取切削深度为 30μm，主轴转速为 40000r/min，每齿

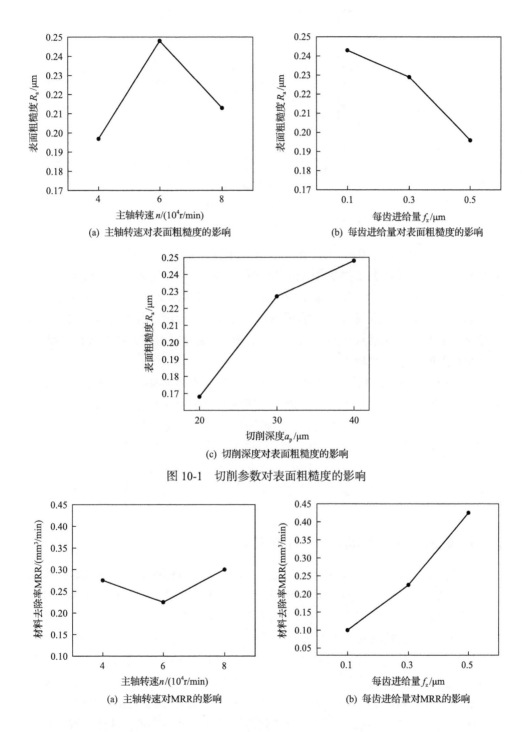

(a) 主轴转速对表面粗糙度的影响　　　　　　　　(b) 每齿进给量对表面粗糙度的影响

(c) 切削深度对表面粗糙度的影响

图 10-1　切削参数对表面粗糙度的影响

(a) 主轴转速对 MRR 的影响　　　　　　　　　(b) 每齿进给量对 MRR 的影响

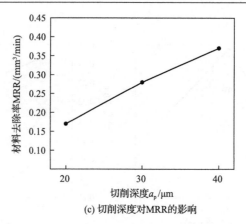

(c) 切削深度对MRR的影响

图 10-2　切削参数对材料去除率的影响

进给量分别为 0.1μm、0.3μm 和 0.5μm 进行单因素试验，得到每齿进给量对材料去除率 MRR 的影响规律如图 10-2(b) 所示；取主轴转速为 40000r/min，每齿进给量为 0.3μm，切削深度分别为 20μm、30μm 和 40μm 进行单因素试验，得到切削深度对材料去除率 MRR 的影响如图 10-2(c) 所示。由图可以看出，材料去除率 MRR 随着主轴转速的增加先减小后增大，随着每齿进给量的增大而增大，随着切削深度的增大而增大。

通过观察图 10-1 和图 10-2 可以发现，所选取的切削参数同时影响表面粗糙度和材料去除率。选取较小的主轴转速、切削速度和较大的每齿进给量，可以得到较小的表面粗糙度；而选取较大的主轴转速、切削速度和每齿进给量，可以得到较大的材料去除率。但是，难以获得同时满足镍基高温合金微铣削加工表面粗糙度和材料去除率最优的切削参数优化组合。因此，下面探索应用 MATLAB 遗传算法工具箱求解镍基高温合金微铣削加工中面向低表面粗糙度、高材料去除率的切削参数多目标优化问题。

10.2.3　基于遗传算法的切削参数多目标优化

多目标优化是一个同时包括两个及两个以上优化目标的数学优化问题，即求解优化问题的 Pareto 最优解。本节利用 MATLAB 遗传算法工具箱完成镍基高温合金微铣削加工的多目标优化，探求切削参数优化组合。

遗传算法是目前优化加工参数的一种广泛应用的搜索算法，具有处理多目标、非线性、离散型及连续性目标函数问题的能力。遗传算法有三个基本参数，即群体数量、交叉概率以及变异概率，这三个参数可以保证遗传算法顺利完成。初始群体数量设置为 60，以获得更多的解；交叉概率设置为 0.9，Pareto 参数(用于多目标优化问题)设置为 0.6；为了避免在获得最优解前过早终止，迭代次数设置为

1000。基于以上设定，使用 MATLAB 遗传算法工具箱计算材料去除率的最大值及表面粗糙度的最小值。所建立的表面粗糙度经验预测模型(10-3)和材料去除率经验预测模型(10-4)是多目标优化的目标函数。图 10-3 为镍基高温合金微铣削过程中多目标优化的 Pareto 最优解。遗传算法中的总迭代次数为 106。

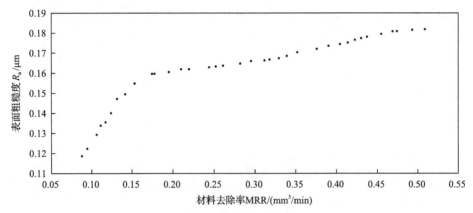

图 10-3   面向表面粗糙度和材料去除率的 Pareto 最优解

由图 10-3 可见，表面粗糙度随着材料去除率的增大而增大，这意味着表面粗糙度变大可以导致材料去除率的增大，反之亦然。表面粗糙度和材料去除率之间的多目标优化关系模型如图 10-4 所示。模型的多元回归系数 R^2 经过计算为 91.31%。

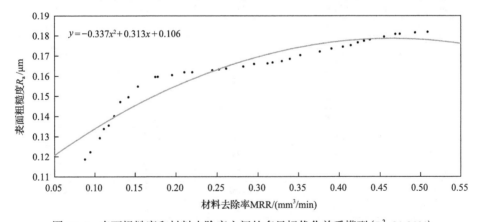

图 10-4   表面粗糙度和材料去除率之间的多目标优化关系模型(R^2=91.31%)

基于 MATLAB 遗传算法工具箱获得的镍基高温合金微铣削加工达到特定表面粗糙度及材料去除率要求的切削参数优化组合如表 10-6 所示。由表 10-6 中的 Pareto 最优解可以得出，最大材料去除率为 0.5088mm³/min，最小表面粗糙度为 0.1186μm。

表 10-6　微铣削镍基高温合金过程中 Pareto 最优解及其切削参数组合

主轴转速 $n/(10^3 r/min)$	每齿进给量 $f_z/\mu m$	切削深度 $a_p/\mu m$	表面粗糙度 $R_a/\mu m$	材料去除率 $MRR/(mm^3/min)$
69.4998	0.1019	20.1652	0.1186	0.0876
67.5811	0.2590	20.2317	0.1548	0.1535
47.7157	0.4995	29.6118	0.1766	0.4229
46.9928	0.3144	20.1932	0.1605	0.1952
68.3128	0.1911	20.2242	0.1401	0.1241
47.0489	0.4443	20.2404	0.1647	0.2823
47.0266	0.4130	20.2207	0.1637	0.2612
47.5000	0.2885	20.1813	0.1597	0.1775
48.5974	0.5000	30.8674	0.1781	0.4376
49.0920	0.5000	32.3535	0.1795	0.4550
47.1398	0.3881	20.1976	0.1629	0.2442
47.0041	0.3509	20.2423	0.1619	0.2198
47.1654	0.4995	22.0650	0.1685	0.3392
62.1763	0.5000	34.3344	0.1816	0.4933
47.2926	0.4984	26.7611	0.1736	0.3902
69.5132	0.1183	20.1666	0.1223	0.0944
47.2823	0.4995	25.3893	0.1721	0.3759
69.2455	0.1733	20.2206	0.1354	0.1172
74.0217	0.5000	34.4359	0.1819	0.5088
47.0147	0.4834	20.5386	0.1663	0.3117
47.2196	0.3367	20.2887	0.1619	0.2102
69.4486	0.1464	20.2196	0.1292	0.1061
68.0559	0.1617	20.1817	0.1337	0.1111
47.0871	0.4996	21.1544	0.1674	0.3293
48.0724	0.4998	30.2589	0.1774	0.4304
67.0562	0.2326	20.2218	0.1495	0.1418
47.1040	0.4002	20.1985	0.1633	0.2523
47.1553	0.4997	27.9449	0.1745	0.4047
63.8105	0.2127	20.1752	0.1471	0.1318
49.3766	0.4992	33.5859	0.1808	0.4689
48.7011	0.2850	20.1893	0.1596	0.1746
50.5125	0.4999	33.8889	0.1809	0.4744
47.1646	0.4944	20.4662	0.1667	0.3180
47.0167	0.4935	23.6408	0.1703	0.3521
47.0190	0.4999	28.8103	0.1752	0.4145
47.1058	0.4597	20.5478	0.1660	0.2954

　　微铣削镍基高温合金过程中关于表面粗糙度和材料去除率的 Pareto 最优解及其切削参数组合已经得到，基于表 10-6 可以获得 Pareto 最优解与切削参数的关系如图 10-5 所示。

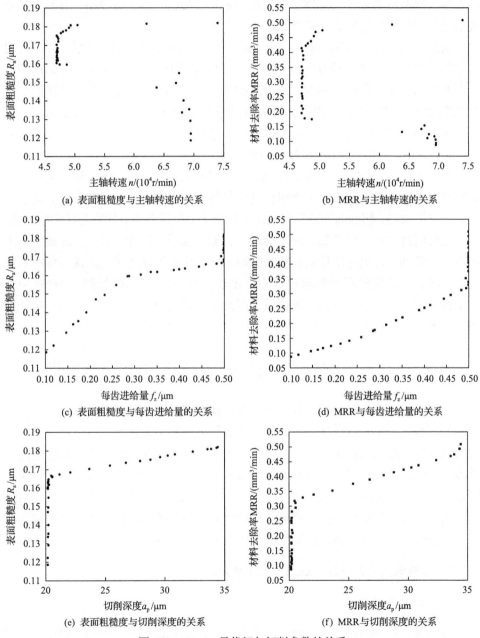

图 10-5　Pareto 最优解与切削参数的关系

由图 10-5(a) 和 (b) 可以看出，主轴转速集中在 45000～50000r/min 及 65000～70000r/min 区域，这意味着在镍基高温合金微铣削过程中获得表面粗糙度和材料去除率 Pareto 最优解时主轴转速变化不大。因此，为了获得满足低表面粗糙度、高材料去除率的 Pareto 最优解，需要控制主轴转速在这两个区域内，并改变每齿进给量及切削深度这两个切削参数。

由图 10-5(c) 和 (d) 可以看出，每齿进给量变化遍布整个参数选取范围，同时大多集中在最大水平，即 0.5μm。如图 10-5(e) 和 (f) 所示，切削深度变化遍布整个参数选取范围，同时大多集中在最小水平，即 20μm。因此，在镍基高温合金微铣削加工多目标优化过程中，每齿进给量和切削深度这两个切削参数更为重要。图 10-5 可以用于获得 Pareto 最优解，且通过田口法分析可以进一步预测特定切削参数对表面粗糙度和材料去除率的影响。

由图 10-5 可以进一步看出，与微铣削其他材料[20,21]不同的是，切削深度是影响镍基高温合金微铣削加工表面粗糙度的最显著的因素，原因可能是镍基高温合金为难加工材料，切削温度随着切削深度的增大而显著提升，导致刀具磨损严重；同时微铣削过程中，随着切削深度的增加，振动也明显增大，进而使表面质量更加恶化。此外，每齿进给量对材料去除率的影响比切削深度更大，这与传统铣削是不同的。原因可能是微铣削过程中主轴转速过高，造成进给速度的量级为毫米量级，远大于切削深度的微米量级，因此每齿进给量对材料去除率的影响比切削深度更大。

10.3　面向低切削能耗和低表面粗糙度的切削参数优化

微加工的突出优点是能耗低。如何在保证加工质量的前提下降低能耗是微铣削加工领域追求的目标[22,23]。国内外学者围绕机床加工能耗进行了大量研究，开发出机床加工能耗测试系统[24,25]。本节借鉴传统机床能耗测试方法，采用电流传感器、电压传感器分别测量机床电流与电压，基于 LabVIEW 平台实现微铣床主轴系统功率在线监测，并基于田口-灰色关联分析法对微铣削加工参数进行优化，以达到降低表面粗糙度的同时降低单位切削能耗的目的。所做的研究为微铣削切削能耗研究及切削参数多目标优化研究探索了可行之路。

10.3.1　微铣床主轴系统功率在线监测系统研发

1. 系统硬件选型

选用瑞士 LEM 电子有限公司的 CTSR 1-P 电流传感器(图 10-6(a))测量微铣床主轴系统的工作电流。电压传感器选用的是 220V/12V 交流变压器(图 10-6(b))，用于测量微铣床主轴系统的工作电压, 同时通过降压功能减小系统输入的电压信号, 可以起到保护作用。

(a) 霍尔电流传感器　　　　　　　　　　　(b) 交流变压器

图 10-6　霍尔电流传感器及交流变压器

选用美国 NI 公司生产的 PXIe-1062Q 数据采集箱(图 10-7)及其内置的 PXI-4462 数据采集模块(分辨率为 24 位, 最高采样频率为 206kHz)采集微铣床主轴系统的工作电流和电压信号。采集箱工作时以设定的采样频率采集信号, 并以直流电压信号的形式输入数据采集模块的运算器芯片(field-programmable gate array, FPGA)中, 输入的信号经过调理、筛选、存储、分析和处理后传输到计算机进行运算。

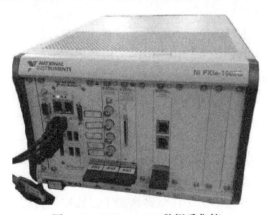

图 10-7　PXIe-1062Q 数据采集箱

为了在线测量微铣床主轴系统的有效功率, 将 LEM 公司的 CTSR 1-P 电流传感器安装在微铣床主轴变频器电源输入端, LW3J2D4 直流稳压电源(额定电压为 220V)提供 8V 直流电压, 为 CTSR 1-P 电流传感器供电。使用交流变压器测量微铣床电主轴变频器的输入电压。通过 PXIe-1062Q 数据采集箱及其内置的 PXI-4462 数据采集模块将电流传感器和交流变压器采集到的信号进行处理, 并计算得到微铣床主轴系统功率。

微铣床主轴系统功率在线监测系统如图 10-8 所示。

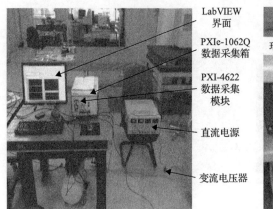

LabVIEW
界面

PXIe-1062Q
数据采集箱

PXI-4622
数据采集
模块

直流电源

变流电压器

瑞士IBAG电主轴变频器　　瑞士LEM电流传感器

(a) 系统硬件组成　　　　　　　　(b) 电主轴变频器及电流传感器

图 10-8　微铣床主轴系统功率在线监测系统

2. 系统软件设计

基于 LabVIEW 平台研发微铣床主轴系统功率在线监测系统。微铣床主轴系统功率在线监测系统为微铣削参数多目标优化研究奠定了测量基础。

1) 系统功能设计

所研发的微铣床主轴系统功率在线监测系统具有数据采集、数值运算、图像显示和结果保存等功能。其主程序为主轴系统功率监测模块，主要包括变压器电压测量、工作电流测量、平均功率监测与计算等部分。微铣床主轴系统功率在线监测系统主界面如图 10-9 所示。图中，1 为采样频率设置面板；2 为电流、电压实时图像监测面板；3 为微铣床主轴系统有效功率图像显示面板；4 为电流、电压实时数据显示面板；5 为平均功率及能耗数据结果显示面板；6 为微铣削加工过程切削参数记录面板；7 为系统数据保存按钮。

微铣床主轴系统功率在线监测系统的操作步骤如下：①在采样频率设置面板中设置数据采集卡采样频率；②在微铣床加工过程中运行程序，测得的电流、电压实时图像在电流、电压实时图像监测面板 2 中显示；③计算后得到的有效功率及能耗数据显示在平均功率及能耗数据结果显示面板中。微铣床主轴系统有效功率图像显示面板 3 中显示微铣床运行过程中主轴系统平均功率的实时图像；电流、电压实时数据显示面板 4 中显示电流、电压实时数据；微铣削加工过程切削参数记录面板 6 中记录微铣削过程中切削参数等数据；单击系统数据保存按钮 7 保存平均功率及能耗数据并关闭程序。

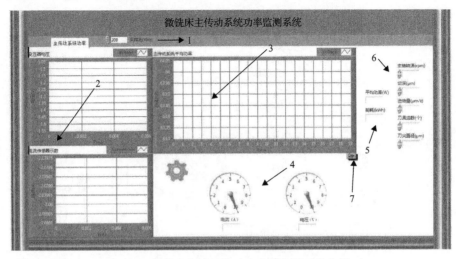

图 10-9　微铣床主轴系统功率在线监测系统主界面

2)功率在线监测系统数据采集模块设计

数据采集程序主要作用是设置传感器和数据采集卡的数据传输模式，包括采样频率、采样方式以及数据缓存大小等。不同采集硬件的厂家提供不同采集方式，本系统采用 NI-DAQ 采集方式。

NI-DAQ 采集方式主要针对 NI 数据采集卡，这种采集方式具有采集速率快、定时精度高和配置简单等优点，依据实际物理通道在配置过程中创建虚拟通道，根据传感器输出参数配置数据采集属性，然后配置采样频率和采样方式，最后启动硬件采集卡采集数据。本试验中采集的电流和电压信号数据为高频动态时域信号，因此输出的电流和电压信号数据须经过动态数据采集模块以获取准确的实时信息，并在操作界面图像面板中显示，从而可以方便地对机床主轴系统的电流、电压进行监测。

但应用 NI-DAQ 采集方式采集高频时域信号时会面临数据采集缓冲器分配空间不足的问题。依据 LabVIEW 中有关 NI-DAQ 的介绍可知，若采样方式为连续采样，则采样时间越长，存放在缓存区的数据就会越多，若缓存区内存不足，则会引发采样程序未达到给定的采样时间就停止采样。

目前，针对上述问题常见的解决方案是降低采样频率或采样时间以减少采样数据点数，但考虑到采样频率的降低会影响能耗数据测量精度，缩短采样时间会减少采样点数，也间接影响测量结果，因此上述解决方案并不适用于所研发的微铣床主轴系统功率在线监测系统，提出采用分段循环采样的方法减少缓存区的缓存，程序原理如图 10-10 所示。

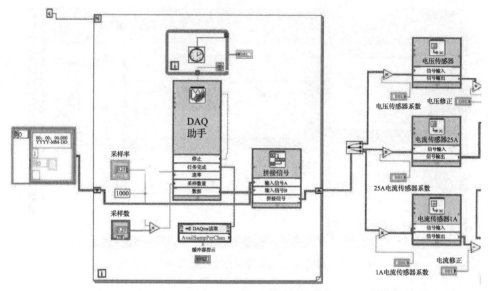

图 10-10　DAQ 数据循环采集程序

在 NI-DAQ 采集模块外部嵌套一个单次采样时间为 10s 的循环程序,每次循环得出的能耗信息记录在循环框图左侧的波形图输入模块中暂存,并在下一次循环时将波形图中的时域信息输入信号拼接模块,经过信号拼接模块依次将波形图中的数据拼接在一起,最终获得完整的能耗信息记录数据。这种循环采样的方式不仅有效地减少了缓存区内存,而且拼接信号的时域信息不会丢失,采样程序时间可根据需要进行调整,试验前只需要在循环框图左上角输入采样程序循环次数即可设定程序的采样时间,避免因采样时间过长而导致缓存区内存数据溢出。改进后的 NI-DAQ 采集方式理论上能够使采样时间从有限的十几秒延长到无限大,有效地解决了目前 NI-DAQ 采集高频时域信号时面临的数据采集缓冲器分配空间不足的问题。

3)功率在线监测系统数据处理模块设计

数据处理程序的主要部分为平均功率计算模块。平均功率的定义为:由瞬态功率经过时域积分计算得到累积能耗,累积能耗除以采样时间获得平均功率。

数据处理模块基于乘除法和微积分方法计算得到微铣床主轴系统平均功率,并将获得的计算结果(包括波形图像和具体数值)显示在操作界面的图像模块中,用户在采样结束后可将计算数据保存于计算机指定位置,操作简便。DAQ 数据处理程序如图 10-11 所示。每间隔 0.1s 采样时间计算该时间段内的平均功率,并将获得的时域信息导入图像模块,最后在操作界面中显示主轴系统平均功率实时图像。

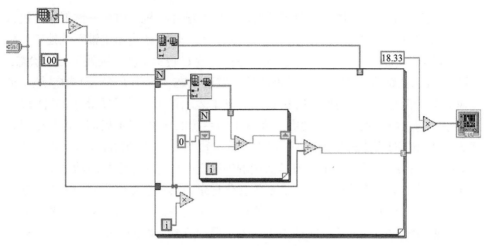

图 10-11　DAQ 数据处理程序

3. 微铣床主轴系统功率在线监测系统试验

为了验证所研发的微铣床主轴系统功率在线监测系统的性能，并探究镍基高温合金微铣削加工过程中微铣床主轴系统的功率特性，本节开展镍基高温合金微铣削加工试验。

试验采用某企业生产的 MX230 平头铣刀，刀具直径为 0.6mm，涂层材料为 TiAlN；工件材料为镍基高温合金 Inconel 718；主轴转速为 40000r/min，每齿进给量为 1.1μm，轴向切深为 30μm。采样频率设为 200kHz。微铣床主轴系统功率特性可以从系统主界面得到，如图 10-12 所示。

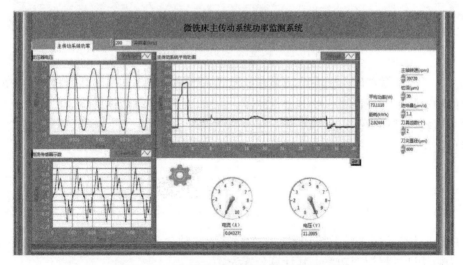

图 10-12　微铣床主轴系统功率特性显示界面

主轴系统平均功率图像记录了微铣床主轴系统在待机—空载—铣削—待机这一运行过程中的平均功率信息，如图 10-13 所示。阶段 A 表示主轴系统处于待机状态；阶段 B 表示主轴系统处于空载状态；阶段 C 表示主轴系统处于加工状态；阶段 D 表示主轴系统加工完成后重新处于空载状态；阶段 E 表示主轴系统主轴转速逐渐降低至 0，重新处于待机状态。点 1 表示机床主轴系统处于待机状态，该状态下的功率较低；点 2 的突变表示主轴系统的电机主轴转速从 0 开始提升到 39720r/min 过程中的启动功率；点 3 表示主轴系统处于 39720r/min 恒定转速下的空载功率；点 4 的突变记录刀具从接触到铣削工件这一过程中的功率变化；点 5 表示铣削工件状态下的功率；点 6 的变化记录刀具从接触到脱离加工工件这一时间段的功率变化；点 7 表示主轴系统重新处于空载状态下的功率；点 8 的突变记录主轴系统的电机主轴转速从 39720r/min 降至 0 这一时间段的功率；点 9 表示主轴系统重新处于待机状态下的功率。

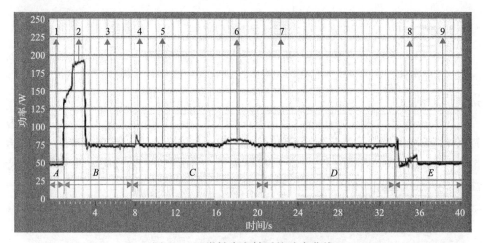

图 10-13　微铣床主轴系统功率曲线

为了验证微铣床主轴系统功率在线监测系统测量结果的准确性，将试验中测得的功率数据与理论功率数据进行比较。这里所指的功率数据为机床主轴系统功率。试验采用的微铣床主轴系统功率包括微铣床空载功率、变频器自身功率和材料切削功率，空载过程和加工过程中的微铣床主轴系统功率可表示为

$$P=P_{n}+P_{f} \tag{10-7}$$

$$P=P_{n}+P_{f}+P_{c} \tag{10-8}$$

式中，P 为微铣床主轴系统功率；P_{n} 为微铣床主轴功率；P_{f} 为微铣床变频器功率；P_{c} 为微铣削过程切削功率，其计算公式为

$$P_{\mathrm{c}} = F_{\mathrm{c}} v_{\mathrm{c}} \tag{10-9}$$

式中，v_{c} 为切削速度，$v_{\mathrm{c}} = \pi d n / 1000$，m/min，$d$ 为铣刀直径，mm，n 为主轴转速，r/min；F_{c} 为切削力，N。

微铣床空载功率在瑞士 IBAG HF42S120C 机床主轴使用说明书中查询得到，如图 10-14 所示，且图中清晰展示了空载功率与主轴转速的关系。

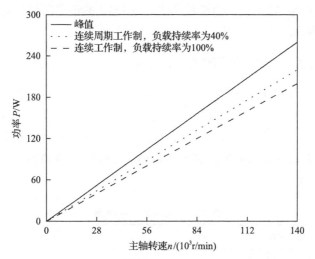

图 10-14　IBAG HF42S120C 机床空载功率与主轴转速关系

依据施金良[26]关于变频器功率平衡方程的论述，变频器自身功率 P_{f} 一般占电动机总功率的 8%左右，计算公式如下：

$$P_{\mathrm{f}} = 0.08 P_{\mathrm{n}} \tag{10-10}$$

为验证微铣床主轴系统功率在线监测系统测量结果的有效性，分别对微铣床空载和加工时的平均功率进行测量，试验中取切削深度为 30μm，每齿进给量为 1.1μm。测量结果分别如表 10-7 和表 10-8 所示。

微铣床主轴系统功率在线监测系统测得的主轴系统空载功率与理论功率的最大相对误差为 6.5%，平均相对误差为 3.4%；主轴系统切削功率理论值与试验值

表 10-7　主轴系统空载功率理论值与试验值比较

主轴转速 n/(r/min)	实际空载功率/W	理论空载功率/W	相对误差/%
39680	68.6	67.3	1.9
49680	82.6	84.2	1.9
61180	88.2	94.3	6.5

表 10-8　主轴系统切削功率理论值与试验值比较

主轴转速 n/(r/min)	实际切削功率/W	理论切削功率/W	相对误差/%
39680	69.2	68.1	1.6
49680	82.8	85.3	2.9
61180	91.2	95.7	4.7

的最大相对误差为 4.7%，平均相对误差为 3.1%，验证了所搭建的微铣床主轴系统功率在线监测系统的有效性。

10.3.2　单位切削能耗及表面粗糙度预测模型

本节进行以低单位切削能耗和低表面粗糙度为优化目标的切削参数优化研究，考虑的切削参数包括切削深度、每齿进给量和主轴转速三个因素，各因素取三个不同的水平。为了减少试验次数，使用田口法设计三因素三水平正交试验，以获取切削参数与单位切削能耗和表面粗糙度之间的关联关系，切削参数及其水平如表 10-9 所示。

表 10-9　切削参数水平表

切削参数	水平 1	水平 2	水平 3
主轴转速 n/(r/min)	40000	60000	80000
每齿进给量 f_z/μm	0.1	0.3	0.5
切削深度 a_p/μm	20	30	40

根据试验设计方案对微槽进行长度为 8mm 的微铣削试验，采用干切削加工方式。表面粗糙度的定义及测量方法与式(10-1)一致。

本节所指的单位切削能耗定义为微铣削过程中主轴系统能耗除以微槽体积去除量，单位切削能耗计算公式如下：

$$\mathrm{SEC} = \frac{P}{\mathrm{MRR}} \tag{10-11}$$

式中，P 为微铣床主轴系统功率在线监测系统测得的加工过程切削功率，W；MRR 为材料去除率，$\mathrm{mm^3/min}$，其计算方法在 10.2.1 节已经论述。表面粗糙度与单位切削能耗试验结果如表 10-10 所示。

采用回归分析方法，基于表 10-10 中的试验数据拟合得到具有一阶预测因子及交互因子的表面粗糙度、单位切削能耗经验预测模型，如式(10-12)和式(10-13)所示：

表 10-10　田口正交表及试验结果

序号	主轴转速 $n/(\mathrm{r/min})$	每齿进给量 $f_z/\mu\mathrm{m}$	切削深度 $a_p/\mu\mathrm{m}$	表面粗糙度 $R_a/\mu\mathrm{m}$	单位切削能耗 SEC/$(\mathrm{kJ/mm}^3)$
1	40000	0.4	20	0.18	26.22
2	40000	0.6	30	0.22	10.44
3	40000	0.8	40	0.25	5.69
4	60000	0.4	30	0.18	12.45
5	60000	0.6	40	0.27	7.92
6	60000	0.8	20	0.14	8.61
7	80000	0.4	40	0.27	7.45
8	80000	0.6	20	0.14	10.51
9	80000	0.8	30	0.23	5.35

$$R_a = 0.390413 - 0.004407n - 0.234048f_z - 0.005948a_p + 0.001464nf_z$$
$$+ 0.000126na_p + 0.006786f_z a_p \tag{10-12}$$

$$\mathrm{SEC} = 99.8762 - 0.5035n - 67.0490f_z - 2.8091a_p - 0.1613nf_z + 0.0183na_p$$
$$+ 2.1267f_z a_p \tag{10-13}$$

式中，a_p、f_z 和 n 分别为切削深度、每齿进给量和主轴转速。经过计算，表面粗糙度和比能耗的 SSE 分别为 0.000847 和 6.352，表面粗糙度和比能耗的 SST 分别为 0.020386 和 320.186。表面粗糙度的经验预测模型的 $R^2=95.85\%$，$R^2(\mathrm{adj})=83.38\%$，单位切削能耗经验预测模型的 $R^2=98.02\%$，$R^2(\mathrm{adj})=92.06\%$，考虑到多元回归系数 $R^2(R^2>0.8)$，可以认为测量值和建立的经验预测模型拟合良好，所建立的表面粗糙度、单位切削能耗模型可应用于镍基高温合金微铣削加工表面粗糙度和单位切削能耗的预测。

10.3.3　切削参数对表面粗糙度和单位切削能耗的影响规律

基于所建立的微铣削镍基高温合金 Inconel 718 表面粗糙度和单位切削能耗模型，探究切削参数对表面粗糙度和单位切削能耗的影响。如图 10-15 所示，表面粗糙度随着切削深度的增加而增大，可能的原因为切削深度的增加导致切削力和切削面积增加；表面粗糙度随着每齿进给量的增加而增大，可能的原因为摩擦和振动随着每齿进给量的增加而增大。此外，主轴转速对表面粗糙度的变化影响较小。

切削参数对单位切削能耗的影响规律如图 10-16 所示。分析可知，随着每齿进给量和主轴转速的增加，单位切削能耗降低。这可以归因于材料去除率随着每齿进给量和主轴转速的增加而增大，且其增长程度超过了主切削系统切削功率的增长程度，因此单位切削能耗下降，切削深度对单位切削能耗的影响不大。

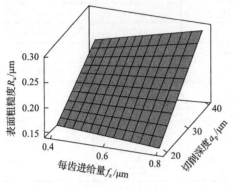
(a) 每齿进给量和切削深度对表面粗糙度的影响

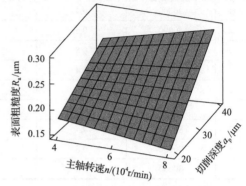
(b) 主轴转速和切削深度对表面粗糙度的影响

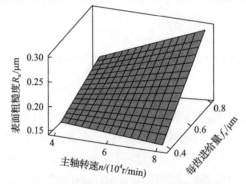
(c) 主轴转速和每齿进给量对表面粗糙度的影响

图 10-15   切削参数对表面粗糙度的影响

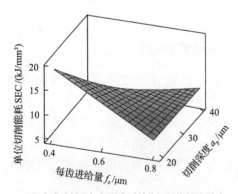
(a) 每齿进给量和切削深度对单位切削能耗的影响

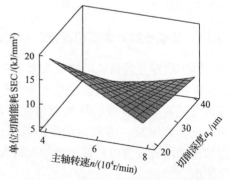
(b) 主轴转速和切削深度对单位切削能耗的影响

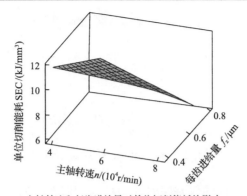

(c) 主轴转速和每齿进给量对单位切削能耗的影响

图 10-16　切削参数对单位切削能耗的影响

10.3.4　基于灰色关联分析的切削参数多目标优化

Deng[27]建立的灰色系统理论是一种重点研究包含部分已知信息的不确定系统的有效方法。微铣削加工是一个包含各种切削参数和加工条件的复杂技术，因此本节基于灰色关联分析得到微铣削过程中面向低单位切削能耗、低表面粗糙度的多目标切削参数优化组合。

灰色关联分析包括三个部分，即数据预处理、灰色关联系数计算和灰色关联度计算[28]。通过数据预处理，将试验数据序列转化为可以进行比较的无量纲数据序列。原始的参考序列和可比性序列可以分别表示为 $x_0^0(k)$ 和 $x_i^0(k)$（$i=1,2,\cdots,m$；$k=1,2,\cdots,n$），m 为总试验次数，n 为观测数据总数。基于原始序列的特点，在灰色关联分析中有几种方法可以应用于数据预处理[29]：

(1) 原始序列"望大"处理，计算公式为

$$x_i^*(k) = \frac{x_i^0(k) - \min\left[x_i^0(k)\right]}{\max\left[x_i^0(k)\right] - \min\left[x_i^0(k)\right]}\qquad(10\text{-}14)$$

(2) 原始序列"望小"处理，计算公式为

$$x_i^*(k) = \frac{\max\left[x_i^0(k)\right] - x_i^0(k)}{\max\left[x_i^0(k)\right] - \min\left[x_i^0(k)\right]}\qquad(10\text{-}15)$$

(3) 原始序列"望目"处理，计算公式为

$$x_i^*(k) = 1 - \frac{\left|x_i^0(k) - OD\right|}{\max\left\{\max\left[x_i^0(k)\right] - OD, OD - \min\left[x_i^0(k)\right]\right\}}\qquad(10\text{-}16)$$

采用预处理后的序列，灰色关联系数计算公式如下：

$$\gamma(x_0^*(k), x_i^*(k)) = \frac{\Delta_{\min} + \xi\Delta_{\max}}{\Delta_{0i}(k) + \xi\Delta_{\max}}, \quad 0 < \gamma(x_0^*(k), x_i^*(k)) \leqslant 1 \qquad (10\text{-}17)$$

其中，

$$\Delta_{\max} = \max_{\forall j \in i} \max_{\forall k} \left| x_0^*(k) - x_i^*(k) \right|$$

$$\Delta_{\min} = \min_{\forall j \in i} \min_{\forall k} \left| x_0^*(k) - x_i^*(k) \right|$$

式中，$\Delta_{0i}(k)$ 为参考序列的偏差序列 $\Delta_0 x(k)$ 与相似性序列 $\Delta_i x(k)$ 之差的绝对值；ξ 为分辨系数，$\xi \in [0,1]$。

得到灰色关联系数后，可由式(10-18)计算灰色关联度：

$$\gamma(x_0^*, x_i^*) = \sum_{k-1}^{n} \beta_k \gamma(x_0^*(k), x_i^*(k)), \quad \sum_{k-1}^{n} \beta_k = 1 \qquad (10\text{-}18)$$

式中，系数 β_k 为第 k 个响应变量的加权值；灰色关联度 $\gamma(x_0^*, x_i^*)$ 为参考序列和相似性序列之间的相关性程度，也表示相似性序列对参考序列所产生的影响程度。灰色关联度越高，参考序列和相似性序列之间的关联度越强，换言之，对应的工艺参数组合越接近最优。

本节致力于通过基于田口-灰色关联分析法获得镍基高温合金 Inconel 718 微铣削过程中面向低表面粗糙度和低单位切削能耗的切削参数优化组合。由于研究的目的是获得较小的表面粗糙度和单位切削能耗，先依据式(10-15)"望小"进行数据处理，结果如表 10-10 所示；然后使用灰色关联系数解释理论数据和真实试验数据之间的关系，前者可由式(10-17)计算得到，结果如表 10-11 所示。本节将分辨系数设定为 0.5，以适应实际的要求。

表 10-11　预处理序列、偏差序列及灰色关联系数计算

相似性序列	预处理序列		偏差序列		灰色关联系数	
	$x^*(R_a)$	$x^*(\text{SEC})$	$\Delta(R_a)$	$\Delta(\text{SEC})$	关于 R_a	关于 SEC
1	0.700	0.000	0.300	1.000	0.625	0.333
2	0.396	0.760	0.603	0.241	0.453	0.675
3	0.154	0.984	0.846	0.016	0.371	0.969
4	0.692	0.660	0.307	0.340	0.619	0.595
5	0.046	0.877	0.953	0.123	0.344	0.803
6	1.000	0.844	0.000	0.156	1.000	0.762
7	0.000	0.899	1.000	0.100	0.333	0.833
8	1.000	0.752	0.000	0.247	1.000	0.669
9	0.292	1.000	0.707	0.000	0.414	1.000

灰色关联分析的最后一步是计算灰色关联度，本章多目标优化中认为单位切削能耗和表面粗糙度占据同等重要的地位，因此式(10-18)中系数 1 和 2 均设定为 0.5，计算结果如表 10-12 所示。此外，引入信噪比 S/N(较高的信噪比代表切削参数的较佳组合)，使用"望大"特性方法来获得最佳的结果，计算公式如式(10-19)所示，结果如表 10-12 所示。

$$S/N = -10\lg\left(\frac{1}{n}\sum_{i=1}^{n}\frac{1}{y_i^2}\right) \tag{10-19}$$

表 10-12　灰色关联度、信噪比和排序

试验序号	灰色关联度	信噪比	排序
1	0.479	−6.389	9
2	0.564	−4.971	8
3	0.670	−3.477	4
4	0.607	−4.334	5
5	0.573	−4.832	7
6	0.881	−1.099	1
7	0.583	−4.685	6
8	0.834	−1.570	2
9	0.707	−3.011	3

切削参数与灰色关联度的信噪比平均值的关系如图 10-17 所示，切削参数的最佳组合为主轴速度 n 取水平 3(80000r/min)、每齿进给量 f_z 取水平 3(0.5μm)、切削深度 a_p 取水平 1(20μm)。此外，在表 10-13 中给出了切削参数各水平的灰色关联度平均值，同时计算了 9 组试验灰色关联度的总平均值。

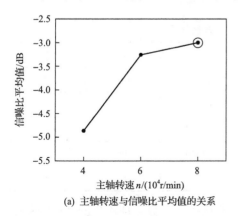

(a) 主轴转速与信噪比平均值的关系

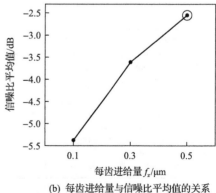

(b) 每齿进给量与信噪比平均值的关系

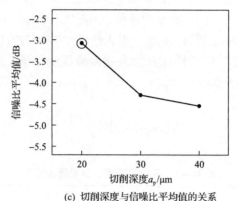

(c) 切削深度与信噪比平均值的关系

图 10-17　切削参数与信噪比平均值的关系

表 10-13　切削参数各水平的灰色关联度平均值的响应表

参数	水平 1	水平 2	水平 3	Δ	排序
主轴转速 $n\,/\,(\text{r/min})$	0.571	0.687	**0.708**	0.137	2
每齿进给量 $f_z/\mu\text{m}$	0.556	0.657	**0.752**	0.196	1
切削深度 $a_p/\mu\text{m}$	**0.731**	0.626	0.608	0.122	3

　　灰色关联度总平均值为 0.6463，表 10-13 中黑体字表示参数较优水平。为了获得微铣削镍基高温合金 Inconel 718 过程中各切削参数的影响程度，采用方差分析法探究各因素对灰色关联度的影响，如表 10-14 所示。在 95% 置信度的基础上给出了方差分析结果。切削深度、每齿进给量和主轴转速对灰色关联度的影响（由该因素平方和占总平方和的百分比确定）分别为 41.4%、19% 和 23.4%，可以得出每齿进给量是影响单位切削能耗和表面粗糙度的最主要因素。

表 10-14　灰色关联度方差分析

参数	离差平方和	自由度	均方	F	P
主轴转速 $n\,/\,(\text{r/min})$	0.0327	2	0.0163	1.45	0.409
每齿进给量 $f_z/\mu\text{m}$	0.0578	2	0.0289	2.56	0.281
切削深度 $a_p/\mu\text{m}$	0.0265	2	0.0133	1.77	0.460
误差	0.0226	2	0.0113	—	—
总计	0.1396	8	—	—	—

　　最后，进行最佳和随机水平切削参数组合的试验，以验证优化的准确性和待

改进的优化目标。试验重复三次，以消除误差，设计参数最优水平的灰色关联度可以由式(10-20)计算得出：

$$\gamma_{\text{estimated}} = \gamma_{\text{m}} + \sum_{i=1}^{o} (\gamma_i - \gamma_{\text{m}}) \tag{10-20}$$

式中，$\gamma_{\text{estimated}}$ 为预测最佳加工参数的灰色关联度；γ_{m} 为灰色关联度的总平均值；γ_i 为灰色关联度最优水平的平均值；o 为显著影响加工质量的主要切削参数的数量。

由式(10-20)计算得出灰色关联度估算值为 0.8999，而由试验得到的最优值为 0.822，由此可知，理论值和试验值差距很小。表 10-15 中，灰色关联度从初始因子组合(n_2-f_{z2}-a_{p3})到最佳因子组合(n_3-f_{z3}-a_{p1})的改善率为 43.5%。另外，表面粗糙度从 0.265μm 下降到 0.165μm，单位切削能耗从 7.92kJ/mm^3 下降到 6.32kJ/mm^3。试验表明，微铣削镍基高温合金 Inconel 718 加工过程中的单位切削能耗和表面粗糙度均可降低。

表 10-15　试验验证结果

变量	初始切削参数	优化切削参数预测值	优化切削参数试验值	提升率/%
水平	n_2-f_{z2}-a_{p3}	n_3-f_{z3}-a_{p1}	n_3-f_{z3}-a_{p1}	—
表面粗糙度 R_a/μm	0.265	—	0.165	37.7
单位切削能耗 SEC/(kJ/mm^3)	7.92	—	6.32	20.2
灰色关联度	0.5733	0.8999	0.8225	—

注：灰色关联度改善值为 0.2492，改善率为 43.5%。

10.4　本　章　小　结

本章搭建了微铣床主轴系统功率在线监测系统。基于主轴系统功率在线监测系统，研究了镍基高温合金微铣削加工过程中主轴系统的功率特性，并研究了微铣削过程中切削深度、每齿进给量和主轴转速对表面粗糙度和材料去除率的影响规律，以高材料去除率和低表面粗糙度为优化目标，利用 MATLAB 遗传算法得到了微铣削切削参数优化组合，探究了切削参数对表面粗糙度和单位切削能耗的影响规律，以低单位切削能耗和低表面粗糙度为优化目标，基于灰色关联分析得到了镍基高温合金微铣削参数优化组合。

参 考 文 献

[1] 杨扬, 蔡旺. 数控铣削加工工艺参数优化方法综述[J]. 机械制造, 2019, 57(1): 57-63, 73.

[2] 淮文博, 史耀耀, 杜羽寅, 等. 面向多目标的高温合金 GH4169 铣削工艺参数优化[J]. 现代制造工程, 2020, (11): 1-6, 12.

[3] 丁宏健, 邹斌, 薛锴, 等. 基于切削力控制的薄壁件变铣削工艺参数研究[J]. 组合机床与自动化加工技术, 2020, (9): 117-122.

[4] 陈凯杰, 颜培, 王鹏, 等. 工艺参数对球墨铸铁高速平面铣削性能影响的试验研究[J]. 新技术新工艺, 2018, (12): 28-32.

[5] 李聪波, 肖溱鸽, 李丽, 等. 基于田口法和响应面法的数控铣削工艺参数能效优化方法[J]. 计算机集成制造系统, 2015, 21(12): 3182-3191.

[6] 巩超光, 胡天亮, 叶瑛歆. 基于数字孪生的铣削参数动态多目标优化策略[J]. 计算机集成制造系统, 2021, 27(2): 478-486.

[7] 韩变枝, 明伟伟, 陈明, 等. 基于灰关联法的 GH4698 铣削加工参数优化[J]. 制造技术与机床, 2017, (9): 124-128.

[8] Li X K, Du J G, Chen Z Z, et al. Reliability-based NC milling parameters optimization using ensemble metamodel[J]. The International Journal of Advanced Manufacturing Technology, 2018, 97(9-12): 3359-3369.

[9] Yue H T, Guo C G, Li Q, et al. Milling parameters optimization of Al-Li alloy thin-wall workpieces using response surface methodology and particle swarm optimization[J]. Computer Modeling in Engineering and Sciences, 2020, 124(3): 937-952.

[10] 高奇, 蔡明. 高速微观尺度铣削单晶铝表面粗糙度试验研究[J]. 组合机床与自动化加工技术, 2016, (9): 13-16.

[11] 李文琴, 于占江, 许金凯, 等. 基于 GRA-RSM 的微铣削表面质量多目标参数优化[J]. 表面技术, 2020, 49(9): 370-377.

[12] 杨学明, 程祥, 郑光明, 等. 微细铣削中刀具侧刃磨损试验研究[J]. 机床与液压, 2019, 47(22): 8-12.

[13] 郭艳秋. LiF 表面微结构铣削用超硬微铣刀设计与加工工艺研究[D]. 哈尔滨: 哈尔滨工业大学, 2014.

[14] Meng Y, Wang L H, Lee C H, et al. Plastic deformation-based energy consumption modelling for machining[J]. Springer London, 2018, 96(1): 631-641.

[15] Kuram E, Ozcelik B. Multi-objective optimization using Taguchi based grey relational analysis for micro-milling of Al 7075 material with ball nose end mill[J]. Measurement Journal of the International Measurement Confederation, 2013, 46(6): 1849-1864.

[16] Thepsonthi T, Özel T. Multi-objective process optimization for micro-end milling of Ti6Al4V

titanium alloy[J]. The International Journal of Advanced Manufacturing Technology, 2012, 63 (9-12): 903-914.

[17] 石学诚. 微细铣削加工工艺参数优化与试验研究[D]. 长春: 吉林大学, 2011.

[18] Gutowski T, Dahmus J, Thiriez A. Electrical energy requirements for manufacturing processes[C]. The 13th CIRP International Conference on Life Cycle Engineering, 2006: 1-5.

[19] Sanket N, Bhavsar S, Aravindan P, et al. Investigating material removal rate and surface roughness using multi-objective optimization for focused ion beam (FIB) micro-milling of cemented carbide[J]. Precision Engineering, 2015, 40: 131-138.

[20] Tansel I, Trujillo M, Nedbouyan A, et al. Micro-end-milling—Ⅲ. Wear estimation and tool breakage detection using acoustic emission signals[J]. International Journal of Machine Tools and Manufacture, 1998, 38: 1449-1466.

[21] Kiswanto G, Zariatin D L, Ko T J. The effect of spindle speed, feed rate and machining time to the surface roughness and burr formation of Aluminum Alloy 1100 in micro-milling operation [J]. Journal of Manufacturing Processes, 2014, 16 (4): 435-450.

[22] Shang Z D, Gao D, Jiang Z P, et al. Developing a new energy performance indicator for the spindle system based on power flow analysis[J]. Proceedings of the Institution of Mechanical Engineers, Part B: Journal of Engineering Manufacture, 2019, 233 (6): 1687-1699.

[23] Shang Z D, Gao D, Jiang Z P, et al. Towards less energy intensive heavy-duty machine tools: Power consumption characteristics and energy-saving strategies[J]. Energy, 2019, 178: 263-276.

[24] 王秋莲, 黄文帝, 陈真, 等. 数控机床能效在线监测方法及监测系统[J]. 现代制造工程, 2015, 1: 39-47.

[25] 周丽蓉, 李方义, 李剑峰, 等. 一种考虑工件材料表面硬度的铣床功率模型[J]. 计算机集成制造系统, 2018, 24 (4): 905-916.

[26] 施金良. 变频调速数控机床运行过程能量特性及节能技术研究[D]. 重庆: 重庆大学, 2009.

[27] Deng J L. Introduction to grey system[J]. Journal of Grey System, 1989, 1 (1): 191-243.

[28] Tzeng C Z, Lin Y H, Yang Y K, et al. Optimization of turning operations with multiple performance characteristics using the Taguchi method and grey relational analysis[J]. Journal of Materials Processing Technology, 2009, 209 (6): 2753-2759.

[29] Sarıkaya M, Güllü A. Multi-response optimization of MQL parameters using Taguchi-based GRA in turning of difficult-to-cut alloy Haynes 25[J]. Journal of Cleaner Production, 2015, 91: 347-350.